關於作者

陳家宏（Laurence Chen）現任睿博資訊負責人，專精於資訊顧問服務。他尤其擅長透過優化基礎設施，提升工程師在資料工程與應用軟體開發領域的生產力。自 2021 年起，他已成功協助多家台灣上市企業及新創公司導入現代資料棧（Modern Data Stack），顯著提升其資料處理與分析效率。

現亦任職於歐洲軟體顧問公司 Gaiwan GmbH，在國際專案中接觸前沿技術，累積豐富的跨國協作經驗。他也在多場台灣技術會議擔任講者，分享專業見解與實踐經驗，並積極推動社群發展，為 Clojure Taiwan 及 Taipei dbt Meetup 的線下活動主辦人之一。

網站：https://replware.dev

電子報：https://replware.substack.com/――分享最新技術觀點與實踐經驗。

推薦序

在數據亂世中，打造「高築牆、廣聚力、穩共進」的全方位能力迎擊挑戰

　　在這個生成式 AI 如野火般席捲全球的時代，資料工程與資料分析的價值早已從「營運後勤」華麗轉身為企業原子彈武器一般核心競爭力的存在。世界上最具影響力的兆元 CEO ——黃仁勳執行長，也成了數據圈子裡的「傳道者」。他帶領 NVIDIA 成為 AI 革命的引擎，在 2025 年 COMPUTEX 台北電腦展主題演講時不諱言指出：「AI 是新時代的基礎建設，而數據是 AI 的燃料。」

　　這句話聽起來熱血沸騰，彷彿人類進入了數據驅動的星際大戰，不再靠意念與感覺，而靠數據與算力征服市場。但理性點說，數據確實不再只是「倉儲備查」的原料，而是左右策略、優化服務、驅動 AI 甚至影響社會決策的關鍵資產。

　　2024 年諾貝爾物理學獎得主、人稱 AI 教父的 Geoffrey Hinton 更加一針見血：「強調高品質資料，才會訓練出有價值的 AI。」AI 並不是魔法，它只是比我們記得更快更多、算得更準，而這一切的前提，是輸入有意義、無偏差且具代表性的數據。

　　然而，說得簡單，做得不易。管理學之父 Peter Drucker 早年就告誡我們：「管理離不開數據。」——但他沒說的是：數據常常會離開管理。特別是在複雜多

變的企業環境中，數據分散在不同系統、不同部門、甚至不同人腦裡，各說各話，彷彿數據之間在冷戰。

在中國信託銀行，作為金融業長年深耕數據應用與行銷洞察的先行者，我們深知數據的威力，也深刻感受到「歷史髒資料」與「系統遺留債」帶來的痛。過去近 30 年，我們累積了豐富的數據應用經驗，也在許多業務場景中取得實績，但也不得不承認，隨著 AI 世代來臨，數據問題從技術問題變成策略問題。

於是，我們毅然在兩年前啟動全行的「數據匯流計畫」，由數位科技處跨部門驅動，並提出在「數據中台」實踐治理策略架構，意圖打破傳統資料倉儲的侷限，從數據匯流實現 Single Source of Truth 標準化，結合數據服務與應用複用，逐步打造一個兼顧彈性、安全與速度的現代數據應用體系。

這過程中，我們有幸與睿博資訊 CEO 陳家宏（Laurence）顧問合作，他擔任像是數據世界的翻譯官——幫助我們從「資料在哪」到「資料能做什麼」的升級之路。以協助我們逐步實踐「高築牆、廣聚力、穩共進」的三大數據治理信念：

- 高築牆：建立內部數據治理與管理制度，確保數據複用與品質；
- 廣聚力：累積數據資產與能力，讓數據成為業務與科技之間的橋樑；
- 穩共進：以分進合擊建構數據服務架構，強調團隊協作與技術持續力。

讀者若翻開這本《從試算表到資料平台：重構資料工程的技術與團隊》，千萬別把它當成教科書，而應視為一本戰術地圖：「從技術能做什麼，到組織真的會做」的實務進化指南。在這個「不是你用 AI，就是被 AI 用」的時代，我們每一位數據人，都有義務學會如何用好數據、建好平台、講好數據應用的故事。

願這本書，能為你我提供一盞照亮「數據長征」道路的燈。

中國信託商業銀行　數位科技處部長
林佩蘭

推薦序

資料處理的武功祕笈

我與 Laurence 相識於一個公司內部導入資料處理工具的專案中,當時他擔任我們的資料顧問,協助從零開始建構整套資料處理流程(Data Pipeline),直到最終實現 BI Dashboard 的視覺化呈現。在這個為期僅三個月的專案中,由我這位後端工程師與一位資料分析師共同合作,Laurence 的協助下,在人力與資源相對有限的情況下,按部就班完成目標,並迅速提供成果給 C-Level 與相關 Stakeholder 使用,為商業決策與使用者行為分析提供了關鍵的資訊價值。

整個導入過程中,Laurence 帶領我們深入理解 Modern Data Stack 的概念、ELT 的核心精神,並協助我們選擇合適的資料處理工具。他不僅熟稔理論,更能依據企業現況做出靈活調整,提供高度實用且貼近現場需求的建議。也因此,我們的 Data Team 即使規模精簡,仍能穩定交付具高價值的指標與洞察。

在閱讀本書後,我驚喜地發現,Laurence 在專案中傳授給我們的知識與經驗,乃至他多年來在資料處理領域累積的精華,全都濃縮其中。這不僅是一本理論與實務兼具的著作,更像是一本能讓人內力大增的資料武功祕笈。推薦給所有對資料處理領域有志一探究竟的讀者,必能獲益良多。

XREX INC., Backend Engineering Manager
Stone Huang

推薦序

Modern Data Stack 的三大改變：品質、協作、適才適所

    Modern Data Stack (MDS) 的核心精神之一，是以 ELT 取代傳統的 ETL；其中工程師負責 EL 的部分，而資料分析師或資料科學家負責 T 的部分。在這個架構下，我有幸在 Laurence 的協助和引導下，親身經歷並實踐後者 T 的部分。姑且不論 MDS 與 ELT 在工程底層中帶來的效能提升或其他優化，光為分析端帶來的優勢，就至少有以下三項：(1) 資料分析團隊能夠有更高品質的分析產出；(2) 資料分析團隊與其他業務團隊的溝通與協作更加高效；(3)MDS 與 ELT 讓資料相關人員的興趣和專業與工作內容有更高的一致性。

    ELT 架構能讓資料分析團隊有更高品質的分析產出，主要是體現在所接觸的數據相對原始並且在定義指標上具備更大的空間與彈性。傳統的 ETL 架構下，資料分析人員所取得的資料，都是已經被資料工程師先經過處理與轉換的，這意味著某些數據的運用或某些欄位的定義已經某種程度地被決定，這對資料分析人員其實是一種分析上的束縛與限制，因為他必須半被迫式接受這些轉換方式，甚至為了充分理解並在必要時修改這些轉換方式，資料分析人員會有不時需要與資料工程師溝通與協作的需求，當這種需求頻繁且以臨時的狀態出現時，會顯著降低雙邊的工作效率與工作情緒。相反地，在 ELT 架構下，資料分析人員接觸的資料近乎是原始資料，對於欄位意義的釐清需求，基本上都是一次性，首先大大降低分析人員與資料工程師的協作與溝通頻率；再者，分析人員可依

據分析與業務上的需求去進行資料的轉換，讓轉換的邏輯與業務需求是具備一致性的，大大提高分析的有效性；最後，因為資料分析人員是資料轉換的實質實踐者，因此在與業務或高層傳達分析輸出時，對於數據的定義與限制能夠更加清楚的表達，提高了資料分析團隊對產出的掌握度。這三者，與最後分析產出品質的關係，是非常直接且可直覺理解的。

資料分析團隊與其他業務團隊的溝通與協作之所以能更加高效，在於溝通與協作的網絡改變了：在 ETL 之下，業務人員在有資料與分析相關的問題需要釐清時，常常需要與資料分析人員和資料工程師不斷來回溝通，這是因為業務人員所需要的資訊，常常是一部分只有資料工程師知道，而另一部分只有分析團隊知道。這樣三者彼此互連的協作網絡讓溝通成本變得極度高昂；然而，在 ELT 之下，由於資料分析團隊對資料的掌握度更加全面，讓整個協作網絡精簡：業務團隊跟資料分析團隊彼此對接就能釐清絕大多數的問題。

MDS 與 ELT 會讓資料相關人員的興趣和專業與工作內容有更高的一致性。在傳統 ETL 之下，資料工程人員負責太多資料轉換的工作；然而在大部分的情況下，資料工程師的興趣與職涯規劃，是在資料底層架構的維護與效能提升的技術上，與業務需求和目標息息相關的轉換內涵大概率上不會是資料工程師的職涯興趣與追求重心；同時，應該要肩負能實踐各種複雜的轉換需求的資料分析團隊卻沒有這個舞台和磨練機會。這某種程度是一種資源的錯置，雖然乍看之下是從員工的利益出發，但其實這樣的一致性能讓員工能更專注在自己所在意的技能，進而提高工作效率與情緒；對公司而言，除了能提高整體的競爭力之外，也能降低員工的流動率。

這三項巨大優勢，不僅是從事資料分析的工作者所關注，也是我身為 ELT 的實踐者的親身經歷；因此，我除了希望將本書與 Modern Data Stack 推薦給大家，更希望推薦 Laurence 給有相關需求的公司，因為他是一位真正根據實務上的痛點在提供解決方法的人。

XREX INC., 資料科學家
陳安祖

致謝

本書的完成，要特別感謝一些人給予的靈感、協助、督促。

首先，Taipei dbt Meetup 是我寫作的最大靈感來源。在 Taipei dbt Meetup 有來自四面八方的講者，無私地分享他們透過應用資料解決的問題、以及又找到了什麼新的好工具。

Metabase、Adam Tornhill、Janelle Atry Starr 授權我使用圖片，增加了本書的可讀性。

最後，Taipei dbt Meetup 的 Karen Hsieh 和 Stacy Lo 約我一起去參加 iThome 鐵人賽。這臨門一腳，讓這本書的寫作開始了第一步。

序

我是在浪費我的時間

> 我有十八年寫 Java 的經驗。跟你們講這件事,並不是要強調我很有經驗,而是要告訴各位:我是在浪費我的時間。(編按:如果改用 Clojure 寫的話,同樣的程式用 1/3 不到的時間就有機會寫完。)
>
> –Rich Hickey(Clojure 語言發明人)

在 2019 年以前,我並沒有好好地研究過 BI(Business Intelligence)又或是資料分析(Data Analysis)、資料工程(Data Engineering)等相關問題,大部分的職涯是在新創公司當 Backend/Full Stack Engineer。有一回,我得到一個工作機會,以約聘雇的身分,到一家位於台北市內湖區的科技公司上班,幫業務部開發一套軟體系統。這家公司的軟體是 L 開頭的,就叫它 L 社吧。

找我去的人,是 L 社業務部的 BI 主管。面談的那一天,他簡單地講了他的需求,講得也模模糊糊的,事後來看,他只講了整個系統的 10% 不到的需求。我聽完就先回答了對該需求的看法,然後,順便展示了一下之前寫的程式。

「你下個禮拜可以來上班嗎?」面露「崇拜神色」的 BI 主管問道。

唉,我這個人其實非常地誇不得,我居然就這樣子貿然地答應了一個專案,也沒有確切的把握,該專案是否有在我的能力範圍之內。

到了這個專案完成之後，我才了解，我所解決的問題，嚴格地來講，是資料工程與資料分析的問題。

由於當年我真的不懂 BI、資料分析、資料工程，所以我只應用了應用軟體開發（Application Programming）的技巧來硬做。由於沒有充分地利用當時已經存在最好的技術，我花了整整 180 天，才勉強抵達終點。如果現在讓我重做一次，60 天就可以做完。

上述的這個故事，重點並不是要講我很有經驗，而是，我是在浪費我的時間。

更靈活的工具與方法論

多數資料團隊應用的工具是：Tableau、Power BI、FineReport 這種集成式的軟體。上述的軟體非常強大，就像 Microsoft 的 Office 365 一樣。

然而，我們有時候需要更靈活的工具：我們希望我們的工具可以像 Linux Shell 一樣，有許多小的零組件，一個零組件只做好一件事，比方說：awk、sed、tr、sort、cat、…，卻可以靈活地組合起來，而且，容易自動化。

本書要談論的**現代資料棧（Modern Data Stack）**，這套工具與方法論就像是 Linux Shell 一般地靈活、容易自動化、可以提昇數倍的產出。

改變現況

> 如果你唯一的工具只有鐵槌，那你看到的每個東西大概都長得像是釘子。
> — 諺語

前面提到我在專案中的失敗，其實正是一個錯誤應用「熟悉工具」的案例。我用熟悉的應用軟體開發方法，去解決資料工程的問題，結果當然事倍功半。

ix

而這也顯現了一個更普遍存在的模式：現代資料棧（Modern Data Stack）是一個由多種領域知識交織而成的解法，它不只是程式設計或資料分析單一領域的產物，而是軟體開發、資料工程、資料分析等跨領域知識的結合。

正因如此，來自不同背景的角色——像是產品經理、商業分析師、資料分析師或資料工程師——往往容易基於自己的經驗而忽略某些看起來不熟悉的解決方案。他們可能會覺得這些方法「不屬於他們的領域」或是「看起來太奇怪了」，從而錯失採用的機會。

除了既定視角的理由之外，還有各式各樣的執行面理由，可以讓現代資料棧這個解決方案難以被採用：

- **時程問題**：專案的時程往往很趕，而對技術沒有一定了解的管理階層通常不會安排空白的時間，讓團隊去好好調查研究，有哪些可能的技術選項可以納入考慮。

- **技術債**：資料團隊可能已經有一套既有的資料處理架構了，就算發現新的解決方案可能會帶來質的改進，想到要把過去已經完成的資料管線重做，就覺得導入新的解決方案異常的困難，因為很難停下手邊所有的事，並且空出一段時間去一口氣打掉過去所有的資料管線，重新建置。

- **決策權**：基層的員工就算看出了新的解決方案的價值，如果說服不了整個團隊、或是上級，也往往無法導入新的解決方案。

- **風險**：既有的作法往往經歷了時間的考驗，雖然不優雅，通常可以處理各式各樣的特殊情況。如果對於新的解決方案沒有充分的掌握之前，很可能導入到一半，才發現，特殊情況難以處理，因而陷入進退維谷的風險。

上述就是產業常見的現況，就算有了更好的解決方案，也未必可以付諸實施。而本書的使命就是改變現況。本書要帶著讀者一覽資料工程、資料分析領域的種種挑戰，從問題出發做種種的討論，希望可以讓讀者可以帶著確信、果斷地踏出改變的第一步。

導讀

本書分成三部分：資料工程、資料分析、管理實務，分別探討了以下三個主題：

1. 資料工程師，要應用什麼樣子的軟體與方法論，可以快速地做出高品質的資料基礎建設，以利後續的資料應用？

2. 想要將資料分析應用於組織的實務工作，第一步該如何踏出？資料分析師常用的技巧、理論基礎有哪些？在面對全新類別的問題時，可以回顧哪些經典的資料分析案例，以設法得到解題的靈感？

3. 當某個組織希望開始積極應用資料以提昇經營效率時，該如何建立有效的資料團隊？有什麼組織架構的選項？有什麼發展路徑可以依循？此外，當讀者有志於在組織導入新的解決方案時，應該怎麼做才能確實地一步一步前進，而不是一次又一次地向上級報告之後，一切又回歸原狀？

線上資源及程式語法

本書所提及的線上資源網址以及程式語法，另有放一份在 GitHub 提供參考：

https://github.com/dbt-local-taipei/dbt-book-02

目錄

第一部 資料工程

第 1 章 我還想要更懶惰

需求概述 1-2

既有的作法：試算表流水生產線 1-4

相對合理的設計 1-6

軟體開發 1-8

業務報表 1-10

專案的後續與感想 1-16

第 2 章 現代資料棧（Modern Data Stack）

可程式化工具 2-2

資料基礎建設 2-4

資料基礎建設的發展階段 2-6

應用現代資料棧還有其它優點嗎？ 2-8

選 SQL 而非 MapReduce 2-9

ELT 取代 ETL	2-12
函數式資料轉換	2-14
理想的解決方案：現代資料棧	2-18
之後的章節	2-20

第 3 章　View Layer（視覺化層）：Metabase

自助式資料服務的必要條件	3-2
Metabase 安裝	3-3
Metabase 自動分析	3-12
Metabase 基礎操作	3-17
Metabase 進階操作	3-20
Metabase 圖表 / 視覺化	3-26
Metabase 互動儀表板與嵌入式分析	3-31
Metabase 自動化（Automation）	3-35
本章小結	3-40

第 4 章　Transformation Layer（資料轉換層）：dbt 與 SQL

三個常見的 SQL 難題與對應作法	4-2
dbt 安裝	4-5
DuckDB 安裝	4-10
dbt 基本操作	4-15
dbt 資料建模	4-23
dbt 進階操作	4-31
本章小結	4-38

xiii

第 5 章 Transformation Layer：SQL 概論

SQL 起步 5-3
SQL 進階語法 5-5
SQL 效能改進 5-9
本章小結 5-13

第 6 章 EL 與 ETL

EL 是普遍的需求 6-1
ETL 仍然是重要的選項 6-2
EL 工具 6-3
Meltano 簡介 6-5
dlt 簡介 6-11
ETL 設計原則 6-19
ETL 開發實務 6-22
本章小結 6-25

第 7 章 資料可靠性（Data Reliability）

除錯方法論 7-2
dbt 套件 - Elementary 7-5
dbt test 7-7
Recce 7-13
兩難問題的因果分析 7-15
本章小結 7-18

第 8 章 即時資料（Real Time Data）

不同的應用、不同的即時 8-2
變更資料擷取（Change Data Capture）...................................... 8-4
資料倉儲內的 Lambda 視圖 8-6
簡易資料湖與查詢引擎 8-10
本章小結 8-14

第 9 章 將複雜度往下移動

機敏資料 9-3
隨著時間而變動的資料 9-4
即時資料的查詢延遲 9-7
本章小結 9-9

第 10 章 資料工程的挑戰

資料工程的思考：搬移程式到資料端 10-2
資料工程的思考：簡單與可擴展性的並存之道 10-4
隱而不現的資料工程問題 10-7
採用新技術時的準備 10-9
本章小結 10-12

第二部 資料分析

第 11 章 ChatGPT 作為一種資料分析工具

什麼是資料分析？ 11-4
什麼是 ChatGPT？ 11-9
應用 ChatGPT 的後設技巧（Meta-skill）................................... 11-14
資料分析活用 ChatGPT 11-22
進階議題：形式語言學的應用 11-27
本章小結 11-28

第 12 章 管理與統計

管理實務 12-1
量化與統計學的連結 12-7
貝氏定理（Bayesian Theorem）... 12-8
Z 檢定 12-13
費米估算（Fermi Estimation）... 12-16
信賴區間 12-18
蒙地卡羅法 12-20
線性模型 12-21
探索式資料分析（EDA, Exploratory Data Analysis）................. 12-24
本章小結 12-28

第 13 章　各領域的資料分析

引導決策的指標 13-2

可信度 13-7

編碼 13-10

本章小結 13-15

第三部　管理實務

第 14 章　資料團隊

結果優先 vs 流程優先 14-3

複雜度轉換：往下層移動 14-3

三種常見的資料團隊組織架構 14-4

資料團隊的發展 14-9

資訊的價值 14-10

向上管理 vs 向上資訊管理 14-13

逆向工作 14-16

本章小結 14-18

第 15 章　變革管理

評估新技術 15-2

向上溝通：原理 15-4

向上溝通：從現在到未來 15-6

從想法到行動 15-8
本章小結 15-10

▌結語 寫給想要更懶惰的人

第一部
資料工程

我還想要更懶惰

2019 年 2 月，過完年之後，我就開始到 L 社上班。第一週的目標，除了灌完公司配發的筆電之外，就是釐清專案的需求、軟體規格、與開發時程。

我待的單位是「商業智慧與營運」（Business Intelligence & Operations），它是支援業務部人員的後勤單位。在我的筆電灌完之後，BI 主管告訴我，請我訂出開發時程，日後他就會用這個時程來考核我。同時，BI 團隊的一位同仁，J 同事，會負責幫我了解軟體的需求。

在釐清需求的開始，我拿到了一份多達 50 頁的投影片，這是 J 同事的作品，算是一份近似於軟體規格書的文件。裡頭畫了很多使用者介面（UI，User Interface）的草圖，還加上了很多框線，解釋從這頁到那頁的關聯、按下什麼按鍵應該會發生什麼事之類的。看完那份投影片，我實在忍不住去想，這份投影片是怎麼生出來的？在我的想像之中，很可能是主管找 J 同事來開會，並且跟 J 同事交代：「好不容易弄來了一位軟體工程師來開發軟體，你要努力地訂出規格，加速他的工作，讓他可以準時交付，還有，要把工作做對。」

我還想要更懶惰

我退回了那份投影片，我不記得有沒有設法把話講得委婉一點，我只能希望我有。退回的理由是：「你們的工作是告訴我，你們的需求是什麼？問題是什麼？至於軟體要怎麼設計，規格該怎麼訂，這個不是你們的工作。」

之後同一團隊的其它同事有一起來協助我了解專案的需求，我們開了兩三場會議之後，勉強抓出了重點。在釐清需求時，有個很妙的現象：當我詢問需求是什麼的時候，同事告訴我的內容，往往不是軟體需求，而是軟體規格。也許，對非專業人士而言，他們覺得必須告訴我解決方案，又或是說講出解決方案，遠比講出需求來得簡單。

在抓重點時，特別有用的一個問題是：「你們現在是怎麼做的？」

需求概述

L 社的業務部需要開發一套新軟體，來輔助業績的計算與考核、商業分析。該軟體主要由三大核心功能所構成：

1. 客戶認列功能
2. 業績歸因功能
3. 商業洞察功能

⊃ 客戶認列功能

L 社的業務部有約 100 名員工，部分的員工是輔助銷售的角色，可能是做報表整理、核對發票、審核廣告、設計新的產品等等。而銷售的角色，也就是業務們，是該軟體服務的主要客群。而這套軟體的重要功能之一，自然也就是要輔助計算業務的績效獎金。

在每一季，業務可以認列自己要專注開發的 20 大客戶，這個認列的過程，在沒有軟體輔助時，就是用 Email 進行。BI 部門會審核業務的申請認列，因為要確保客戶不會被重複認列。此外，如果業務覺得自己認列的某一客戶，跟自己的「氣場」不合，他也可以申請放棄該客戶，轉而申請去認列其它客戶。

如果業務 A 在第一季的 2 月 1 日，認列了客戶 M，那客戶 M 從 2 月 1 日之後對 L 社採購的業績，都算是業務 A 的功勞。

⮕ 業績歸因功能

要計算業績，首先要有資料來源。L 社是一間跨國企業，光是台灣公司就有接近一千人。此外，由於公司曾經快速地暴發成長過，公司每開發新的產品線，也就同時發展新的財務計算系統。由於有多個財務系統，當業務部的 BI 團隊要核算業績時，首先的第一步就要整合來自四個不同財務系統的業績資料。

想當然爾，來自四個財務系統的業績資料，格式長得不會一樣，所以要開發的新軟體也需要有一個相當具有彈性的格式，可以表示四種不同來源的資料。

當資料匯整之後，就可以依照日期、業務的認列、還有三個不同的業務團隊特有的認列規則，計算出每一位業務可以歸因的業績。

⮕ 商業洞察功能

除了業績資料、業務對客戶的認列資料之外，這個系統還要可以匯入許多其它的資料，比方說，客戶的資料。

客戶的資料其實是個很模糊的概念，大家可能會想，不就是：「公司名、統編、連絡方式這些嗎？」

不不，沒有這麼單純。像公司的行業別這種資料，對於之後要做出商業洞察，就很重要。所以「公司的行業別」這類資料，就要另外人工準備，再設法輸入系統。

我還想要更懶惰

在真正的商業應用環境裡，由於是跨國企業的關係，BI 團隊還必須設法去區分，哪些訂單是發生在日本的、卻可以算成台灣的業績，哪些訂單是發生在台灣的、卻可以算成日本的業績之類的事。

在匯整了眾多不同來源的資料之後，這個系統要輸出一張「One Big Table（OBT，大表）」，這個表格可以用 CSV 格式下載，用來讓資料分析師來設法做出**商業洞察**（Business Insights）。

此處的詞彙「One Big Table」大家可能覺得有點困惑。如果是軟體工程師的話，我們會叫它「Denormalized Form（反正規化格式）」，我一開始都很堅持要這樣子說，然而，過了很久之後，我發現無論是台灣的或是國外的資料分析師，都比較喜歡講「One Big Table」。

▌既有的作法：試算表流水生產線

當我看到 BI 團隊的同事，拿出那張每列（Row）有超過 30 個欄位（Column）的 Excel Sheet 時，我心想，「好喔，看來我問對了問題了。」

既有的作法大致上如圖 1-1 所顯示：橢圓形的區塊「資料清理、補足缺值、合併資料、繪製圖表」，通常佔了 80% 的時間；菱形的區塊「分析、結論」只佔了 20% 的時間不到，然而，真正創造價值的卻是此部分；一旦需要走到多角形的區塊「修正錯誤」，往往就是災難一場。讀者可能會有點驚訝，這麼複雜的 Excel 不會做得很痛苦嗎？當然，我本人也深深地相信，這個方法長期而言是不可行的。

既有的作法：試算表流水生產線

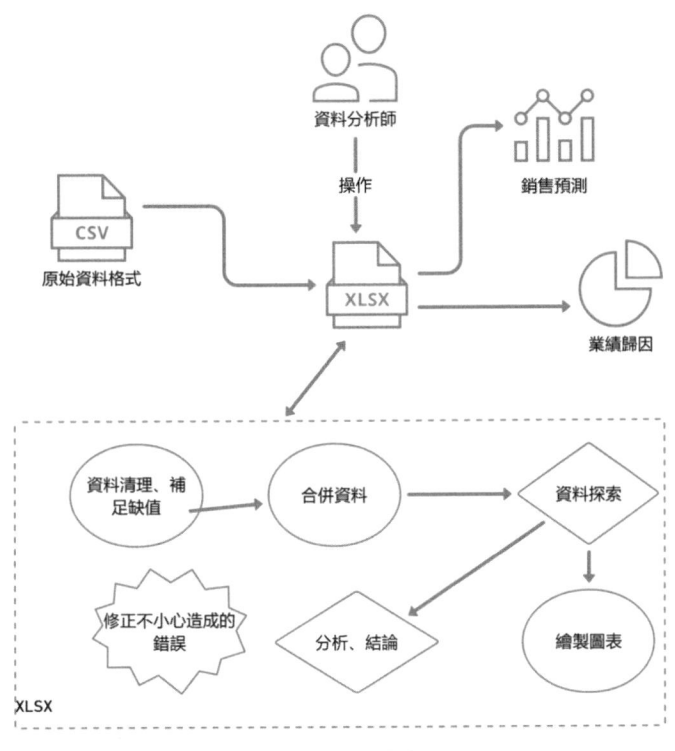

▲ 圖 1-1 試算表 BI

面對複雜度的挑戰，L 社的 BI 團隊採取了**試算表流水生產線（Spreadsheet Assembly Line）**的分工法：一份 Excel 由 3~4 位不同的員工，協同工作來完成。

比方說，1 號員工負責生產所有的 A 欄位到 I 欄位；2 號員工就負責生產所有的 J 欄位到 J 之後的 10 個欄位。所以，1 號員工週一完成了他的 10 個欄位，就把 Excel 轉交給 2 號員工；而 2 號員工會利用週二完成屬於他負責的 10 欄位。

有些資料難以用 Excel 的 VLOOKUP 處理，要獨立出來交給 BI 團隊裡唯一一位會用 SQL 的同事，用 SQL 的 Join 來處理。到了週四，整理好資料的 Excel 終於交到了分析師同事的手上，然後，分析師同事要用僅剩的週五一天的時間，火速整理出下週一早上週報需要呈現的資料與報表。

1-5

我還想要更懶惰

類似的工作,每週不停地循環。然後,如果不幸發生了一些資料出錯,那就是每一個環節都要設法肉眼檢查錯誤。

平心而論,試算表流水生產線的這個作法,確實有它的創新之處。透過這種分工,它有效地降低了每一位動手拉試算表的員工的認知負荷。這個作法甚至可以說是《Wiring The Winning Organization》一書所提到的線性化(Linearization)的管理實踐。不過,我當年很低級地說了糟糕的諷刺:「這是我所見過最驚人的,把應該放進電腦去執行的程式,卻放進人腦裡去執行的創新作法。」

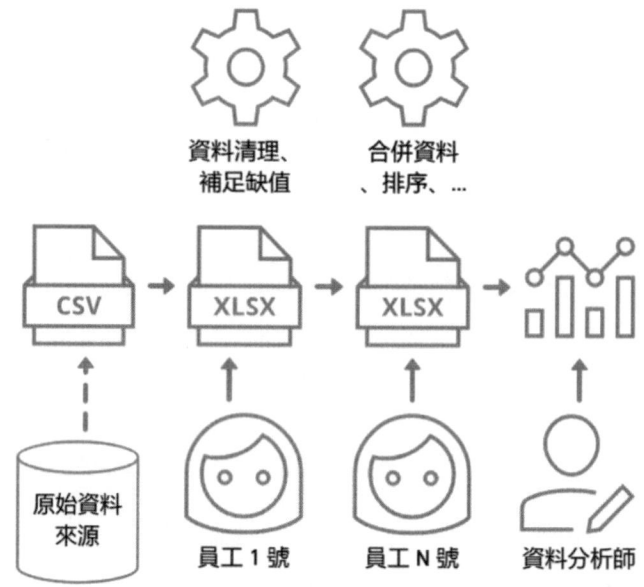

▲ 圖 1-2 試算表流水生產線

相對合理的設計

L 社所需要的這個軟體可以分成兩個部分:

- 業務流程管理(Business Process Management)
- 業務報表(Business Reporting)

⊃ 業務流程管理

　　它管理的業務流程就是客戶認列功能模組，見圖 1-3 中的齒輪部分。它是一個有圖形化使用者界面（UI）的系統，可以讓業務人員登入系統，去認列每一位業務想要的 20 大客戶。業務提出申請之後，BI 團隊的人會有管理者權限（Admin），於是可以做審核。審核批過之後，就會生成「業務與客戶的認列關連資料」。

　　從軟體工程的角度來看，業務流程管理部分屬於 OLTP（Online Transaction Processing），要做好這個部分所需要的知識，主要是 UI 設計、後端程式設計與資料庫。

⊃ 業務報表

　　這部分是以圖 1-3 中央的資料庫為核心，先匯總所有的資料，然後對這些資料做處理，進而產生「業績歸因資料」與「商業洞察資料」。

　　從軟體工程的角度來看，業務報表部分屬於 OLAP（Online Analytical Processing），要做好這個部分所需要的知識，包含 ETL、資料倉儲（Data Warehouse）[1] 的選擇、資料倉儲的資料庫綱要設計、如何有效地整理安裝資料倉儲的查詢、報表的產生等等。

1　資料倉儲這個詞彙，讀者有可能有點陌生，先不用上網查精確的定義，可以先簡單地理解成，資料倉儲是為 OLAP 需求而做效能最佳化的資料庫即可。

1　我還想要更懶惰

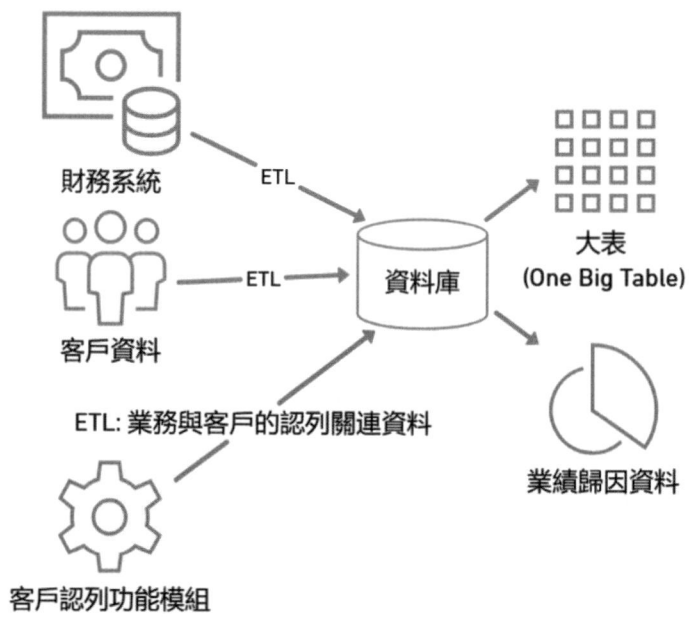

▲ 圖 1-3　客製化軟體 BI 設計

▍軟體開發

⊃ 估時

　　前文有提到，我灌完電腦，聽完需求後的第一個待辦事項，就是訂開發時程。軟體工程師估計開發時程難以準確，這是普世的現象，也有學者專家專門在研究這個。而研究指出：「軟體專案的估時變動性很高，但是會隨著專案的推進變得更加精確。在專案最初所做出的估時，變動性最高。那時如果估計出來的時間是 X，實際消耗的時間，在最佳案例有可能是 0.25X，在最差的案例，則有可能高達 4X。」[2]

2　Software Project Survival Guide by Steve McConnell。

在 John Ousterhout 所寫的《A Philosophy of Software Design》一書，提過一個概念，增量開發（Incremental Development）的重點，應該要放在「軟體抽象層（Software Abstraction）」，而非功能（Feature）。偏偏工程師收到的需求，永遠都是功能。

在我的經驗：

1. 新的功能需求，如果可以透過既有的「軟體抽象層（Software Abstraction）」簡單換個參數就完成，那就會完成得飛快。

2. 新的功能需求，如果調整一下，比方說，只先做關鍵的 80%，就可以透過既有的「軟體抽象層（Software Abstraction）」完成，也會滿快的。

3. 新的功能需求，如果不被既有的架構所支援，也因此需要開發新的「軟體抽象層」。這種情況下，時間會高度變動，估時可能有高達 4 倍的誤差。

理想上，軟體工程師如果可以花費合理的時間，找到最適合領域問題（Domain Problem）的軟體抽象層，開發的時間除了可以最佳化之外、軟體品質也可以大幅度提高。

總之，由於也沒有人問我，我估時程是否有一併考慮我要應用的「軟體抽象層」來估時、有沒有做認真的分析，我就用了簡單、粗暴的作法，把需求拆成幾個不同的功能（Features），每個功能用最差情況來估時。在資料分析的領域，這算是一種費米估算法[3]，儘管，這個估計法沒有把軟體抽象層對開發進度的影響納入考慮。還好，我的同事們雖然是資料分析師，但是，他們不會來分析我的決策。

---

[3] 費米估算法是一種快速推算估計值的方法，由物理學家恩里科·費米（Enrico Fermi）推廣。它的本質是將一個難以精確估算的問題拆解成多個相對容易估算的子問題，然後估算子問題的數值結果之後再進行數值的聚合計算而得出最終的答案。透過費米估算得到的答案，就算不精準，也可以由每個子問題的估算誤差來推估出最終的誤差範圍。費米估算法會在第十二章介紹。

我還想要更懶惰

⊃ 驗證

由於 J 同事被我主管派來當我的小幫手，我就想盡辦法卸載（Offload）我手上的工作給他，讓他從小幫手變成大幫手。通常工作轉移是類似這樣子展開的：

我：「我把功能開發好了，有誰會來驗收嗎？印象中，你們公司的資料有一些資安的考量，我一位約聘雇的，沒事不要去經手資料吧？」

J 同事：「呃，應該是我。」

我：「那你打算怎麼驗收？」

J 同事（一臉困惑）：「這…」

於是，我在 J 同事的電腦裡把開發環境整個複製過去。需要他幫我測的時候，就請他下指令，同步最新版的程式碼，然後就把資料灌入系統來觀看報表做驗證。

▌業務報表

當我花費約一個月的時間完成了「客戶認列功能模組」，後續的開發就集中在業務報表的問題之上，主要就是三件事：

1. ETL（Extract、Transform、Load）

2. 資料庫查詢，以產生業績歸因資料

3. 使用者介面

做這三件事相對於一般的軟體開發來說，算是相對不難。而正因為不難，卻讓我充滿了困惑，因為我彷彿感覺得到，這些事應該可以不需要完全交由後端工程師來做，應該可以有更多工作卸載的可能性才對？

業務報表

➲ 第一部分：ETL

ETL 是 Extract、Transform、Load 這三個英文字的縮寫。

由於 L 社為業務部提供資料的部分系統，並沒有設計專門匯出資料的 API，所以後來 J 同事決定，資料從 Tableau[4] 取出即可，反正都是要手動操作。而 Tableau 的功能雖然強，J 同事也沒有到徹底專精 Tableau 的程度，通常他還是會用 Spreadsheet 去把從 Tableau 匯出的資料做一些小修改之後，才把資料往系統送過去。從 Tableau 匯出一直到系統讀取 Spreadsheet 檔的這一段可稱之為**抽取（Extract）**。

讀檔完成之後，要做**格式檢查（Schema Check）**，如果檢查沒有過，系統就會噴出錯誤，叫使用者重新再送一次資料。

過了第一關的檢查之後，原始的資料會做一些**資料轉換（Transform）**。比方說，如果某資料會內含「客戶的姓名」，在轉換的時候，系統就會利用「客戶的姓名」去資料庫裡查詢，該姓名在客戶這張表所對應的 ID，從姓名變成 ID 的轉換完成之後，資料才能順利地**載入（Load）**系統內的資料庫。

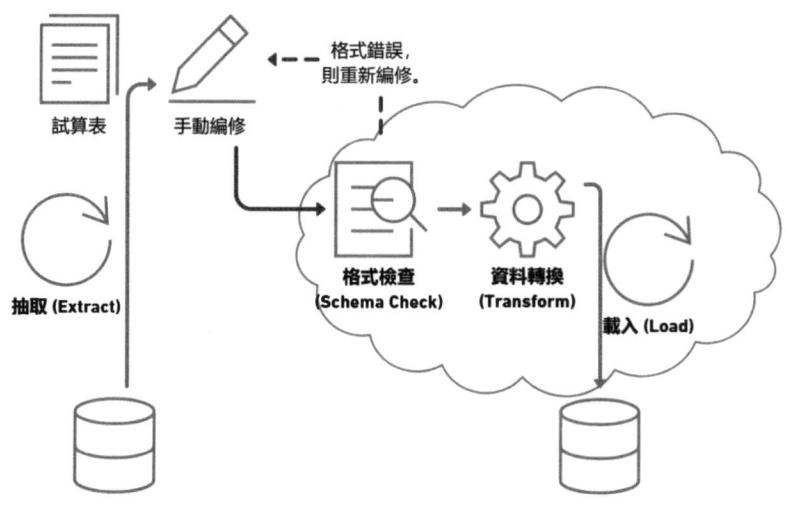

▲ 圖 1-4 ETL 模組

---

4 L 社預設是讓資料分析師使用 Tableau，所以該公司多個軟體系統的資料也都有先匯入 Tableau 軟體。。

1-11

 我還想要更懶惰

- **資料正確性的檢查難以延後**

  開發 ETL 時，我應用了後端軟體工程的常見作法：「如果提供 API 給外界使用，一定要對外界進來的資料，做嚴謹的驗證。錯誤了就噴出例外（Exception）。」而仔細思考的話，資料倉儲裡的資料，並不需要即時的正確性。資料如果有錯、有髒，可以等先進了資料倉儲之後，再由資料分析師下資料庫的指令做批次修改即可。只是說，如果要把資料正確性的檢查延後的話，該怎麼只用資料庫的語法來做檢查呢？這個部分我沒有想出來，所以還是保持原有的設計[5]。辛苦的 J 同事也因此有時候要一份資料匯入多次，因為每次噴出例外，他就得重新修改一次，再重新匯入。

- **ETL 很單純，我卻無法交出去給 J 同事處理。**

  身為資料分析師的 J 同事是會寫 Python 的，從他做的一些小專案我可以得知，至少會寫一些基礎的。而在做這個專案的時候，我反覆地思考，我能否培訓 J 同事，讓他日後可以自行維護 ETL 的部分？（嚴格地來講，ETL 的程式在我的案例可以稱之為 ECTL，即 Extract、Check、Transform、Load。）

  經過多一些考慮之後，我還是放棄了這個想法，原因是說：儘管 J 同事會一些基本的程式設計，要搞定純粹的邏輯與資料轉換（Transform），對他不難；但另一方面，Extract、Check、Load 的部分[6]，會利用到格式檢查的函式庫、又或是需要與資料庫互動、與 Spreadsheet 檔案格式互動，一旦寫錯時，要除錯就會需要多種不同的知識，比方說，要看懂資料庫的錯誤訊息、函式庫噴出的例外錯誤等等，這會對軟體開發的初學者造成很大的進入門檻。

---

5 資料正確性的檢查延後到資料庫內部來做，可以用 dbt test 來達成，將在第七章介紹。

6 用 ELT 取代 ETL 的話，資料轉換交給資料分析師就變得可行許多，因為 EL 與 T 變成可以各自獨立開發，將在第二章介紹。

1-12

⊃ 第二部分：資料庫查詢，以產生業績歸因資料

圖 1-5 顯示的是業績歸因資料的生成過程。在開發這部分程式時，心裡總覺得有一種很怪的感覺：「咦，怎麼這個系統好像有點特別，資料庫的查詢語法佔了系統絕大多數的程式碼？系統的其它部分彷彿都是為了這個查詢而做的努力？」既然資料庫的查詢佔了系統的最大部分，有沒有什麼方法，可以讓我把這部分的維護也交給 J 同事來做呢？但是，這又卡到了一個難點，查詢與查詢之間，它們是有依賴關係的。我可以教會 J 同事寫查詢。但是，要讓他可以在有依賴關係的查詢之間處理得很好，又好像太為難他這樣子不是天天寫程式的資料分析師了。[7]

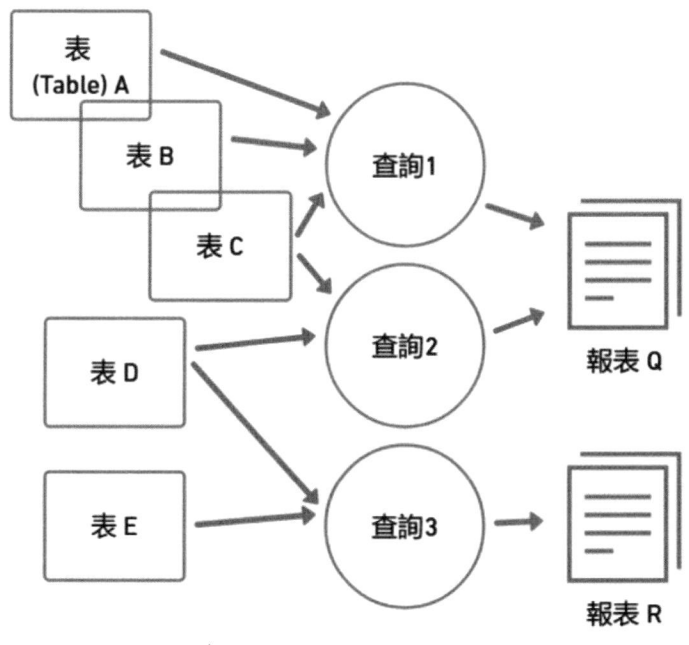

▲ 圖 1-5 資料查詢匯整

---

7 如果使用 dbt 與 Jinja Template 語言來開發的話，由於查詢之間的依賴關係可以透過自動生成的資料血緣圖來展示，資料分析師自行維護資料轉換與報表生成就變得可行。dbt 會在第四章介紹。

 我還想要更懶惰

■ 報表生成超級緩慢

而當系統上線之後,系統設計裡沒有考慮效能的部分,立刻充分地展現出來。這個系統有多慢呢?那時跟公司要了 32G 記憶體的機器,跑一份報表還可以花四個小時才跑完。所幸,這個系統的報表產生,一週只需要跑一次,而且是跑在週六的半夜。此外,報表生成之後,就會立即做緩存,所以使用者(即 L 社的業務同仁)在使用系統時查看的報表是緩存過的,也不需要等待超過 10 秒。[8]

◎ 第三部分:使用者介面

使用者介面主要有兩個功能,第一個功能相當的普通,就是按個按鈕,然後可以下載某個 One Big Table,也就是「反正規化的資料表輸出」。

第二個功能要做出一個 Excel 可以生成的資料呈現,而第二個功能我卻重做了兩次。第一次的作法是在後端做樞紐分析,參見圖 1-6;第二次的作法是在前端做樞紐分析,參見圖 1-7。

最初我沒有特別意會到,第二個功能是鼎鼎大名的「樞紐分析」,我只覺得這個資料呈現如果用資料庫分群查詢(Group By)湊一湊,就可以完成的功能。「應該就是分群查詢個一兩次吧?」我想。

不幸的是,我太小看樞紐分析了,樞紐分析裡有所謂的小計(Subtotal),而小計的部分會隨著分群的條件愈多,就會有愈多的排列組合。換言之,樞紐分析,它是透過多次不同的分群條件做分群後,再做資料拼接來產出的報表,遠遠不是只透過一兩次分群就可以產生的報表。

我第一次的作法是先讓 UI 的程式碼很單純,只是單純地顯示資料,沒有任何資料轉換。把邏輯集中在後端,設法在後端寫出複雜的查詢邏輯,把樞紐分

---

[8] 資料庫查詢效能低落的問題,可以透過使用資料倉儲、欄式儲存(Columnar Storage)、星狀資料綱要(Star Schema)、Materialized Views(物化視圖)來改善。

析湊出來。結果，我湊了半天都還總是少了好幾個「小計」。這實在太打擊人了，資料分析師信手捻來設計的報表規格，居然讓我實作不出來？[9]

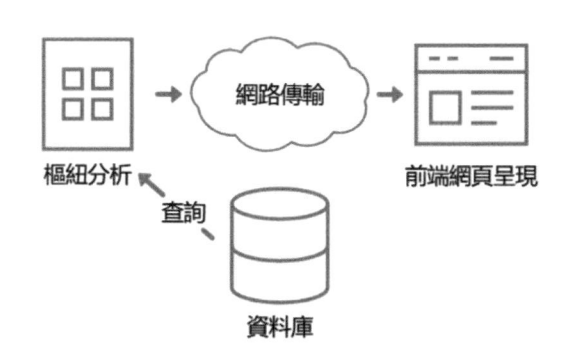

▲ 圖 1-6 後端樞紐分析

一怒之下，我跑去詢問資料分析師同事。「呃，可以告訴我，你們到底怎麼想出這麼厲害的規格，讓我覺得很棘手，刻了兩天還刻不出來嗎？」問完了這個之後，我才發現，原來規格是「樞紐分析表（Pivot Table）」。

有了關鍵字「Pivot Table」之後，我就上網找了一個前端 UI 函式庫，是內建「樞紐分析」表的那種複雜 UI 元件「`react-table`」，然後我把資料轉成該元件可以接受的格式，就順利完成使用者介面。

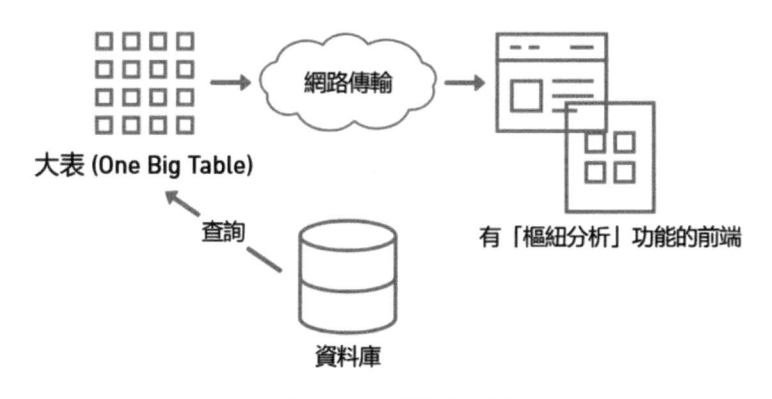

▲ 圖 1-7 前端樞紐分析

9　樞紐分析可以用 SQL Rollup Query 來生成。進階的 SQL 查詢會在第五章介紹。

1　我還想要更懶惰

■ 最後一哩路

前述的作法是個權宜之計（Workaround），因為 `react-table` 只能生出樞紐分析，也不能產出更多資料分析師需要的報表格式與圖表。短期內不會出問題，因為 L 社的主管最初對於這個系統的想像，並沒有把最後一哩路也加進去，主管認為，圖表的生成用 Spreadsheet 來做就好了嘛。

仔細觀察這些商業智慧的報表需求，其實表與圖的需求並不是發散的，而是固定就是用一個集合，真正常用的圖表幾乎不會超過 Spreadsheet 可以支援的範疇，也因此，如果 L 社的主管日後往這個方向去追加需求，也算是合理。

如果日後追加的需求，有要包含最後一哩路，即直接在系統上生成所有商業分析需要的圖表，讓圖表的生成也全面自動化，那就會讓前端變得極其複雜，以致於不可維護。[10]

▌專案的後續與感想

開工之後的第 6 個月，我與 J 同事合力完成了專案。軟體上線讓業務同仁使用之後，又陸續追加了一些額外的功能，比方說，新的業績歸因規則。軟體上線的一兩個月左右，L 社的韓國分公司派員來台研究這套系統。又過了一年多之後，韓國分公司完整地復刻了該軟體的 2.0 版，除了大幅改善軟體運作的效能瓶頸之外，並加上精美的 UI 設計、Single Sign-On 等功能。

當韓國同事來台與我們開會，我們展示軟體時，我負責主講，而 J 同事則順手開啟了 Terminal 並且流暢地下了一堆指令。J 同事會講韓語，這一點讓韓國同事倍感親切，韓國的工程師忍不住詢問，「J 同事不是資料分析師嗎？怎麼好像在 Terminal 下指令的流暢度好像有點不太正常（太快了）？」

---

[10] 如果使用 Metabase 之類的 BI 專用圖型化介面做為前端，就可以處理報表生成自動化的最後一哩路。Metabase 會在第三章介紹。

J同事忍不住指著我抱怨:「他每次都說,這個很簡單,叫我順便學一下。」兩位韓國同事都驚叫:「啊,台灣人的工作真是太血汗啦!」

　　我忍不住心道:「雖然你們這麼想,但是如果我有想到更好的工作方法的話,我還想要卸載(Offload)更多的工作給同事,因為我還想要更懶惰!政治正確地來講,因為這個工作應該存在透過修改作法、且重新分工,以提高產出的可能性。」

　　而很幸運的,我在完成專案之後約一年多之後,就發現了「現代資料棧」這個解決方案,心中的種種疑惑都解開了,真的就是存在更加有效率的作法。

MEMO

2

現代資料棧
(Modern Data Stack)

在第一章的結尾，談到了現代資料棧這個解決方案，並且暗示該解法應有著修改作法且重新分工，以提高產出的可能性。這邊比較一下第一章的兩種解決方案：

1. 試算表流水生產線

2. 客製化軟體

試算表流水生產線是一種極端，它算是絕對的低程式碼（Low-code）解法，在這個解法所有的工作都可以交給資料分析師來做。另一方面，客製化軟體則是另一種極端，在這個解法裡，報表生產過程之中的任何調整都要透過工程師來做。

現代資料棧（Modern Data Stack）

是否存在更彈性的方式呢？例如，有沒有可能它同時含有上述兩種的解法的好處，既可以將需要工程設計的部分交給工程師、又可以讓資料分析師直接修改報表的邏輯？

接下來，我將會先從彈性的角度切入「可程式化工具」的概念，現代資料棧就屬於這一類工具。然後，我要重新定義第一章的問題，該需求的本質不是典型的網頁應用程式開發，而是**資料基礎建設**。

這邊也要談論一下產業的現況：很多公司並沒有把這個問題定義清楚，就憑感覺去找解法了，所以解法非常的多元，處於不同階段（資料基礎建設的發展階段）的公司往往也有不同的解法。

再來，既然談了現代資料棧是資料基礎建設的解決方案，也加碼討論它的**三大附加優點**：

1. 選 SQL 而非 MapReduce。

2. ELT 取代 ETL。

3. 函數式資料轉換。

最後，我們會簡短回顧一下為什麼現代資料棧是「理想的解決方案」，並介紹它由哪些組件構成，從這邊開始就進入實作細節了。

▌可程式化工具

不知道你有沒有問過自己一些統計數字，像說，「全世界有多少的軟體開發者？」根據 statista.com 的資料，2024 年大約有 2 千 8 百萬人，佔地球的總人口的比例為 0.3%。

上述的那個統計，對於軟體開發者的認定，採用比較狹義的認定，即你要有一份工作、工作的內容要寫程式、且你寫的程式是那種看起來像程式語言的。

換言之，如果你使用的程式語言，它長得比較奇怪，那麼就算你每天用，你也不會被列入統計，我在講的這個程式語言，它叫做試算表（Spreadsheet）。

在使用試算表時，你可以移動滑鼠，得到一個「+」符號，接下來就可以往下拉，試算表會快速地幫你將算式套用到你拉過去的儲存格，這個基本上可以視為是「迴圈」。你可以使用函數去寫 IF，這個可以視為是「條件式」。基本的程式設計，也不過就是這些元素。如果讀者真的不同意我的觀點，我推薦你上網查一下「Excel Turing Complete」。對我來說，凡是可以活用試算表的，都算是我的同行。

⊃ 應用領域與可程式化工具

請先參考表格 2-1，「應用領域」與「程式語言」的比較：

應用領域	程式語言
數位 IC 設計	VHDL、Verilog
作業系統、驅動程式	C、Rust、Assembly
應用軟體開發（後端）	Java、Python、PHP、C#
應用軟體開發（前端）	JavaScript、HTML、CSS

▲ 表格 2-1 「應用領域」與「程式語言」的比較表

如果我們把「程式語言」一欄修改一下，讓語意變得比較有包容性，改成「可程式化工具」，應該可以新增兩列比較不一樣的。

應用領域	可程式化工具
資料基礎建設	現代資料棧
一般文書處理	試算表

▲ 表格 2-2 新增「應用領域」與「可程式化工具」

2 現代資料棧（Modern Data Stack）

⊃ 高階抽象層

現代資料棧是專門處理資料基礎建設（Data Infrastructure）問題的可程式化工具集合，它同時也是一種高階抽象層，也就是說，使用現代資料棧，開發人員可以用「更有表現力」的語法或是工具，去達成自己的意圖。也因此，處理資料基礎建設的問題，使用現代資料棧相比於使用傳統的作法，會得到生產力的大躍進。

這個生產力的提昇，由於是因為應用了更高階的抽象層所造成的生產力提昇，就像是本來你總是使用 C 語言來開發應用軟體，有一天，你改成用 Java 去開發了，於是你再也不用處理煩人的記憶體管理，又要 `malloc`、又要 `free` 的，你會覺得開發起來真的是又快又好，而且你也再也回不去了。

▎資料基礎建設

資料基礎建設的需求非常普遍，但是，許多的組織不了解這個重要性，前期往往沒有分配足夠的資源，最後就是等到病入膏肓時，才整個砍掉重練。在本書第一章的故事裡，L 社最初的資料基礎建設就是試算表流水生產線，後來實在再也難以維持下去了，才委任我來重做，這是業界很普遍的現象。

⊃ 應用資料的混亂與矛盾

「敝公司連 100 人都不到，會需要資料基礎建設嗎？那是大企業才做的事吧，叫資料分析師兼任就好了吧。」經營者很有可能會第一時間先採取這樣子的措拖。

想像一間 50 人的中小企業，當財務單位有自己的資料分析人員，業務單位也有自己的資料分析人員時，當總經理在同時聽取財務單位與業務單位的報告的會議，卻發現，同一間公司在同一段時間，居然還有兩個不同的營收數字。這是很自然的，因為業務單位認定的營收常常與財務單位認定的不一樣，兩個都叫做營收的指標，對應的定義卻不相同。

資料基礎建設

好不容易釐清了財務與業務的不同觀點之後,接著,當總經理請財務與業務設法解釋指標是怎麼生成時,真正的問題浮現了:由於兩個部門是獨立做出自己需要的資料指標,兩組營收的數字從最初的資料採取、資料轉換、套用的公式,全部都不同。那到底哪一個單位的原始資料採集方法才是合理的呢?這些不一致讓總經理感到許多困惑,有什麼更好的作法可以改善嗎?

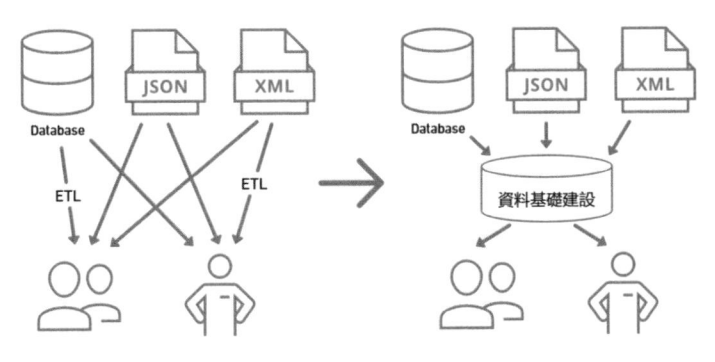

▲ 圖 2-1 資料基礎建設

⊃ 企業常犯的錯誤:沒有為資料品質做合理的投資

我專門協助企業利用現代資料棧改善資料基礎建設,在執業的過程中,常常看到企業犯如下的錯誤:

1. 叫後端工程師(Backend Engineer)去做資料工程師(Data Engineer)的工作。

2. 叫資料科學家(Data Scientist)去做資料工程師的工作。

3. 叫資料分析師(Data Analyst)去做資料工程師的工作。

上述的錯誤會導致,企業沒有儘早為**資料品質**做合理的投資。於是,明明公司的資料量很大,同時許多單位也都在使用,卻沒有合理的**資料基礎建設**,症狀可能是:沒有資料倉儲(Data Warehouse)、有資料倉儲卻沒有設計合理的資料表綱要(Table Schema)、沒有用正確的方法做資料回填(Backfill)、又或是資料血緣(Data Lineage)極度混亂。

2-5

2　現代資料棧（Modern Data Stack）

隱而不現卻更加傷害生產力的事情是，由於資料基礎建設的工作沒有人做，都是由後端工程師、資料科學家、資料分析師來兼任，這些員工會有一種說不出的無奈感：「是的，我真的喜歡開發軟體，但是我討厭寫 ETL。」、「是的，我真的對資料分析、尋找洞見很有興趣，但是我討厭寫 ETL。」

為什麼資料品質明明如此重要，卻沒有得到合理的投資呢？因為沒有一個專門組織架構來承擔資料基礎建設這件工作。比方說，企業是叫後端工程師去做資料工程師的工作，那後端工程師本人績效的考核，還是由他的上級，也許是 CTO 來考核。那產出資料報表這部分的貢獻呢？可惜，並不計算在 CTO 的績效裡，資料報表長期的品質自然可想而知不會特別好了。

另一方面，當企業設置了專門的資料基礎建設團隊，（也許只是一個人，又或是資料中台團隊），並且為該團隊定下了明確的目標與考核標準：「要讓資料容易被公司的其它所有團隊使用、並且要確保資料與指標的一致性、精確性、即時性。」資料的品質自然有機會改善，至於說，可以改善到什麼程度呢？這就跟資料基礎建設的作法很有關係。

▍資料基礎建設的發展階段

就我的觀察，在多數的企業裡，資料基礎建設的發展大概可以分成三個不同的階段，分別對應三種不同的作法：

1. One Big Table（OBT，大表）做為主要介面
2. 整合型 BI 軟體做為主要介面
3. 資料建模層（Data Modeling Layer）做為主要介面

◯ One Big Table 做為主要介面

一間公司無論有沒有專門的 IT 團隊，總之，資料分析人員最後就是想方設法，把需要分析的資料，整理成所謂的 One Big Table，又或是稱之為

Denormalized Form（反正規化格式）。於是，這個 One Big Table 對於資料的最終使用者來說，就是主要介面。一旦需要分析的資料整理成這種形式了，分析人員又或是資料的使用者可以簡單地理解資料、操作資料，也不需要什麼特殊的軟體，試算表就可以了。

大多數的公司停留在這個階段。然而，這個方式有一個明顯的缺點：「要新增資料，通常都要等。」要等的最主要原因，是在等 ETL 程式的開發。

要新增指標（Metrics），有時都往往需要新增對應的 ETL，而 ETL 只有工程人員有辦法寫，這時分析人員就得要等待。這個等待時間長短因公司而異，增加等待時間的原因有：

- 工程人員很有可能還要維護公司的其它軟體系統，而非專職負責只寫 ETL。
- 產生新的資料分析需求的速度往往比開發 ETL 程式的速度快上許多。
- 舊的指標也很有可能很快地過期，於是又需要開發新的指標。

⊃ 整合型 BI 軟體做為主要介面

目前最流行的整合型 BI 軟體是 Tableau 與 Power BI。資料分析人員如果可以善用這類 BI 軟體的話，由於 BI 軟體可以直接介接資料倉儲，又或是直接匯入 CSV 檔。有一些第三方的資料，分析人員已經可以依賴圖形化介面，拉一拉，就把指標拉出來，也因此，有機會大幅減少了等待開發 ETL 程式的時間。使用這種方式的話，主要的缺點是「指標定義容易不一致」。

考慮一間公司可能有業務團隊、生產團隊、行銷團隊，這三個團隊如果都要利用資料來輔助決策的話，很有可能三個團隊都各自有至少一位專門的資料分析人員，透過 BI 軟體來做出指標。然後，不幸的事就發生了，由於三組人是獨立運用 BI 軟體做出的指標，一間公司可能有好幾個名稱相近、定義略有差距的指標，於是三個團隊產出的報表，總是充滿互相矛盾，難以調合。

⊃ 資料建模層（Data Modeling Layer）做為主要介面

想像一下，我們大概會如何運用資料。比方說，看到一個銷售業績預測數字，覺得它有點不太合理時，我們會問什麼問題？

「這個數字怎麼來的？」

如果分析人員回答，「嗯，這個需要等一下，因為中間的運算過程很複雜。明天，我解釋給你聽。」這種答案應該讓人覺得緩不濟急。

資料建模層做為主要介面的這種方式，它的特性是：除了提供最終的報表、最接近決策的高階指標之外，高階指標產生過程之中利用到的所有中間層資料（Intermediate Data），也會一一被清楚地記錄在資料倉儲裡。如此一來，資料的使用者，甚至可以不透過資料分析人員，直接查閱資料倉儲就可以得到答案。

上述的中間層資料與高階指標合起來，我們可以稱之為資料建模（Data Modeling）。由於資料建模都統一地存放在資料倉儲裡頭，資料分析人員要生成新的指標時，也會儘量地去複用既有資料建模，就像開發軟體時，軟體工程師會儘可能地複用已經模組化的程式碼一樣，既可以提高一致性，又可以減少重複的工作，而且全公司的資料分析人員也可以共用一組通用的資料建模。

資料建模層做為主要介面算是最現代化的作法，該作法也可以視為是把軟體工程累積的經驗與紀律，一一應用在資料分析領域。由於相對新穎，這個作法是目前最少公司採用的，而現代資料棧這套工具與方法論非常適合用來做出清楚的資料建模層。

應用現代資料棧還有其它優點嗎？

要回答這個大哉問，接下來會從三個不同的角度來加以探討：

1. 選 SQL 而非 MapReduce

2. ELT 取代 ETL

3. 函數式資料轉換

選 SQL 而非 MapReduce

理想上的技術棧要可以達成下列兩個要求：

1. 讓開發人員充分表達意圖的抽象層。

2. 該技術棧可以讓電腦充分發揮效能。

以程式語言來舉例：從 1. 來講的話，Python 會受歡迎，是很合理的事，畢竟只論語言設計的簡潔、語法的一致性，確實是 Python 勝出。從 2. 來講的話，JVM 的市佔率始終一直很高，也是自然的結果。

而當一位工程師面對資料處理問題時，關鍵的技術棧決策，常常是 MapReduce vs SQL 的決策。到底該選哪一個才對呢？

我大多數的時候都選 SQL。而許多為了這個技術棧決策掙扎不已的工程師聽了我的解釋之後，也覺得選 SQL 是很合理的選項。

⊃ MapReduce

先快速地帶過一下，工程師可能會傾向 MapReduce 的理由：

1. MapReduce 以 Spark 為例，可以用 Java 寫、用 Python 寫、用 Scala 來寫。對於多數的後端工程師來講，命令式的程式語言還是比宣告式的 SQL 親切地多，似乎更容易表達開發人員完整的意圖。

2. MapReduce 適合 Scale Out，當資料量極大，超過一台的機器可以負荷時，顯然是讓電腦充分發揮效能的最佳解決方案之一。

⊃ SQL 92 也許表達能力有限，但是你可以使用 SQL 2003

這邊來談一下 ANSI SQL 標準。許多人所認知的 SQL，還有許多 SQL 教科書、SQL 考題，訓練課程會談的 SQL，通常就只到 SQL 92。SQL 92 的下一版 ANSI SQL 則是 SQL 1999，再下一版是 SQL 2003。

SQL 表達能力的宗廟之美、百官之富，卻是在 SQL 1999 之後，才開始抵達巔峰，因為後來的 SQL 又陸續新增了：

1. Grouping Sets

2. Lateral Join

3. Window Functions

4. JSON 的處理函數

在 2003 年的時候，多數的資料庫除了 Oracle 之外，很可能還追不上 SQL 2003 的標準。在過去就算你會寫 Window Function，你用的 MySQL 也不支援。然而現在的話，上述提到的四個功能，絕大多數的關聯式資料庫系統都有支援了，這也就意謂著 SQL 有著強大的表現能力，活用 SQL 可以透過簡潔的方式正確地表達複雜的資料轉換語意。

⊃ MapReduce 可以 Scale Out，但是你不一定有那麼多的資料

在 2004 年，Google 剛發表 MapReduce 論文的時代，在那個時間點，運算無法塞入單一一台機器是很容易發生的事。在那個時代，最好的硬體與今日完全不能相比，Scale Up 非常困難，資料量一大，就只剩下 Scale Out 的選項。如果說，在那個年代，要處理的總資料量是 1T 左右，幾乎不用懷疑，首選 MapReduce。

選 SQL 而非 MapReduce

以今日的技術來講，首先，1T 根本是 Scale Up[11] 就可以搞定的資料量。再來，其實只有極少數的公司，會有超過 1T 的資料。

這邊可以試算給大家看：

1. 以一間典型的中小企業為例，它有 1000 個客戶

2. 假設每位客戶每天都下一個新訂單，並且每一個新訂單都有 100 種品項。

3. 以 2. 來講，這個頻率算很高了，但是，整間公司一天仍然無法新產生超過 1M 的資料。

4. 照上述的數字，需要 3 年才能產生 1G 的資料。

⊃ 其它對 SQL 的質疑？

有幾項對於優先選擇 SQL 的質疑非常地有力：

1. 該怎麼組合大量的 SQL 呢？

2. 如果說，應用案例，剛好需要動態地去生成 SQL，比方說，要 Union 三個不同的 SQL 查詢語法呢？

3. 該怎麼整合版本控管軟體呢？

如果有上述的需求，是否還是要用其它的程式語言才能處理？若是這樣子的話，優先選擇 SQL 真的會是最簡單的解決方案嗎？

針對這些質疑，我們會在本書的第四章詳細地說明。

---

11 在軟體的領域，垂直擴展 (Scale Up) 和水平擴展 (Scale Out) 是兩種對軟體系統增加硬體資源的方式。其中，垂直擴展是指通過增加同一台伺服器之內的資源 (如增加 CPU、記憶體或硬碟空間)，又或是用昇級伺服器來增加硬體的資源。垂直擴展通常硬體成本較高且有明確的上限，因為任何硬體都有性能的上限，但軟體的設計會相對簡單許多。而水平擴展則是通過增加更多的伺服器來擴充硬體的資源。水平擴展通常硬體成本較低且沒有明確的上限，但是在軟體的設計上會複雜很多，因為要考慮種種分散式系統的設計要素。

2　現代資料棧（Modern Data Stack）

▌ELT 取代 ETL

　　管理學的理論指出：「很多的組織都有會議太多的病症」。這類病症主要有兩種形式。首先，有一些會議的主要用途，是用來滿足管理階層的自我感覺（Ego）之用。這類型的會議刪去的話，損害的只有主管的心理健康，但是對於組織的整體效能會極有幫助。

　　再來，也有一些會議是跨不同工作團隊的會議，而且一旦召開了第一場之後，就會引發無數場後續的會議。這種情況是因為要進行的工作在不同的工作團隊之間有緊密交錯依賴的特性，因此永遠會有開不完的會議。對於這類型的會議，解決方案是：「重新編組工作團隊、或是甚至重新規畫工作流程，以讓需要溝通的資訊大為減少。」

⊃ BI 的工作常引發無數的會議

　　以商業智慧報表（BI Dashboard）的工作為例，特別容易有無止盡的溝通問題。在許多公司，最初要做出銷售預測、業績歸因之類的報表，公司規模小的時候，就直接先用試算表軟體（Spreadsheet）來做。到了公司有一定的規模，或是資料量很大，超過試算表軟體的極限時，就會改成使用資料倉儲來做。一旦改成使用資料倉儲，分工就開始複雜了起來，通常會有三種角色與任務：

- 管理階層對資料分析師提出問題。
- 資料分析師分析資料、以回答管理階層的提問。
- 資料工程師寫 ETL，把資料從原始資料來源（Data Source）搬移並做資料轉換，最後存放到資料倉儲，將可供分析的資料備齊。

實務中的工作流程的順序往往是：

1. 管理階層提出問題。
2. 問題經過資料分析師的分析之後，很可能會發現既有的資料不足夠回答，需要引入新的資料。

ELT 取代 ETL

3. 需要新資料，這就一路把工作延伸到了資料工程師一端。資料工程師尋找了所需的原始資料來源，並且在資料倉儲中設計了合理的資料表，並且開發對應的 ETL 程式，將資料灌入資料倉儲。

4. 新資料備齊後、交給資料分析師之後，卻常常發現問題還是無法回答；因為新資料的缺值太嚴重，需要再做一些處理、又或是必須再引入新的資料。於是又回到了步驟 3。反覆在 3 與 4 之間不斷輪迴數次之後，才終於可以回答管理階層提出的問題。

上述工作流程的每項環節的速度並不一致：步驟 1 的速度最快、步驟 2 的速度次之，而步驟 3 則是瓶頸。上述的工作流程就像戰爭中拉得過長的補給線：資料分析師不斷在管理階層與資料工程師間來回溝通需求，疲於奔命。同時，後方支援的資料工程師忙得焦頭爛額。

⊃ 新的工作流程：ELT 做為解決方案

有一種新的分工方式，可以大幅改善上述的問題：「用 ELT 取代 ETL。」

什麼是 ELT 呢？ELT 是指：資料在原始資料來源與資料倉儲間的移動，只保留抽取（Extract）與載入（Load），捨棄了資料轉換（Transform）。資料轉換，也就是資料形狀轉換與資料清理，改成在資料倉儲內部透過 SQL 來完成。

採用新的分工方式之後，會有兩種正面的效應：

1. 資料轉換的部分因為可以透過門檻較低的 SQL 來進行，所以可以讓資料分析師自行完成，這就消除了針對**資料轉換工作的會議需求**。另一種分工方式，資料轉換交由專門的分析工程師（Analytics Engineer）來撰寫，由於分析工程師負擔的程式設計工作只佔所有工作的小部分、他們通常是多數時間與管理階層密切合作，而非歸屬於工程團隊，一樣可以消除**資料轉換工作的會議需求**。[12]

---

[12] 分析工程師 (Analytics Engineer) 是一種結合資料工程與資料分析技能的角色。分析工程師的主要職責是建立資料基礎建設，確保資料的清洗、轉換與整合，使其能夠被用來進行分析和報表。在有些公司，他們也同時兼任一些分析、生產報表的工作。

2　現代資料棧（Modern Data Stack）

2. 資料工程師的工作量會因為從寫 ETL 變成了只寫 EL，因而大幅下降，於是就減少了資料分析師與管理階層的等待時間。

工作的流程與分配重新設計之後，不僅減少了會議（緊密交錯依賴），還提高了效能。

函數式資料轉換

我的一位朋友，他已經從事 DBA 工作十年以上。與他交流技術時，他告訴我，他很久以前就知道利用 ELT 取代 ETL 來提高產出，而且，他都在資料倉儲之內，寫儲存程序（Stored Procedure）來做複雜的資料轉換。

當我聽到他講，他主要透過寫儲存程序來做複雜的資料轉換（Data Transformation）時，我腦中所浮現的畫面是長成圖 2-2。這張圖是在描述，在資料倉儲之內，資料轉換如何實現。在圖裡，原始資料是 A 與 B 這兩張表，完成轉換的資料是 D 表，兩個橢圓形是儲存程序。C 表是資料轉換過程中的暫存表。這個資料轉換作法是把資料轉換寫在儲存程序裡，並且搭配一些暫存表。這些儲存程序裡，通常會有 SQL 查詢語法與命令式程式設計的邏輯。

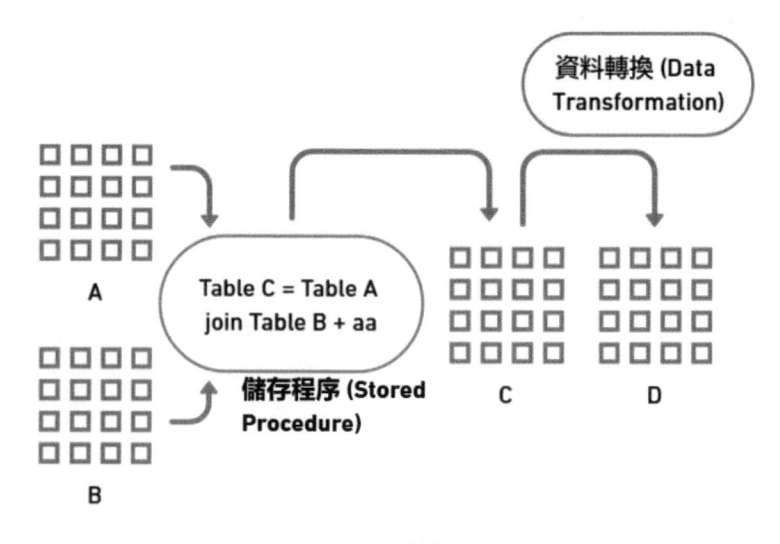

▲ 圖 2-2　儲存程序

⊃ SQL 視圖（View）取代儲存程序與暫存表

圖 2-3 是現代資料棧裡典型的資料轉換的示意圖，我稱它為函數式資料轉換（Functional Data Transformation），看起來與圖 2-2 彷彿沒有太大的分別，然而，主要的差異點有二：

1. 資料轉換不是寫在儲存程序裡，而是用 SQL 查詢語法取代命令式程式設計的邏輯，並且用視圖來封裝 SQL 查詢語法。[13]

2. 不需要使用暫存表。

為什麼這樣子就可以稱之為函數式資料轉換呢？首先我要先定義一下「函數式」一詞，定義是：「人腦對於程式設計的想像與寫作，是透過反覆地組合（Compose）函數達成。」相對於函數式程式設計的概念，傳統的命令式程式設計則是對一塊記憶體反覆地去改變記憶體的內容來達成。

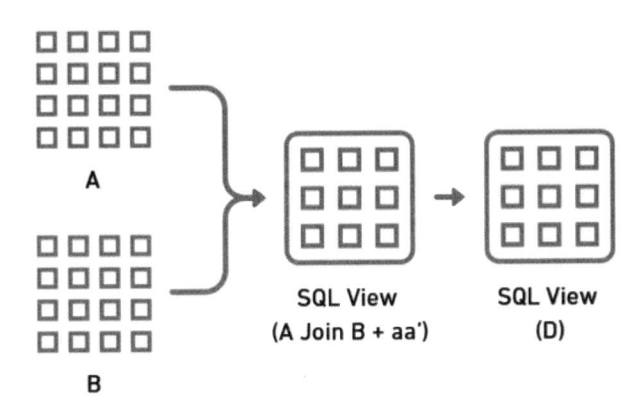

▲ 圖 2-3 函數式資料轉換

---

[13] 在 SQL:2003 之後，由於有了 Window Function 等眾多的新功能，光是透過 SQL Query 已經可以實現絕大多數的命令式程式設計邏輯。參考：https://en.wikipedia.org/wiki/SQL:2003

函數式 vs 命令式

前述的定義聽起來可能有點抽象,以下用一個 Python 語言寫的快速排序法（qsort/quicksort）為例來解釋函數式與命令式的差異,圖 2-4 是函數式,圖 2-5 是命令式。

```python
def qsort(list):
    if not list:
        return []
    else:
        pivot = list[0]
        less = [x for x in list     if x <  pivot]
        more = [x for x in list[1:] if x >= pivot]
        return qsort(less) + [pivot] + qsort(more)
```

▲ 圖 2-4 函數式快速排序

```python
def quicksort(array):
    _quicksort(array, 0, len(array) - 1)

def _quicksort(array, start, stop):
    if stop - start > 0:
        pivot, left, right = array[start], start, stop
        while left <= right:
            while array[left] < pivot:
                left += 1
            while array[right] > pivot:
                right -= 1
            if left <= right:
                array[left], array[right] = array[right], array[left]
                left += 1
                right -= 1
        _quicksort(array, start, right)
        _quicksort(array, left, stop)
```

▲ 圖 2-5 命令式快速排序

兩張圖中,粗線圈出的部分是功能等價的程式碼,它們的功能都是「分割陣列」：取一個值 p,將比這個值小的全部放到 p 之前,將比這個值大的全部放到 p 之後。由於「分割陣列」是一組完整的概念操作,無論我們是否將其獨立成一個專用的函數,它都是在開發的時候,要一次同時考慮、理解的操作。

函數式資料轉換

在函數式的實做方式，因為利用新配置的兩塊記憶體 less 和 more，來放置分割完成的結果，在實作上就遠比命令式來得簡單。命令式為何複雜？因為它的實作同時處理了兩個問題：

1. 分割陣列。

2. 節省記憶體（分割陣列的動作只使用一塊記憶體）。

Clojure 語言的作者 Rich Hickey 特別為了命令式程式設計取了一個名稱：位址導向程式設計（Place-oriented Programming），因為它總是對相同位址指向的同一塊記憶體反覆地去改變記憶體的內容來達成運算。相對而言，函數式程式設計則可以稱之為：值導向程式設計（Value-oriented Programming）。對人腦而言，要透過「值」語義來開發，顯然是比要透過「位址」語義，來得簡單輕鬆得多。

回到資料倉儲裡的資料轉換，用 SQL 查詢語法寫的資料轉換可以看成是透過「值」語義來開發，而用儲存程序寫的資料轉換則比較接近透過「位址」語義來開發。

➲ 視圖的作法，不用處理資料回填，且讓除錯變得容易。

視圖看起來就像是資料表（Table）。人在思考時，看成是表的話，就可以把它想像成是「靜態的數值」。而實際上，視圖在運作時，會轉換成查詢語法，也就是「表達式」。靜態的數值與表達式可以互相代換的這個性質，可稱之為「引用透明性」，這是函數式程式設計的重要性質。[14]

---

14 所謂的引用透明性是指：「若一個表達式在被其相應的值替換時能不改變程式的行為，則該表達式是引用透明的。」考慮如下的程式：f(x)= (4 + 5)+ x，我們可以把 (4 + 5) 這個表達式改成 9 這個相應的值，於是原本的程式變成了 f(x)= 9 + x。改變前後，f(x) 程式的行為是完全等價的，這樣子我們可以說 (4 + 5) 滿足引用透明性。引用透明性很容易在數學運算裡滿足，甚至不滿足反而很奇怪。然而，當有 Assignment Operation 出現時，即不是數學運算而是有限狀態機運算時，引用透明性就很容易不滿足了。

2　現代資料棧（Modern Data Stack）

讀者可能會問：「難道視圖與第一張圖中的暫存表，真的有如此大的差異嗎？怎麼看，第一張圖中的暫存表，也像是跟視圖差不多啊？」

不，它不一樣。因為一旦原始的表 A、表 B 發生變動時，比方說，插入十個新的資料列時，暫存表如果還沒有更新，這個瞬間就不相等了。而這個瞬間就是傳統資料轉換需要做資料回填（Backfill）的時刻。

如果問題是出在暫存表上的話，那刻意把邏輯全部刻意寫進儲存程序裡，完全不使用暫存表，不就沒有上述資料回填的問題了嗎？

沒有資料回填的問題，但是會造成新的問題：難以除錯。當儲存程序裡有任何的邏輯錯誤時，因為所有的中間計算過程都藏在儲存程序裡頭，所以沒有辦法透過檢查暫存表的資料正確性，來大概定位出錯誤的位置，也因此大幅增加除錯的困難度。

▌理想的解決方案：現代資料棧

基於之前的討論，我們可以歸納出，為何現代資料棧值得採用的四大理由：

- 可以產生清楚的資料建模層（Data Modeling Layer），如此可以讓**指標一致**。
- 技術棧以 SQL 而非 MapReduce 為主，如此可以讓**技術棧相對簡單**。
- ELT 取代 ETL，並且由分析工程師（Analytics Engineer）負責資料轉換，如此可以**減少溝通會議**。
- 應用函數式資料轉換，如此可以讓資料轉換的**程式碼容易維護與除錯**。

聽起來很不錯吧？那我們快來看看，現代資料棧包含哪些組件。

◯ 現代資料棧的組件

參考圖 2-6，現代資料棧並非單一的一套軟體、也非單一的程式語言，而是一組**可程式化工具集合**。

- Data Source 是資料的來源。它可能是公司的主要資料庫（比方說，該資料庫支援了公司的電商網站的運作），或是第三方的資料（比方說，Google Analytics），又或是公司員工手動輸入的資料。

- EL Tools 是一類特別的軟體，它通常是大量已經寫好、可以直接拿來使用的軟體函式庫。

  ○ 在 E（Extract）抽取的功能，它支援讀取各式各樣的資料源，比方說：Google Analytics、CSV、Postgres。

  ○ 在 L（Load）載入的功能，它支援寫入各式各樣的資料終端，在現代資料棧的應用，資料終端通常會是各式的資料倉儲，比方說：BigQuery、Snowflake、Databrick 等。

- 資料倉儲：常見的選項有 BigQuery、Snowflake、Databrick。之後的例子，為了讓讀者可以快速上手，我會採用 DuckDB 做為資料倉儲。

- Transformation Layer（資料轉換層）：常見的作法之一，是用 dbt 這套軟體，搭配 SQL 來做出資料建模層。

- View Layer（視覺化層）：凡是繪圖或是直接用肉眼讀取資料，都是利用這一層的工具。之後的例子，我會採用 Metabase。

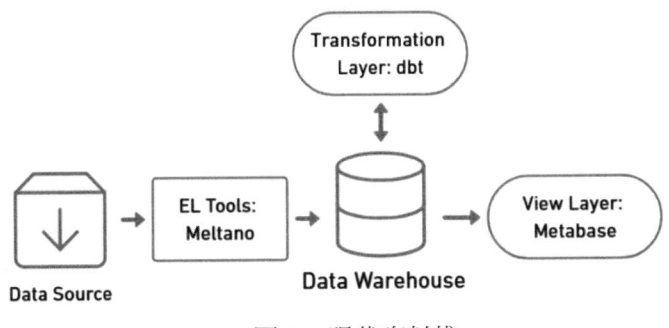

▲ 圖 2-6 現代資料棧

2 現代資料棧（Modern Data Stack）

▌之後的章節

接下來，我們會帶著讀者深入探討現代資料棧的主要組件與基於現代資料棧的進階議題。第三章探討 View Layer、第四章、第五章探討 Transformation Layer、第六章探討 EL Tools。從第三章到六章的內容已經介紹了一個簡易版的現代資料棧。

如果讀者的資料應用情境只是用試算表來處理所有資料，類似第一章 L 社所使用**試算表流水生產線（Spreadsheet Assembly Line）**，光是應用簡易版的現代資料棧來取代試算表，就可以得到生產力的大幅提昇。換言之，看完第六章之後就可以考慮開始動手了。

第七章探討資料品質、第八章探討即時資料、第九章討論將複雜度向下移動、第十章討論資料工程的挑戰。從第七章到第十章探討資料工程的種種進階問題，並且以使用現代資料棧為前提來解決這些問題。

若讀者的應用情境是資料工程團隊想改善工作流程，比方說已經有自行開發維護 ETL 和資料倉儲，同時想要有系統地管理 ETL，相信讀者在看完了這些進階問題的分析與搭配現代資料棧的解決方案之後，將會同意將既有的架構改成現代資料棧，即可大幅簡化不少令人心煩的事。

3

View Layer（視覺化層）：Metabase

在第一章的故事裡，我們有談到

> 仔細觀察這些商業智慧的報表需求，其實表與圖的需求並不是發散的，而是固定就是用一個集合，真正常用的圖表幾乎不會超過 Spreadsheet 可以支援的範疇。…日後追加的需求，有要包含最後一哩路，即直接在系統上生成所有商業分析需要的圖表，讓圖表的生成也全面自動化…

上述開發資料管線時所遭遇的難題，恰好就是現代資料棧之中 **View Layer** 在處理的問題，換言之，如果我們可以找到某個軟體，它滿足下列三個條件，這個軟體就適合做為現代資料棧裡的 View Layer。

- 可串接資料倉儲。
- 可讓使用者以拖拉的方式來產生商業智慧應用需要的圖表。
- 提供可程式化的方式來產生圖表。

3-1

3　View Layer（視覺化層）：Metabase

滿足上述條件的軟體有好幾種，在這些軟體之中，Metabase 很巧妙地取得了一個平衡：功能面上，滿足做為 View Layer 的必要的條件，使用面上，它的使用者介面簡單到一般人也學得會。

▌自助式資料服務的必要條件

一般人也學得會有什麼重要性嗎？這與「自助式資料服務」的作法有關。

⊃ 發出資料需求 vs 自助式資料服務

傳統的商業智慧（Business Intelligence）應用情境，公司的各部門，因為沒有直接存取資料的權限與技巧，通常是發出資料需求（Data Requests）去給所謂的資料團隊，由資料團隊來設法回答。

現代企業的資料應用情境，由於應用資料需求的頻率與品質要求，已經遠遠超過傳統的作法可以負擔的質與量，也因此，必須改成自助式的資料服務。

在自助式的資料服務作法裡，資料團隊服務公司的各部門的原則是：「把資料準備好，讓各部門可以自助式地對資料提問、解決自己的問題。」而要實踐上述的原則，有兩大先決條件：

1. 有清楚的資料建模層（Data Modeling Layer）。

2. 對公司各部門的成員來講，簡單易上手的圖形化介面。

簡單易上手的圖形化介面可說是 Metabase 最大的賣點之一。Metabase 的官網有一段簡短的口號：「5 分鐘內協助你的團隊利用資料來回答他們的問題，而且不需要 SQL！」

接下來，我們會以下列的順序介紹：

1. Metabase 安裝

2. Metabase 自動分析

3. Metabase 基礎操作

4. Metabase 進階操作

5. Metabase 圖表 / 視覺化

6. Metabase 互動儀表板與嵌入式分析

7. Metabase 自動化（Automation）

Metabase 安裝

Metabase 有提供雲端版本，所以可以使用雲端版本的讀者，不妨跳過安裝，直接使用雲端版本就好。

⊃ 安裝步驟

1. 準備好 Java 環境。Metabase 所需的最低 Java 版本會寫在下載的頁面[15]裡。

2. 開啟下載頁面，下載 Metabase jar 檔。

3. 透過指令 `java -jar metabase.jar` 來啟動 Metabase。

4. 透過頁面 `http://localhost:3000/setup` 來完成最後的設置。

這邊我們放慢腳步，一步一步地說明具體的步驟：

第一步，先打開終端機，下指令看一下 Java 的版本是什麼，在這個例子，電腦輸出的是 Java 23 了，所以 JRE 的版本足夠。如果讀者遇到的錯誤訊息是「`zsh: command not found: java`」的話，也別擔心，先到下個小節「棘手的軟體安裝」處理完 Java 環境之後，再回來即可。

---

15 https://www.metabase.com/start/oss/jar。

3　View Layer（視覺化層）：Metabase

```
[laurencechen laurencechen $ java --version
openjdk 23.0.2 2025-01-21
OpenJDK Runtime Environment Zulu23.32+11-CA (build 23.0.2+7)
OpenJDK 64-Bit Server VM Zulu23.32+11-CA (build 23.0.2+7, mixed mode, sharing)
```

▲ 圖 3-1　檢查系統的 Java 版本

Java 版本要多高才會夠，需要參考 Metabase 下載的頁面（見圖 3-2）。

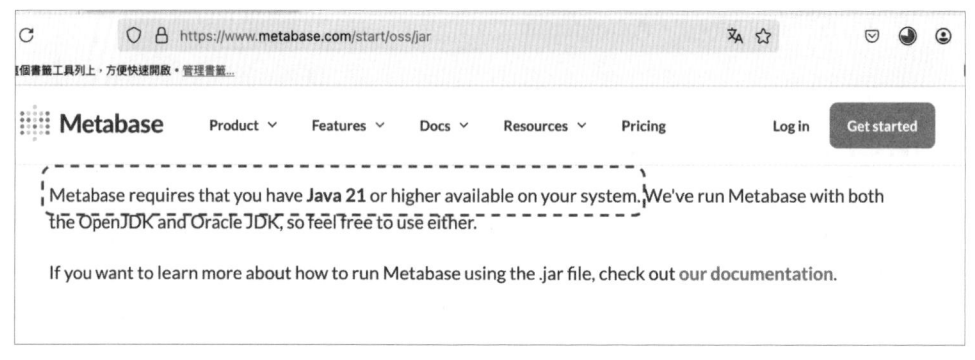

▲ 圖 3-2　檢查 Metabase 要求的 Java 版本

　　第二步，在我們打開下載的頁面之後，Metabase 的最新 jar 檔就會自動下載到系統的下載資料夾。參考圖 3-3。

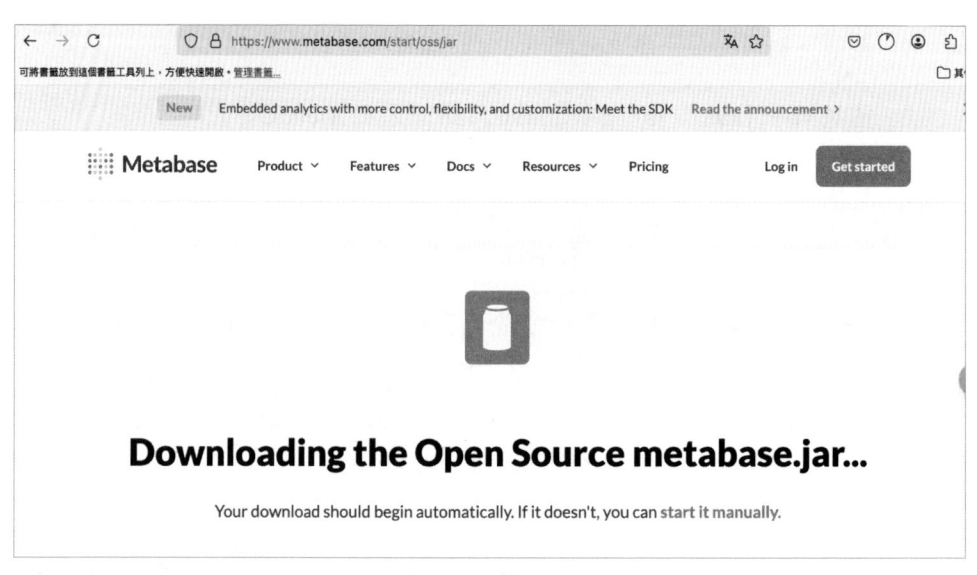

▲ 圖 3-3　下載 Metabase

3-4

為了方便日後管理，我們通常會先準備一個特定的資料夾來存放 Metabase 的 jar 檔，所以會建立新資料夾 `metabase-base`，這個資料夾名稱可以隨便取。於是，我們下 `cp` 指令將 Metabase 的最新 jar 檔移動過來。

```
laurencechen analytics $ mkdir metabase-base
laurencechen analytics $ cp ~/Downloads/metabase.jar metabase-base
```

▲ 圖 3-4 移動 Metabase

第三步，我們切換（`cd metabase-base`）進入剛才建立的資料夾，並且啟動 Metabase（`java -jar metabase.jar`）。

在這一步有三件事比較值得留意。

- 第一點，我們建立了一個給 Metabase 用的資料夾，並且在該資料夾啟動，所以 Metabase 的資料庫檔案，就會生成在該資料夾。
- 第二點，啟動之後，螢幕上會出現超大量的 Log 訊息，這些不用擔心。
- 第三點，下 `CTRL + C` 就可以關掉 Metabase。

```
laurencechen analytics $ cd metabase-base
laurencechen metabase-base $ java -jar metabase.jar
Warning: environ value /Users/laurencechen/.sdkman/candidates/java/current for key :java-home has been overwritten with /Users/laurencechen/
.sdkman/candidates/java/23.0.2-zulu/zulu-23.jdk/Contents/Home
2025-03-05 13:18:09,878 INFO metabase.util :: Maximum memory available to JVM: 4.0 GB
2025-03-05 13:18:13,165 INFO util.encryption :: Saved credentials encryption is DISABLED for this Metabase instance. 🔒
 For more information, see https://metabase.com/docs/latest/operations-guide/encrypting-database-details-at-rest.html
2025-03-05 13:18:14,060 WARN db.env :: WARNING: Using Metabase with an H2 application database is not recommended for production deployments
. For production deployments, we highly recommend using Postgres, MySQL, or MariaDB instead. If you decide to continue to use H2, please be
sure to back up the database file regularly. For more information, see https://metabase.com/docs/latest/operations-guide/migrating-from-h2.h
tml
2025-03-05 13:18:20,785 INFO driver.impl :: Registered abstract driver :sql 🚚
2025-03-05 13:18:20,887 INFO driver.impl :: Registered abstract driver :sql-jdbc (parents: [:sql]) 🚚
2025-03-05 13:18:20,904 INFO metabase.util :: Load driver :sql-jdbc took 36.0 ms
2025-03-05 13:18:20,906 INFO driver.impl :: Registered driver :h2 (parents: [:sql-jdbc]) 🚚
2025-03-05 13:18:22,820 INFO driver.impl :: Registered driver :mysql (parents: [:sql-jdbc]) 🚚
2025-03-05 13:18:22,870 INFO driver.impl :: Registered driver :postgres (parents: [:sql-jdbc]) 🚚
2025-03-05 13:18:24,286 INFO core.core ::
Metabase v0.53.5 (2097d00)

Copyright © 2025 Metabase, Inc.

Metabase Enterprise Edition extensions are NOT PRESENT.
2025-03-05 13:18:24,297 INFO core.core :: Starting Metabase in STANDALONE mode
2025-03-05 13:18:27,472 INFO server.instance :: Launching Embedded Jetty Webserver with config:
 {:port 3000}

2025-03-05 13:18:27,586 INFO core.core :: Starting Metabase version v0.53.5 (2097d00) ...
2025-03-05 13:18:27,592 INFO core.core :: System info:
 {"file.encoding" "UTF-8",
 "java.runtime.name" "OpenJDK Runtime Environment",
 "java.runtime.version" "23.0.2+7",
 "java.vendor" "Azul Systems, Inc.",
 "java.vendor.url" "http://www.azul.com/",
 "java.version" "23.0.2",
 "java.vm.name" "OpenJDK 64-Bit Server VM",
 "java.vm.version" "23.0.2+7",
 "os.name" "Mac OS X",
 "os.version" "13.2.1",
 "user.language" "zh",
```

▲ 圖 3-5 啟動 Metabase

3 View Layer（視覺化層）：Metabase

第四步，我們開啟頁面 http://localhost:3000/setup，透過圖形化介面，完成剩下的安裝。要是對設置不滿意，也可以回到第三步，在其它的資料夾，重新執行一次。

▲ 圖 3-6 設置 Metabase

⊃ 棘手的軟體安裝

上述的步驟裡，最棘手的一步，其實是「準備好 Java 環境」的這一步。一旦系統有超過一個 Java，管理或是切換不同的 Java，就是一大麻煩。以下舉出兩個例子，說明 Java 版本管理的重要性：

Metabase 安裝

1. Metabase 依賴於 Java，所以當 Java 有新版本時，光是更新 Java 就有機會提昇 Metabase 的執行效率；此外，新版的 Metabase 可能會要求 Java 也必須使用最新的穩定版。還有，使用者的電腦裡常有一種情況：「不同的軟體依賴於不同的 Java 版本。」那要如何在電腦裡安裝多個 Java 版本，以確保這些依賴於 Java 的軟體都可以正常運作呢？

2. Metabase 有時候會釋出 Security Patch，當這些 Security Patch 釋出時，意謂著不更新 Metabase 不行了。那更新的話，有可能一些本來開發好的儀表板（Dashboard）因此而故障。發生這種事情的話，有沒有辦法簡單地快速退回 Java 的版本，讓我們可以快速確認，儀表板故障確實是 Java 版本造成的問題呢？

我認為，合理的解決之道，應該是要先安裝 Java 管理器 SDKMAN!。[16]

要透過 SDKMAN! 設置系統的 Java 大致可分為三個步驟：

1. 安裝 SDKMAN!。

2. 透過 SDKMAN! 安裝 Java。

3. 透過 SDKMAN! 切換 Java 版本。

第一步，開啟終端機，並且執行 `curl -s "https://get.sdkman.io"| bash`，這一步是利用 `curl` 程式去執行遠端網頁上的安裝指令。安裝成功的畫面見圖 3-7。成功之後，再執行 `source "$HOME/.sdkman/bin/sdkman-init.sh"`，或是重新開啟新的終端機。

---

[16] SDKMAN! 的網址 https://sdkman.io/。

View Layer（視覺化層）：Metabase

```
Installing script cli archive...
* Downloading...
################################################################### 100.0%
* Checking archive integrity...
* Extracting archive...
* Copying archive contents...
* Cleaning up...

Set version to 5.19.0 ...
Set native version to 0.5.10 ...
Attempt update of login bash profile on OSX...
Attempt update of zsh profile...


All done!

You are subscribed to the STABLE channel.

Please open a new terminal, or run the following in the existing one:

    source "/Users/laurencechen/.sdkman/bin/sdkman-init.sh"

Then issue the following command:

    sdk help

Enjoy!!!
laurencechen laurencechen $ source "$HOME/.sdkman/bin/sdkman-init.sh"
```

▲ 圖 3-7 安裝 SDKMAN!

第二步，先在終端機執行指令 `sdk list java`，如圖 3-8。

```
laurencechen laurencechen $ sdk list java
```

▲ 圖 3-8 sdk 顯示可用的 Java

剛才的指令會回傳一個很長的清單，但我們選取需要的 Identifier 來安裝即可。

```
=================================================================
Available Java Versions for macOS 64bit
=================================================================
 Vendor        | Use | Version       | Dist     | Status     | Identifier
-----------------------------------------------------------------
 Corretto      |     | 23.0.2        | amzn     |            | 23.0.2-amzn
               |     | 21.0.6        | amzn     |            | 21.0.6-amzn
               |     | 17.0.14       | amzn     |            | 17.0.14-amzn
               |     | 11.0.26       | amzn     |            | 11.0.26-amzn
               |     | 8.0.442       | amzn     |            | 8.0.442-amzn
 Gluon         |     | 22.1.0.1.r17  | gln      |            | 22.1.0.1.r17-gln
               |     | 22.1.0.1.r11  | gln      |            | 22.1.0.1.r11-gln
               |     | 22.0.0.3.r17  | gln      |            | 22.0.0.3.r17-gln
               |     | 22.0.0.3.r11  | gln      |            | 22.0.0.3.r11-gln
 GraalVM CE    |     | 23.0.2        | graalce  |            | 23.0.2-graalce
               |     | 21.0.2        | graalce  |            | 21.0.2-graalce
               |     | 17.0.9        | graalce  |            | 17.0.9-graalce
 GraalVM Oracle|     | 25.ea.8       | graal    |            | 25.ea.8-graal
               |     | 24.ea.32      | graal    |            | 24.ea.32-graal
               |     | 23.0.2        | graal    |            | 23.0.2-graal
               |     | 21.0.6        | graal    |            | 21.0.6-graal
               |     | 20.0.1        | graal    | local only | 20.0.1-graal
               |     | 17.0.12       | graal    |            | 17.0.12-graal
 Java.net      |     | 25.ea.10      | open     |            | 25.ea.10-open
               |     | 24.ea.36      | open     |            | 24.ea.36-open
               |     | 23.0.1        | open     |            | 23.0.1-open
               |     | 21.0.2        | open     |            | 21.0.2-open
```

▲ 圖 3-9 sdk Java 清單

安裝的指令是 `sdk install java $Identifier`，如圖 3-10。

```
laurencechen laurencechen $ sdk install java 23.0.2-zulu

Downloading: java 23.0.2-zulu

In progress...

###################################################################### 100.0%

Repackaging Java 23.0.2-zulu...

Done repackaging...

Installing: java 23.0.2-zulu
Done installing!

Do you want java 23.0.2-zulu to be set as default? (Y/n): Y

Setting java 23.0.2-zulu as default.
```

▲ 圖 3-10 sdk 安裝 Java

View Layer（視覺化層）：Metabase

第三步，執行 `sdk use java $Identifier` 就可以在當前的終端機切換不同的 Java。我們也可以下指令 `sdk current java` 來看出當前的 Java，參考圖 3-11。

```
laurencechen laurencechen $ sdk current java

Using java version 21.0.6-zulu
laurencechen laurencechen $ sdk use java  23.0.2-zulu

Using java version 23.0.2-zulu in this shell.
laurencechen laurencechen $ sdk current java

Using java version 23.0.2-zulu
```

▲ 圖 3-11 sdk 切換 Java

儘管我們可以靠著安裝 SDKMAN! 來管理 Java，但那依然需要一定水準的 IT 知識。對此，如果讀者是非 IT 背景，我的建議是：

1. 如果資金有一定的餘裕的話，原則上選擇雲端版本，因為安裝、維護軟體的成本非常容易被低估。

2. 如果要讓公司既有的人力來做這件事的話，這個人力至少要對作業系統有一定的了解、或是說，已經有掌握相當的除錯技巧，才能在安裝出錯的時候，有效地排除障礙。

另一方面，如果讀者傾向自己動手安裝軟體，又或是因為公司的需求必須將軟體安裝在本地端，這邊建議讀者務必要理解一個與安裝軟體相關的重要概念：「依賴宣告與依賴隔離」。

⊃ 依賴宣告與依賴隔離

依賴宣告與依賴隔離出自十二要素應用程式（*The Twelve-Factor App*）的第二條規則，這邊引述第二條規則的原文繁中翻譯：

一個十二要素應用程式（Twelve Factor App）從不依賴於系統層級套件的隱含存在。它透過依賴宣告清單，完整而準確地宣告所有的依賴關係。此外，應用程式在執行期間使用依賴隔離工具，以確保沒有隱含的依賴從周圍系統「洩漏」進來。完整且明確的依賴規格會一致地應用於生產環境和開發環境。

例如，Ruby 的 Bundler 提供了 Gemfile 清單格式用於依賴宣告，並使用 bundle exec 來進行依賴隔離。……。即使是 C 語言也有 Autoconf 用於依賴宣告，而靜態連結可以提供依賴隔離。不論工具鏈如何，依賴宣告和隔離必須始終一起使用──僅使用其中之一無法滿足十二要素的要求。

明確的依賴宣告的一個好處是，它簡化了新開發者對應用程式的設置流程。新的開發者可以在他們的開發機器上下載應用程式的程式碼庫之後，只需要安裝程式語言的運行環境（Runtime）和依賴管理器（Dependency Manager）作為先決條件。他們能夠通過一個可確定的構建命令來設置運行應用程式代碼所需的所有內容。

安裝開發環境這件事總是要不斷地重做，所以最好將它系統化，要用有系統的方式來做，才能每次都做得又快又好。而最有效的作法就是依賴宣告與依賴隔離。

依賴管理有兩個層次：第一個層次是做在程式語言的運行環境（Runtime）；第二個層次是該程式語言所依賴的函式庫（Library）。以下是常見程式語言與對應工具的列表，其中，由於程式語言的運行環境通常只有單一的依賴管理工具，這邊一律稱之為依賴管理，而不是刻意區分成依賴宣告與依賴隔離。

	Clojure	Python	Node.js
程式語言的運行環境的依賴管理工具	SDKMAN!（管理 JVM 版本）	pyenv（管理 Python 版本）	nvm（管理 Node.js 版本）
程式語言的運行環境	JVM 或 JRE（Java Runtime Environment）	Python 直譯器（如 CPython）	V8 引擎 + Node.js 標準庫

View Layer（視覺化層）：Metabase

（續上表）

	Clojure	Python	Node.js
函式庫的安裝命令	clj 或 lein	pip 或 poetry	npm 或 yarn
函式庫的依賴宣告清單	deps.edn 或 project.clj	requirements.txt 或 Pipfile	package.json
函式庫的依賴隔離資料夾	Maven 儲存庫（如 ~/.m2/repository）	虛擬環境的 site-packages	專案資料夾的 node_modules

▲ 表格 3-1 常見程式語言與對應的依賴管理工具

Metabase 自動分析

　　Metabase 是為**一般人**而設計的軟體，也因此，在 Metabase 的術語，對資料所做的資料庫查詢（Database Query），稱之為**問題**（Question）。它不要求一般使用者要在頭腦裡構思資料庫運作原理，與之相對的，它只要求使用者要積極地去對 Metabase 提出他們的疑問。而即使已經簡化至此，對於一般人來說，對資料來提問，依然是很專業的事情，不是那麼容易可以上手。能普惠一般人的，是全自動化的分析，而這點，Metabase 也可以提供。

　　接下來，我們會利用 Metabase 預設提供的樣本資料庫（Sample Database）來說明使用 Metabase 的自動分析。要了解自動分析，首先我們要討論兩件事：一是「探索式資料分析」，這是自動分析的目的。其二則是「欄位定義」，這是 Metabase 的功能之一，有了這個功能之後，自動分析才能有效地運作。

⊃ 探索式資料分析（Exploratory Data Analysis）

　　何謂探索式資料分析呢？它是指一套有系統的作法，可以讓我們對資料產生基本的認識，此處的認識包含了：

1. 瞭解資料：含有哪些資訊、資料的結構。

2. 檢核資料：有沒有無離群值或異常值。

3. 資料的相關性：分析各變數之間的關聯性，以找出重要的變數。

⊃ 利用 Metabase 來做探索式資料分析

1. 選 Browse Data。

2. 選 Sample Database[17]。

3. 滑鼠移到任意的表之上，就可以看到閃電與書兩個符號。其中，閃電的文字說明是「X-ray this table」。

4. 點選「閃電符號」的話，就可以得到全自動的探索式資料分析。

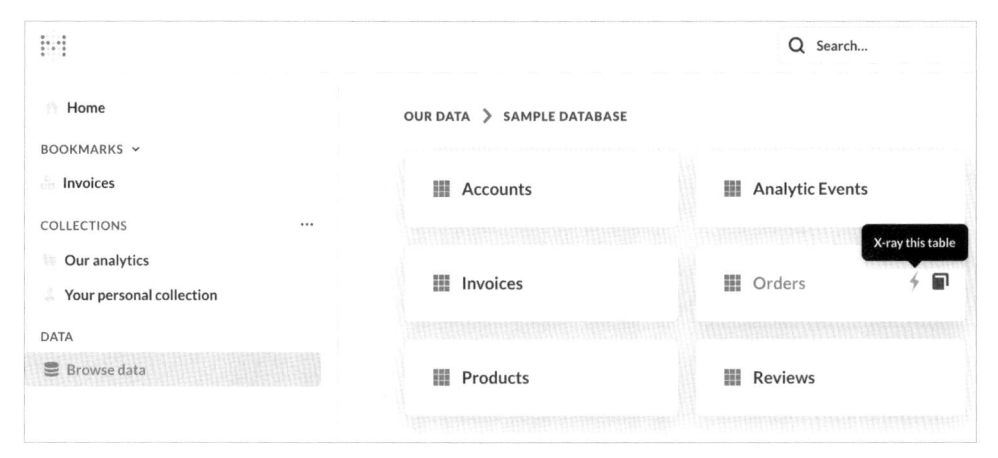

▲ 圖 3-12 探索式資料分析

---

17 Metabase 預設提供的樣本資料庫。

3　View Layer（視覺化層）：Metabase

⊃ 同表關聯性

Metabase 的探索式資料分析的功能相當強大，一開始就會給出一個總概括：

1. 資料表的總列數。

2. 如果資料表有某些欄位是時間的型別，則資料列數與時間的關聯性。

3. 如果資料表有某些欄位是地理位置的型別，則資料與地理位置的關聯性。

4. 資料表之中，任兩欄之間的關聯性。

圖 3-13 是 order 表自動產生的「每週交易數」。

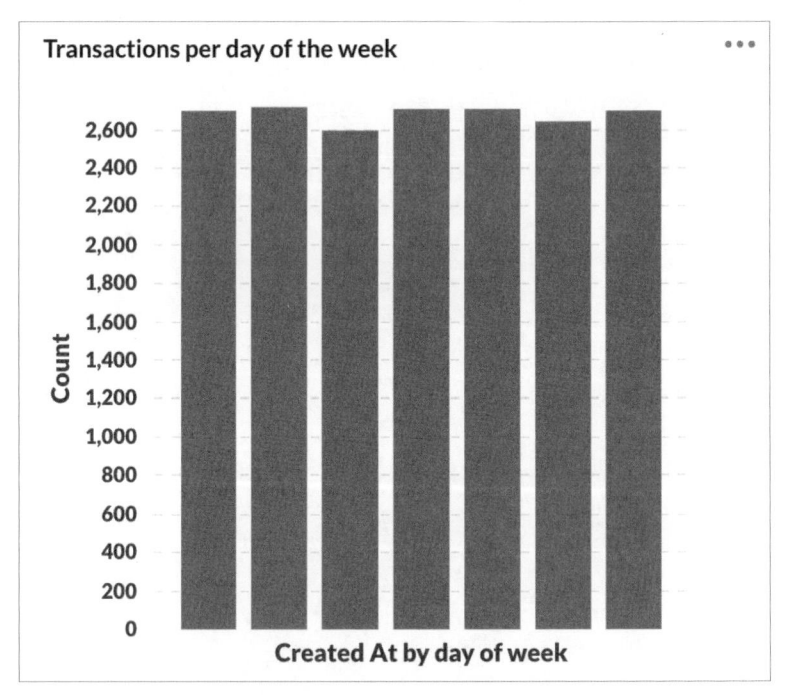

▲ 圖 3-13　每週交易數

⊃ 跨表關聯性

實務上，資料庫在儲存資料時，通常會把資料拆成不同的表（Table）來儲存，換言之，如果沒有把表與表關聯起來（Join）做成一張新表，重要的關聯性也會看不出來。而 Metabase 的探索式資料分析，會利用**欄位定義**的資訊來了解資料表之間的關聯關係，於是，就算是跨表才能看出的關聯性，全自動的探索式資料分析還是一樣會給出來。

圖 3-14 是 order 表自動產生的「美國每個州的交易數」。而 order 表裡並沒有地理資訊，是 account 表才有。

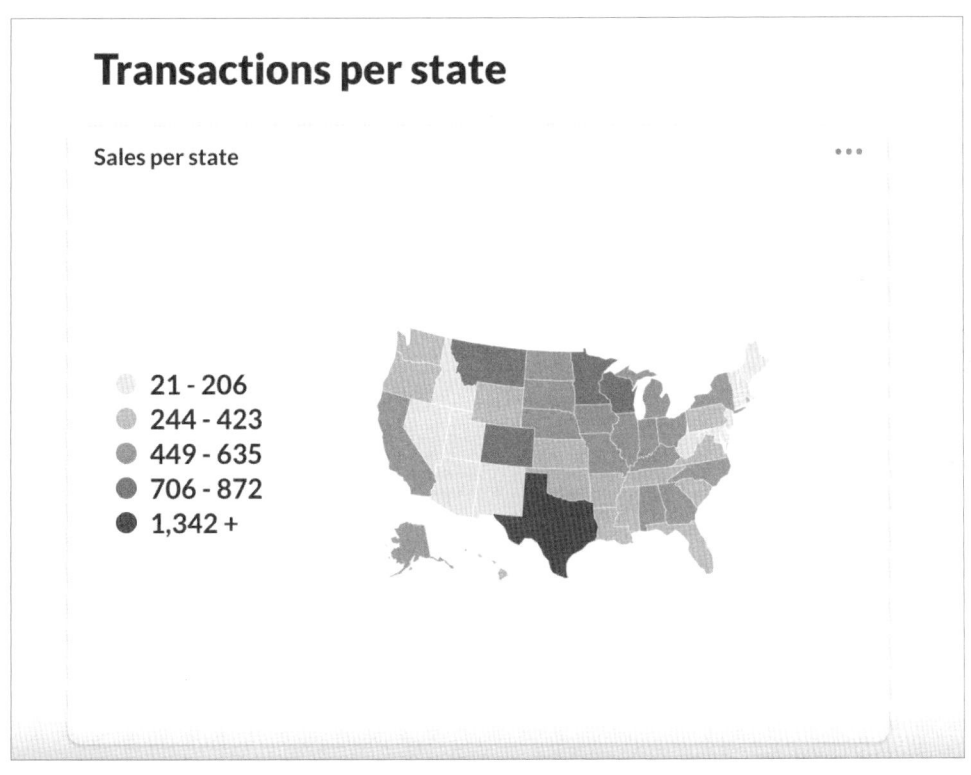

▲ 圖 3-14 每州交易數

3　View Layer（視覺化層）：Metabase

⊃ 欄位定義（Field Type）

　　如果是有一定資料工程經驗的讀者，看到剛才的例圖，應該會覺得有點驚訝：「咦，這些事怎麼可能做得到？因為樣本資料庫的原始資料所記錄的美國各州名稱資訊，也只是用字串（Text）來記錄而已。」

　　確實，如果只利用樣本資料庫所挾帶的資訊，是不可能足已畫出上述的地理資訊圖的。另一方面，如果有另一組資訊，可以巧妙地補足這些資料欄位的後設資訊（Meta Information），上述的繪圖不就可以自動化了嗎？

　　Metabase 特有的欄位定義（Field Type）功能，就是可以巧妙地補足上述的資料欄位後設資訊。注意：這些欄位定義的資訊，它們只存在於 Metabase 裡，並不儲存在 Metabase 所連結的資料倉儲裡。

▲ 圖 3-15 欄位定義

⊃ 自動分析的前提

對於一般人來說，使用 Metabase 最簡單上手的方式，就是應用閃電符號的自動化分析。而要讓自動化分析可以發揮地淋漓盡致，這需要 Metabase 的管理員在欄位定義事先投入相當的功夫。

Metabase 基礎操作

對於軟體工程背景的人來說，Metabase 就像一層圖形化使用者介面（GUI，Graphical User Interface），把資料倉儲包裝了起來。簡單直覺地理解方式，就是把 Metabase 視為是一種圖形化界面的 SQL 產生器 / 翻譯器。

上述看待 Metabase 的方式，是一種「原理優先」的視角：理解事物，從這些事物的底層怎麼運作來設法加以了解。相對於「原理優先」的視角，另一種理解事物的觀點，可以稱之為「應用優先」：理解事物，先從這些事物運作了之後可以達成什麼目的，又或是使用的情境來設法加以了解。

如果我們要從「應用優先」的角度來理解 Metabase，那我們要先談談資料分析裡的一些重要概念與操作。

- 概念：維度（Dimension）與度量（Measure）。
- 操作：篩選（Filter）與概括（Summarize）。

⊃ 維度與度量

- 維度是描述性、定性的資訊，比方說，名字、URL、地理位置、時間等。通常你會利用維度的資訊來對度量的資訊做操作。**維度通常描述：與資料有關的誰、資料是什麼、在何時產生、在何處產生（Who、What、When、Where）。**

3-17

3 View Layer（視覺化層）：Metabase

- 度量是以數值方式記錄的資訊，它通常可以被一個或是多個維度來加以拆解、又或是可以透過維度來分群並且對分群之後的子群體進行加總。一言以蔽之，**對它做了數學運算（Compute）之後，可以帶有合理的分析意義的，這是度量。**

以圖 3-16 為例：

- 維度：ID、Ean、Title、Category、Vendor、Created At
- 度量：Price、Rating

這邊要特別注意兩點：

1. 如果資料欄位的型別是以非數值方式記錄時，可以判斷它是維度。
2. 然而，當資料欄位的型別是數值方式記錄時，就要透過仔細思考這個資料欄位的意義，才能判斷它到底是維度還是度量。

ID	Ean	Title	Category	Vendor	Price	Rating	Created At
1	1018947080336	Rustic Paper Wallet	Gizmo	Swaniawski, Casper and Hilll	29.46	4.6	July 19, 2017, 7:44 PM
2	7663515285824	Small Marble Shoes	Doohickey	Balistreri-Ankunding	70.08	0	April 11, 2019, 8:49 AM
3	4966277046676	Synergistic Granite Chair	Doohickey	Murray, Watsica and Wunsch	35.39	4	September 8, 2018, 10:03 PM
4	4134502155718	Enormous Aluminum Shirt	Doohickey	Regan Bradtke and Sons	73.99	3	March 6, 2018, 2:53 AM
5	5499736705597	Enormous Marble Wallet	Gadget	Price, Schultz and Daniel	82.75	4	October 3, 2016, 1:47 AM
6	2293343551454	Small Marble Hat	Doohickey	Nolan-Wolff	64.96	3.8	March 29, 2017, 5:43 AM
7	0157967025871	Aerodynamic Linen Coat	Doohickey	Little-Pagac	98.82	4.3	June 3, 2017, 3:07 AM
8	1078766578568	Enormous Steel Watch	Doohickey	Senger-Stamm	65.89	4.1	April 30, 2018, 3:03 PM
9	7217466997444	Practical Bronze Computer	Widget	Keely Stehr Group	58.31	4.2	February 7, 2019, 8:26 AM

▲ 圖 3-16 產品資料表

◎ 篩選與概括

當我們面對大量的資料時，要對這些資料產生一些了解，第一步，通常是我們要先縮小有興趣的資料範圍。這時，很適合用**篩選**。

- 只對某特定時間有興趣，篩選出那段時間對應的資料列。

- 只對某特定地理位置有興趣，篩選出那些地理區域對應的資料列。

- 只對某特定種類有興趣，篩選出含有那些種類對應的資料列。

當有興趣的資料已經被篩選出來之後，我們很可能想要對資料做個快速地概括性了解。這時，適合的操作就是**概括**，概括是「先用某個維度對資料分群，再對這些群體的度量資訊做一個數學運算操作」。常用的數學運算有：加總、平均、最大值、最小值、計算筆數。這邊要注意一點，概括也可以是「不分群，直接對所有資料的度量資訊（Measure）做一個數學運算操作」。

- 想知道每天的訂單總金額多少：以「天」做為分群維度，對訂單金額做「加總」。

- 想知道美國每個州的訂單平均金額多少：以「美國的各州」做為分群維度，對訂單金額做「平均」。

參考圖 3-17，Metabase 顯示資料表的主畫面所顯示的，**篩選**與**概括**的按鈕就在畫面右上角圈起的位置，非常地顯眼，因為這兩種操作就是最常用的資料操作了。

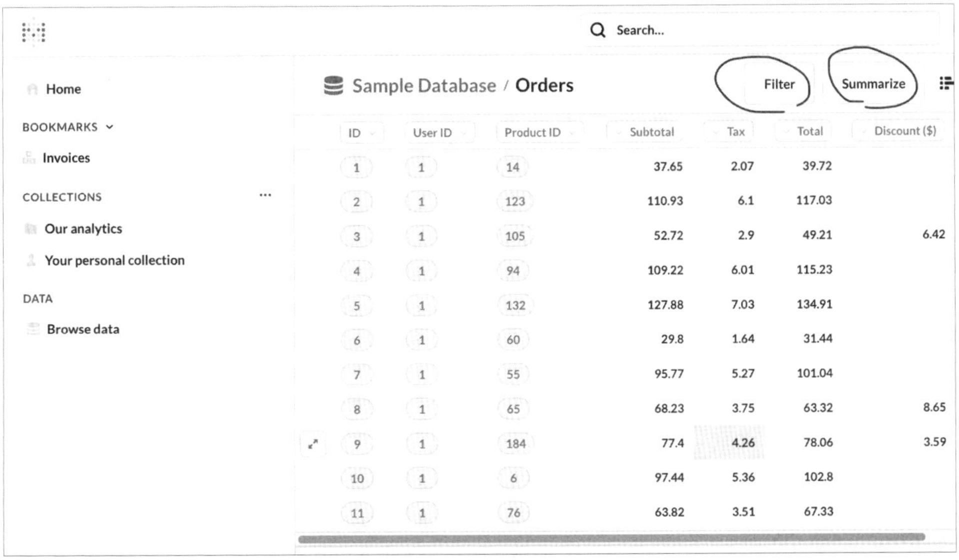

▲ 圖 3-17 資料表操作

3　View Layer（視覺化層）：Metabase

● 實務應用

想像一段常見的管理階層對話。

> 某公司的經營者 A，休假一週後，回到公司。一上班後，立馬先找業務主管：「我們的業績如何？」先掌握現況吧。
>
> 於是，業務主管回報了最新的數字。
>
> 接著，經營者 A 問了下一個問題：「你認為這樣子算好嗎？」
>
> 業務主管回答：「這就要看你要從哪一個角度來看了…」

如果該公司的產品/服務是賣給一般消費者的（B2C），業務主管可能會把每個地區的業績展開來看。如果是賣給企業的（B2B），業務主管可能會把每個不同行業別的業績展開來看。上述的「展開」，就是把業績這個度量，透過地區或是行業別這兩種維度來做概括。

如果某個地區的成績特別好、特別差、又或是某個行業別賣得特別好、特別差，經營者很可能又會想知道，「為什麼這件事會發生？」

為了回答這個進一步的問題，業務主管很可能必須篩選某地區、某行業相關的資料，而這些資料自然又包含了許許多多新的維度，然後，再利用這些維度去對業績做分析，直到他想出各式各樣的可能原因為止。

┃ Metabase 進階操作

因為從事 IT 工作的關係，我也讀了一些專門教 SQL 的網站、書籍。比方說，Joe Celko 的書、Markus Winand 的 modern-sql.com 等。這兩位 SQL 專家不約而同地有講一件產業觀察，讓我有點驚訝。他們一致表示，其實 IT 業界的平均 SQL 能力很差，差到嚇死人。

是否真的是如此？由於我收集的樣本數有限，先不做評論。但是，從一些學界、業界的環境因素來看，似乎真的有可能如此。

1. 學校在教資訊工程時，比較偏重理論。

2. 學校相對教導實務，比較紮實的課程，是在命令式程式設計。

3. 有學好命令式程式設計的人，要來學 SQL，往往需要重新學一遍，因為 SQL 是宣告式程式設計，在頭腦內部對應的心智表徵也截然不同。

4. 業界的許多應該要用 SQL 來做的工作，都有可以用命令式程式設計來取代的次佳方案。比方說，應用軟體開發時，可以利用 ORM（Object Relationship Mapping）來自動生成 SQL。（所以就更有理由不去學好 SQL）

總之，能徒手寫好 SQL 的人，算是相對少數。正因如此，只是略懂 SQL 的人，如果可以利用 Metabase 的進階操作來生成 SQL，那自然就可以快速地跳過這一大段 SQL 的進入門檻。

⊃ 查詢建立器（Query Builder）

參考圖 3-18，點選右上角圈起的位置，就會進入**查詢建立器**。

Sample Database / Orders							
ID	User ID	Product ID	Subtotal	Tax	Total	Discount ($)	Created At
1	1	14	37.65	2.07	39.72		February 11, 2019, 9:40 PM
2	1	123	110.93	6.1	117.03		May 15, 2018, 8:04 AM
3	1	105	52.72	2.9	49.21	6.42	December 6, 2019, 10:22 P
4	1	94	109.22	6.01	115.23		August 22, 2019, 4:30 PM
5	1	132	127.88	7.03	134.91		October 10, 2018, 3:34 AM
6	1	60	29.8	1.64	31.44		November 6, 2019, 4:38 PM
7	1	55	95.77	5.27	101.04		September 11, 2018, 11:22
8	1	65	68.23	3.75	63.32	8.65	June 17, 2019, 2:37 AM
9	1	184	77.4	4.26	78.06	3.59	May 3, 2017, 4:00 PM
10	1	6	97.44	5.36	102.8		January 17, 2020, 1:44 AM
11	1	76	63.82	3.51	67.33		July 22, 2018, 8:31 PM
12	3	7	148.23	10.19	158.42		June 26, 2018, 11:21 PM

▲ 圖 3-18　編輯查詢

3　View Layer（視覺化層）：Metabase

進入後，可以看到圖 3-19 的畫面。如果再點選圈起的位置一次，就可以看到純文字形式的 SQL。

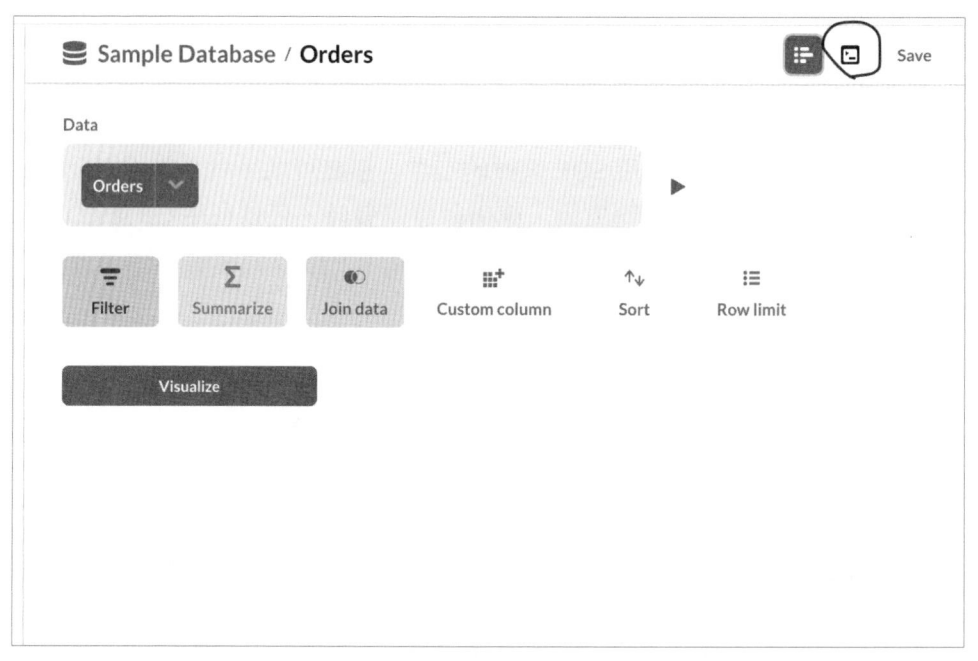

▲ 圖 3-19 查詢建立器

在查詢建立器的主畫面一樣有之前介紹過的**篩選**與**概括**功能。接下來，我們會基於查詢建立器的主畫面，一一來探討其它四個常用功能，以及一個很容易忽略的欄位選擇功能。

- Join Data
- Custom Column
- Sort
- Row Limit
- Column Select

⊃ 連結資料表（Join Data）

order 資料表與 customer 資料表的資料，顯然可以透過 Name 的欄位加以連結。在試算表軟體（Spreadsheet）如果要連結這兩張表的話，應用的函數是 VLOOKUP，如圖 3-20。

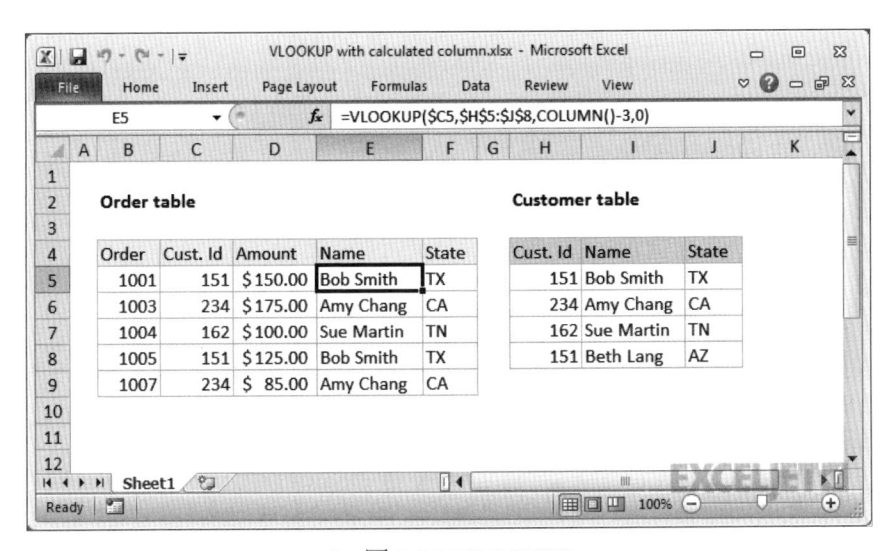

▲ 圖 3-20 VLOOKUP

在 Metabase 的話，因為資料倉儲裡可以運作的語言是 SQL，我們要使用的 SQL 語法就是 join。不精確地來講，試算表軟體的 VLOOKUP 就相當於 SQL 的 join。

為什麼說這是不精確呢？因為其實 join 的**表達能力（Expressiveness）**比 VLOOKUP 強多了。參考圖 3-21，如果我們點選 Join 的圖示，就可以更改 join 的種類。

3　View Layer（視覺化層）：Metabase

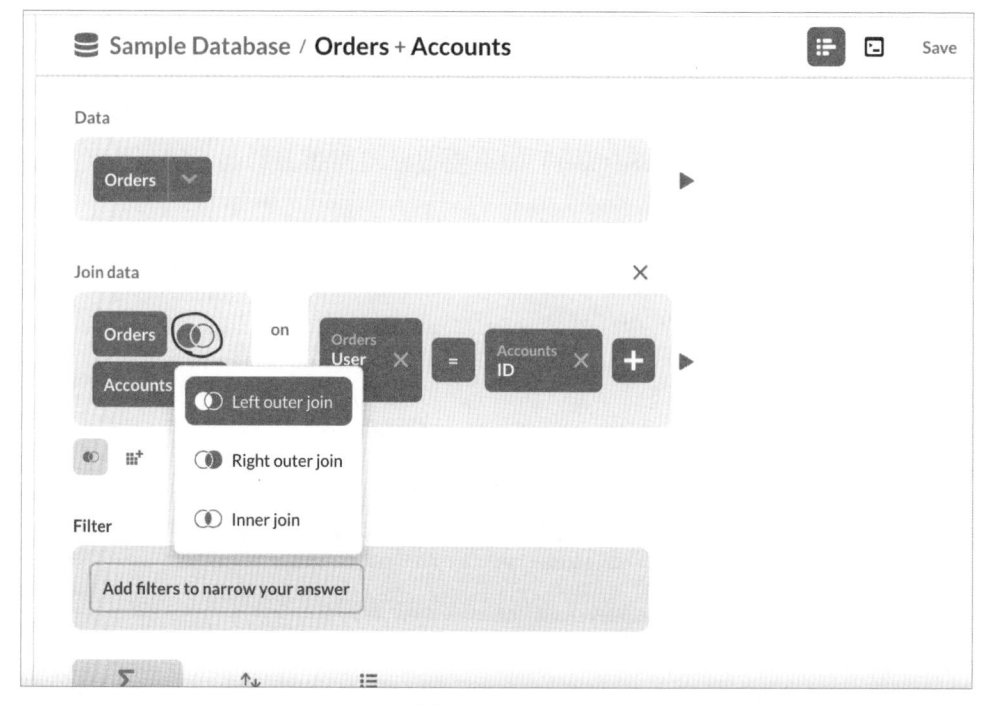

▲ 圖 3-21　多種 Join

◐ 客製化欄位（Custom Column）

客製化欄位基本上可以想像是使用試算表軟體的公式（Formula），只是說，SQL 支援的公式寫法與試算表軟體又略有差異。

◐ 排序（Sort）

當查詢資料時，我們有時候會希望傳回的資料根據某一欄位，或是某兩、三個欄位，進行遞增或是遞減排序，這時就可以應用排序的功能。

⊃ 傳回列數上限（Row Limit）

當查詢資料時，如果要操作的資料表比較大的時候，速度就有可能很慢，造成使用者的等待。然而，很多時候，我們只是要大略了解資料的長相而已。這時候，傳回列數上限的功能就非常有用，比方說，我們設定它為 10 筆或是 100 筆，本來要跑 10 秒才會完成的操作有可能變成瞬間完成。

⊃ 欄位選擇功能（Column Select）

如果我們有一些 Join 操作時，很容易就可以生成一張很寬的表，裡頭有很多的欄位。但是，實際上，我們可能只對其中的少數欄位有興趣而已。這時可以利用「欄位選擇功能」讓我們生成的表變窄，使資料更容易閱讀。在圖 3-22 中，點選下拉箭頭，就可以開啟「欄位選擇功能」。

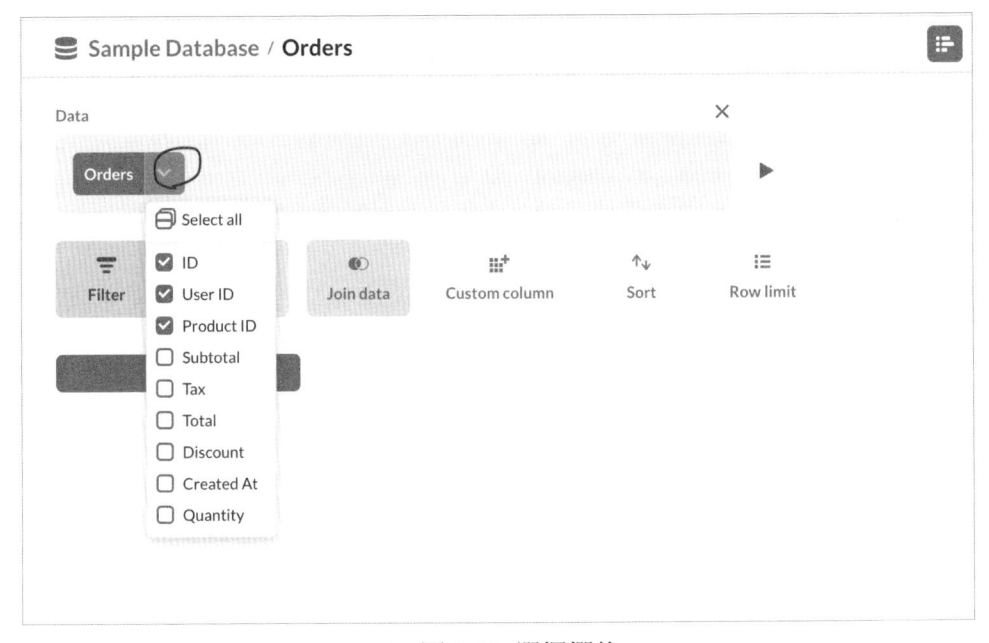

▲ 圖 3-22 選擇欄位

3 View Layer（視覺化層）：Metabase

⊃ SQL-92 的圖形化介面

　　如果能靈活地應用 Metabase 的查詢建立器，SQL-92 的語法幾乎都可以順利生成出來，如此一來，我們離利用資料創造價值又更近一步了。

▌Metabase 圖表 / 視覺化

　　認知學心理學研究指出，一般來講，人類有三種主要的**認知模式（Cognitive Style）**，**語言（Verbal）**、**物件視覺（Object Visual）**、**空間視覺（Spatial Visual）**。每個人的三種認知模式發達的程度不一，比方說，像小說家，自然必須是語言認知模式極為發達；美術或是前端工程師必須是物件視覺認知模式發達；如果是後端工程師或是資料分析師的話，往往很需要空間視覺認知發達。

　　我認為，所謂的「資料視覺化」，可以想成是空間視覺認知發達的人，將自己腦海之中「空間視覺」所觀察到的見解，轉化成「物件視覺」可以看到的圖象，來與他人溝通。

　　在資料分析領域的資料視覺化常用來達成下列四種功能：

1. 讓焦點放在趨勢（Trend）。

2. 讓度量依維度展開。

3. 探討不同度量之間的相關性（Correlation）。

4. 利用圖表來快速溝通上下文（Context）。

　　Metabase 提供了豐富的視覺化功能，但是，該怎麼選擇圖表類型呢？接下來，我們會從功能角度切入，希望協助讀者可以有效地選擇合適的圖表。[18]

---

[18] Metabase 官方網站上有更多的圖表示範。https://www.metabase.com/learn/metabase-basics/querying-and-dashboards/visualization/chart-guide。

⊃ 看出趨勢 - 折線圖

當你需要看到一組度量對於時間維度（Time Dimension）的變化時，就很適合使用折線圖（Line Chart）。應用折線圖的時候，可以點選 **Line options** 頁的 **Display** 區，並且在其中加上 **Trend line**，就會自動繪出趨勢線（Trend Line）。

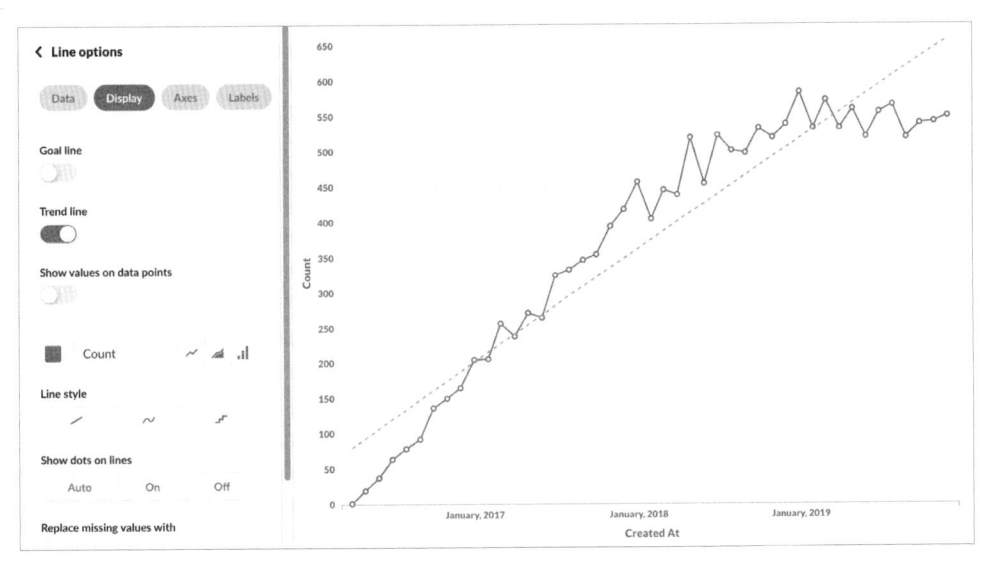

▲ 圖 3-23 折線圖

⊃ 時間軸上兩組度量 - 組合圖（Combo Chart）

有時候，我們會需要在時間軸上，比較兩組度量，即有兩組以上的度量需要對時間維度作圖、甚至兩組度量適合用不同的方式來畫，一個用折線、一個用長條，還有，兩組度量還有各自獨立的單位。上述的情況可以用組合圖來處理。

3 View Layer（視覺化層）：Metabase

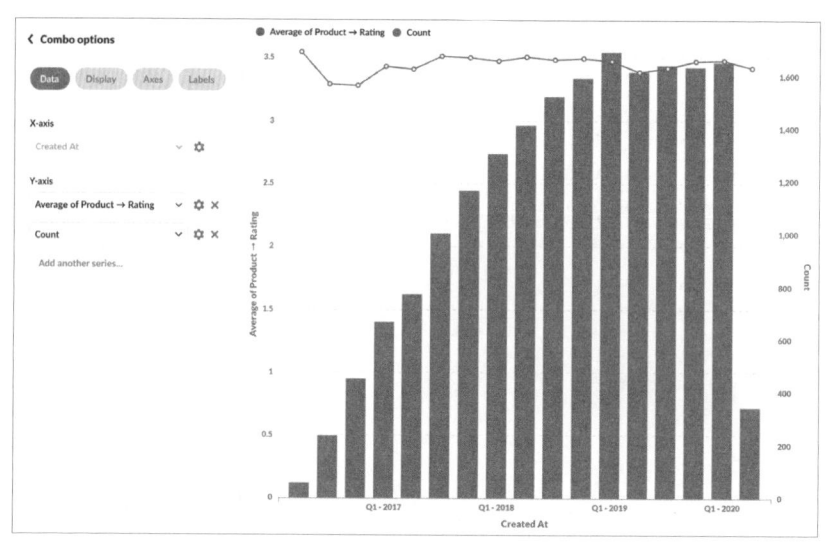

▲ 圖 3-24　組合圖

◐ 度量對兩組維度展開 - 面積圖（Area Chart）

另一種情況是，我們除了想了解一組度量對於時間維度的變化的同時，還要同時看出，這組度量它是由哪幾個要素所構成（這些要素又是一個獨立的維度）。這種情況，我們可以利用面積圖，並且搭配堆疊（Stack）的功能。

注意：如果把滑鼠移到面積圖上，還可以看到各個要素所佔的比例（Ratio）。

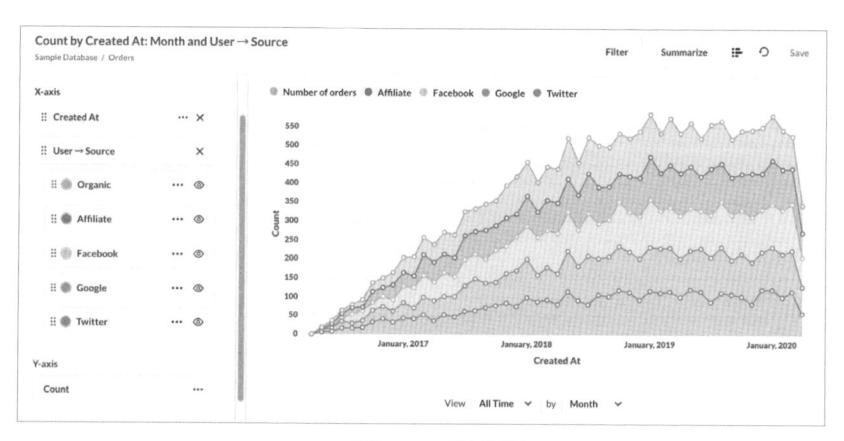

▲ 圖 3-25　面積圖

⊃ 探討不同度量之間的相關性（Correlation）

當兩組度量，我們懷疑它們相關（Correlate）時，適合用來呈現這種關係的圖是「XY 散佈圖」（Scatter Plot）。一個度量放 X 軸，另一個放 Y 軸。

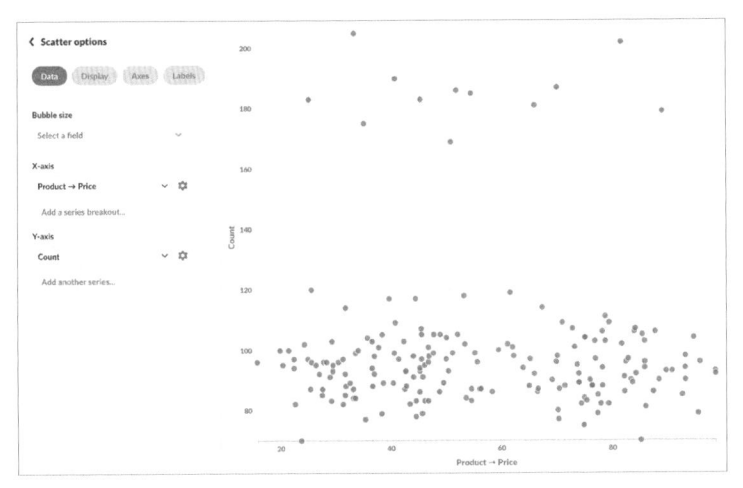

▲ 圖 3-26 XY 散佈圖

當要比較的度量還有第三組時，我們還可以在「XY 散佈圖」的基礎之上，再把第三組的度量以泡泡的大小來呈現，於是我們就得到了「XYZ 散佈圖」，其中 Z 軸是泡泡的大小。

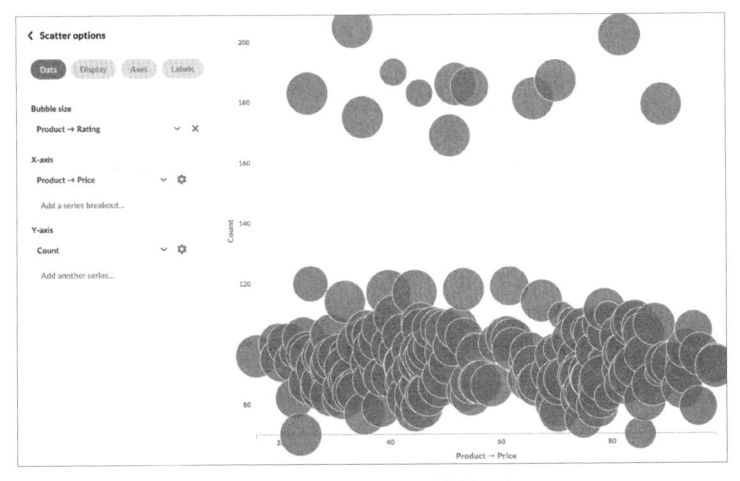

▲ 圖 3-27 XYZ 散佈圖

3 View Layer（視覺化層）：Metabase

● 溝通上下文 - 找出高的比例

管理學研究[19] 指出，「在控制成本方面，經理人在不同的領域要刪減同樣百分比所付出的心力，基本上是相當的」所以如果要控制成本，一定要先從佔比最高的成本點開始。

由於比例是要溝通的重點，在成本控制的層面，常常使用圓餅圖來溝通。

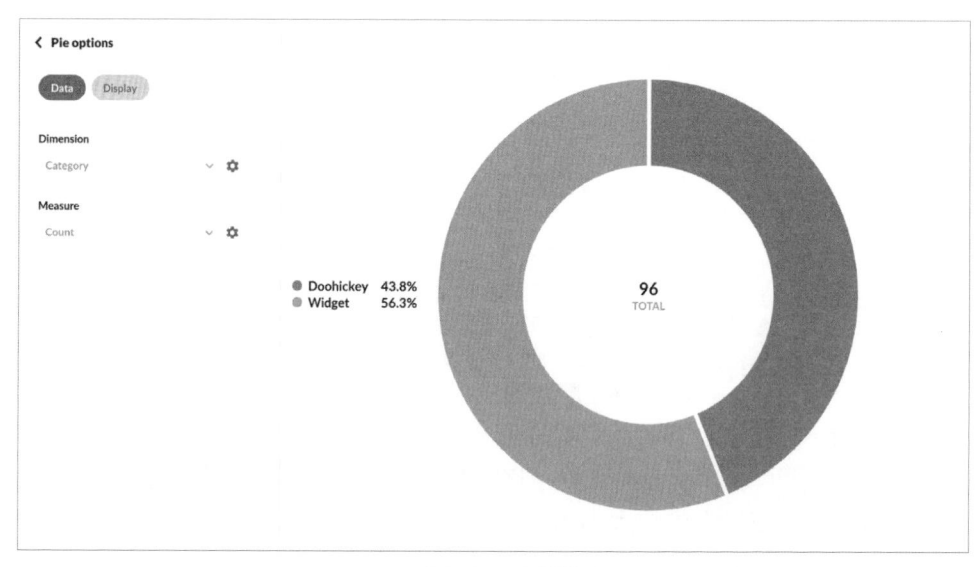

▲ 圖 3-28 圓餅圖

● 溝通上下文 - 循序的工作流程

像銷售漏斗這種循序的工作流程，特別適合用漏斗圖來溝通。

---

19 刪減成本的論點出自成效管理 Managing for Results 作者 Peter F. Drucker. https://www.books.com.tw/products/0010154637 該書的第三章介紹了「利潤貢獻因子」分析。

Metabase 互動儀表板與嵌入式分析

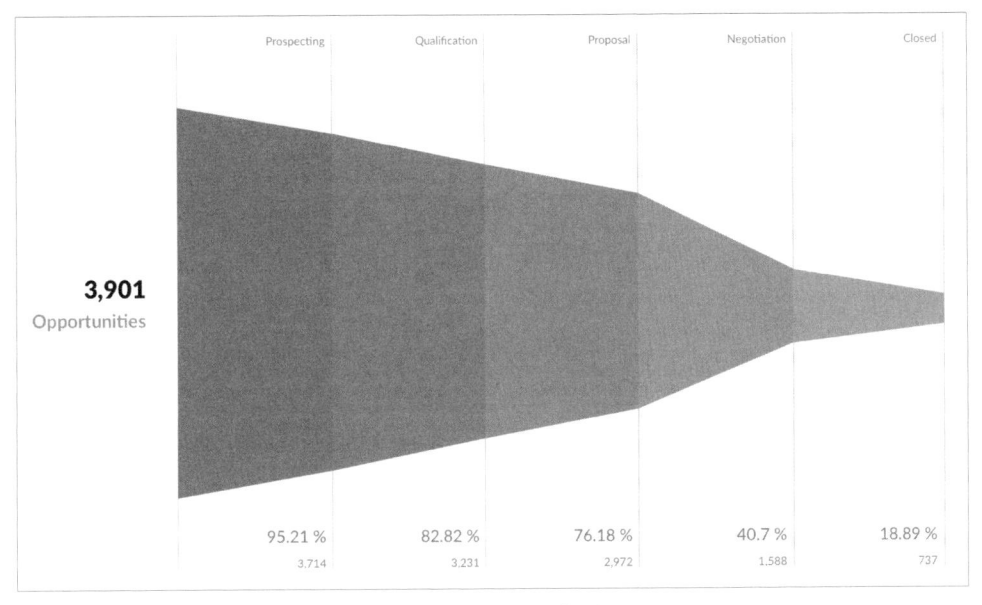

	Prospecting	Qualification	Proposal	Negotiation	Closed

3,901
Opportunities

	95.21 %	82.82 %	76.18 %	40.7 %	18.89 %
	3,714	3,231	2,972	1,588	737

▲ 圖 3-29　漏斗圖

Metabase 互動儀表板與嵌入式分析

Metabase 有三種不同的使用方式：

1. 探索式分析：畫圖以找出資料整體的趨勢與模式。

2. 互動儀表板：少數人建立好資料儀表板之後，分享儀表板給團隊使用。

3. 嵌入式分析：做出資料分析之後，無縫接軌地嵌入軟體產品之內。

　　當分析師對於資料還沒有太多了解時，通常會先做探索式分析，隨意地玩轉資料，直到找出某些定性的猜想為止，之前我們談論到的 Metabase 自動分析、基礎操作、進階操作、圖表 / 視覺化，都是適合輔助做探索式分析的功能。

　　另一方面，公司內部團隊導向的應用資料需求，則很適合用**互動儀表板**來處理。另外，如果需求還會伴隨特定的軟體產品時，則可以考慮使用**嵌入式分析**。

3 View Layer（視覺化層）：Metabase

⊃ 互動儀表板

企業常見的一種資料需求，有固定的呈現形式，比方說公司的高層每週或是每個月都要看銷售資料報表。這類的需求，它有時候會需要可以接收來自使用者提供的一些**篩選條件**，比方說，要觀察日期的起始點、要觀察日期的終結點，這些篩選條件，每次使用時都會一直改變。像上述的需求，就很適合用**互動儀表板**來處理。

Metabase 的互動儀表板有兩個最重要的功能：

1. 把有相關的表格（Table）、圖（Chart）集中在一處，**一起顯示**在儀表板裡。

2. 使用者可以在儀表板裡設置**篩選**，而且這些篩選條件可以同時套用到一個或是多個儀表板裡的元件裡，換言之，當使用者調整篩選時，儀表板可以做到**元件連動**。

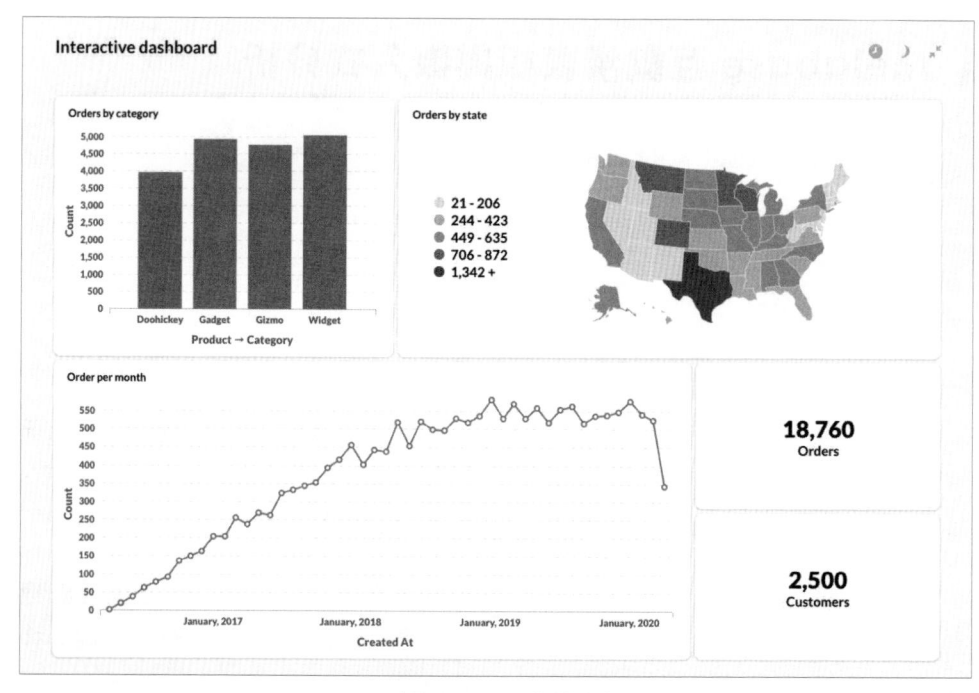

▲ 圖 3-30 互動儀表板

⇒ 嵌入式分析

現代愈來愈多的軟體產品，都會提供一些管理的資訊給使用者。比方說，像我使用 Leanpub 來出版電子書，Leanpub 就有一個「帳單管理頁面」，可以讓我看到所有 Leanpub 給我的帳單（Invoices）。這種顯示管理資訊給使用者的需求，可以有兩種作法：

1. 客製化開發
2. 嵌入資料分析軟體

如果是作法 1 的話，當「特定客戶的所有帳單」的資料在頁面上繪圖或是以表格來呈現時，通常是由前端工程師串接一些前端的函式庫來繪圖。我在第一章時串接 UI 元件 react-table 來做樞紐分析的作法就是這種作法。

如果是作法 2 的話，則可以考慮利用 Metabase 來生成程式碼與串接資料的作法：「先用 Metabase 來生成報表或是視覺化，再用 Metabase 的『分享』功能來把已經拉好的表格、或視覺化圖表轉換成 iframe，於是我們就可以輕易地把這個 iframe 嵌入到給客戶使用的軟體產品裡了。」這個作法，也稱之為**嵌入式分析**，因為這種作法就像是把 Metabase 做出的分析，嵌入到其它的軟體裡一般。

這邊對上述兩個作法做個比較：

	客製化開發	嵌入資料分析軟體
自由度、靈活度	高	普通，受限於資料分析軟體
美觀	高	普通，受限於資料分析軟體
開發成本	高	極低

▲ 表格 3-2 嵌入式分析的兩種作法比較

要使用嵌入式分析，主要有兩件事要完成：

- 首先是要設置好 Metabase。要調整 Metabase 的軟體設置，讓它可以「容許嵌入」。

3　View Layer（視覺化層）：Metabase

- 對於每一個要嵌入其它軟體的問題（Question）或是儀表板（Dashboard），都「設定分享」（Share），然後，Metabase 會幫你自動產生嵌入 iframe 的程式碼。

■ **容許嵌入**

1. 前往 **Settings > Admin settings > Embedding**。
2. 點選 **Enable**。

■ **設定分享**

1. 先選擇你想要嵌入的問題或是儀表板。
2. 點選 **sharing icon**（圖形是：「方框裡有一個箭頭往右上」）。
3. 選擇 **Embed this item in an application**。
4. 點選 **Publish**。

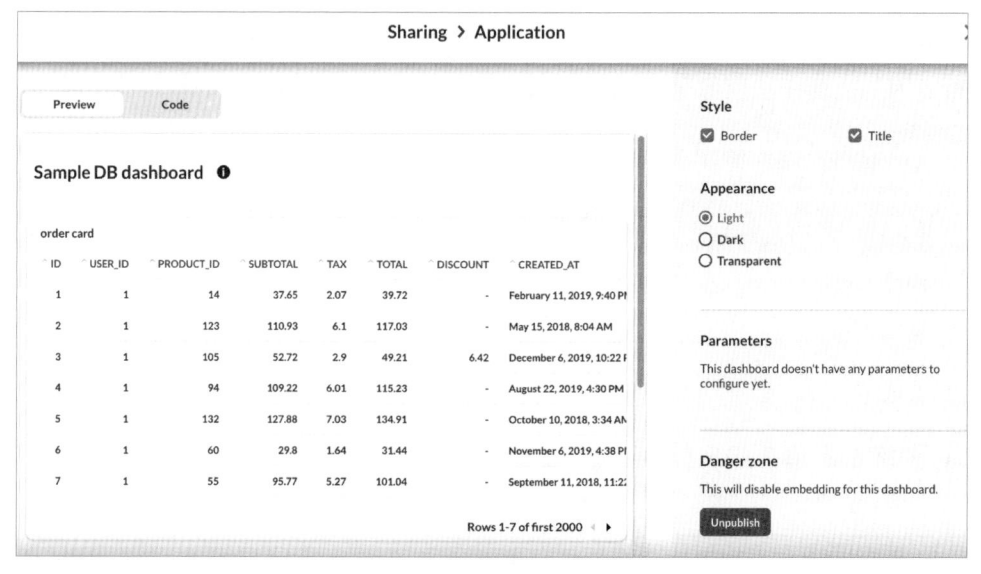

▲ 圖 3-31

```
Preview    Code
To embed this dashboard in your application:
Insert this code snippet in your server code to generate the signed embedding URL          Node.js
1  // you will need to install via 'npm install jsonwebtoken' or in your package.json
2
3  var jwt = require("jsonwebtoken");
4
5  var METABASE_SITE_URL = "http://localhost:3000";
6  var METABASE_SECRET_KEY = "6fa6b6600d27ff276d3d0e961b661fb3b082f8b60781e07d11b8325a6e1025c5";
7
8  var payload = {
9      resource: { dashboard: 26 },
10     params: {},
11     exp: Math.round(Date.now() / 1000) + (10 * 60) // 10 minute expiration
12 };
13 var token = jwt.sign(payload, METABASE_SECRET_KEY);
14
15 var iframeUrl = METABASE_SITE_URL + "/embed/dashboard/" + token + "#bordered=true&titled=true";

Then insert this code snippet in your HTML template or single page app.          Mustache
1  <iframe
2      src="{{iframeUrl}}"
3      frameborder="0"
4      width="800"
```

Style
☑ Border   ☑ Title

Appearance
⦿ Light
○ Dark
○ Transparent

Parameters
This dashboard doesn't have any parameters to configure yet.

Danger zone
This will disable embedding for this dashboard.
Unpublish

▲ 圖 3-32

- **案例：一週搞定視覺化**

　　我曾經協助過我的一位客戶，利用 Metabase 的嵌入式分析，在客戶的軟體產品內放入數張的圖表，而且只用了一週不到的時間。

　　客戶後來表示，實在是一直覺得心裡癢癢地，有點想把那些圖表的美術改得再更好看一點，但是，因為是 Metabase 生成的 iframe，所以也沒有辦法修改。而一想到如果要整個換掉 Metabase 生成的 iframe，用傳統前端的作法，即透過繪圖函式庫去繪出相同的圖表，那實在是工程太浩大了，還是算了，就將就一下吧。

Metabase 自動化（Automation）

　　我曾協助某補教業的客戶建構企業內部的資料流程與儀表板。該公司在台灣有 200 間教室，於是，他們用 Metabase 做出了 200 個大同小異互動式儀表板，因為每間教室都需要一個。像這樣子的需求，有可能不靠徒手硬拉出 200 個儀表板，而是利用程式語言來做自動化生成嗎？

3　View Layer（視覺化層）：Metabase

其實是辦得到的，因為 Metabase 也有提供 API，換言之，Metabase 除了是一種 Low-code/No-code 工具之外，它也提供了可程式化的介面。

然而，要直接去串接 Metabase 的 API，還是有點吃力。最理想的情況是，如果有個函式庫（Library），可以對 Metabase 的 API 做一點抽象化，那自動化的程式寫起來就會輕鬆許多，這樣子一來，Metabase 就變成了**繪圖引擎**。

這邊有好消息、也有壞消息：

- 好消息是：這樣子的函式庫已經存在了，它叫 Embedkit[20]。

- 壞消息是：「Embedkit 是 Clojure 寫成的函式庫」。如果你從來沒有聽過 Clojure 語言，你可能覺得這個也太冷門了。於是你再一次地考慮，直接去使用 Metabase 的 API。然而，Metabase 的 API 文件，卻是 Metabase 網站上所有的文件裡，品質最差的部分。品質差有可能是因為 Metabase 的改版也滿迅速的，我之前在開發 Embedkit 時，有時候實在是看不懂 Metabase 的 API 文件在寫什麼，最後還是乖乖地去讀 Metabase 的 Source Code，畢竟 Metabase 是開源軟體嘛。喔，還有，Metabase 的 Source Code 也是用 Clojure 寫的⋯。

⊃ 手動更新快取

有時候，我們已經更新資料庫了，比方說，在資料庫裡新增了一張表（Table），但是，透過 Metabase 卻看不到。這是為什麼呢？

Metabase 其實會對與其連結的資料庫做一些掃描，並且把掃描完的結果快取下來。快取下來的資訊通常是：「資料庫有哪些資料表、這些資料表的欄位是哪些、欄裡大概有哪裡值？」

為了處理快取失效的問題，我們可以手動強制 Metabase 立刻去更新快取：

---

20 Embedkit, https://github.com/lambdaisland/embedkit。

Metabase 自動化（Automation）

1. 點選 Settings > Admin settings > Databases

2. 選擇你想立刻更新快取的資料庫名稱

3. 手動去按兩個按鈕：

- Sync database schema now

- Re-scan field values now

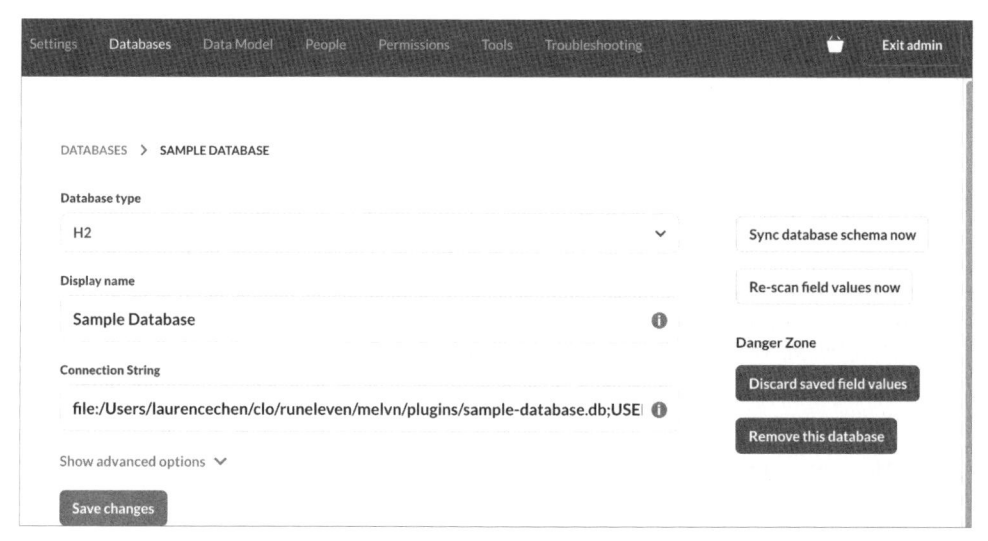

▲ 圖 3-33 更新快取

◯ 觸發更新快取

承接上個問題，那如果我們已經知道，每天的某幾個時間點，我們的 EL 工具，可能會在資料庫裡新放入幾張新的表（Table），而且我們希望 Metabase 的強制更新快取，可以恰好發生在 EL 的工作完成後，立刻更新呢？

這種情況，就很適合透過 API 來觸發更新快取。這邊為了降低大家使用 Embedkit 的門檻，我準備了一個範例的 GitHub Repo：Automation[21]。

---

21 Automation, https://github.com/humorless/automation。

3-37

3 View Layer（視覺化層）：Metabase

作法：

1. 下載 Automation。

2. 照 README 上的細節，把軟體灌好。

3. 在 dev/config.edn 填寫對應的參數。

4. `clj -X automation.auto/run`。

⊃ 運作原理解釋

下面是 Automation 內部，自動化的程式碼。仔細看的話，`run` 也就只是去觸發 `/sync_schema` 與 `/rescan_values` 兩個 API 而已。

```clojure
(defn run [opts]
  (e/trigger-db-fn! conn (:db-name config) :sync_schema)
  (e/trigger-db-fn! conn (:db-name config) :rescan_values))
```

⊃ 應用 Embedkit- 自動化產生「問題」

```
clj -X automation.auto/create-card
```

⊃ 應用 Embedkit- 自動化產生「儀表板」

```
clj -X automation.auto/create-dashboard
```

Metabase 自動化（Automation）

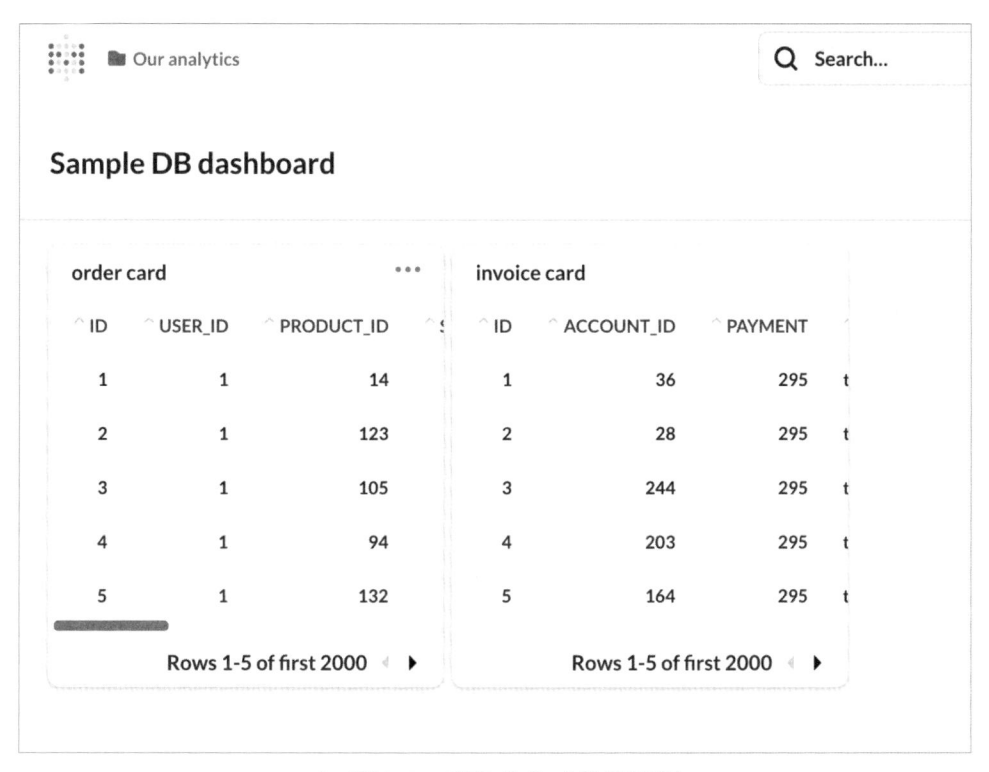

▲ 圖 3-34 自動化生成的儀表板

○ 從可用到好用

有三件工作常常是 IT 系統從「可用」走向「好用」的最後一哩路：

1. 自動化（Automation）

2. 可檢視設計（Inspectable Design）

3. 可延伸的抽象層（Extensible Abstraction）

然而，要堅持紀律把它們做好卻頗為困難。這三件事，都需要有重視長期維護成本的思維，才有可能對其做出應有的投資，也因此很容易缺乏投資。

3 View Layer（視覺化層）：Metabase

　　幸運的是，在 Metabase 的案例裡，我們有了 Embedkit 這樣子的函式庫可以協助我們串接 API，這就大幅地提昇了自動化（Automation）的可行性。Metabase 的付費版有提供更詳盡的軟體內部運作資訊，對於需要調校 Metabase 運作效能時極有幫助，這就是一種可檢視設計（Inspectable Design）。

　　此外，由於 Metabase 本身是開源軟體，如果有特定的資料源可以使用 SQL 來做查詢語言，但是該資料源還不被 Metabase 支援，我們也可以自行開發該資料源的連接器（Adapter）– 可自行開發的連接器，這部分可以視為是一種可延伸的抽象層。

▌本章小結

　　Metabase 提供了簡單易用的介面，讓非技術人員也能快速上手，因此更容易實現自助式資料服務。自助式資料服務不僅減少了對資料團隊的依賴，還能大幅提升資料分析的效率和即時性，讓企業能更迅速地做出決策。

　　然而，只靠 Metabase 還不足以構成自助式資料服務的充要條件，另一個關鍵的條件是「清楚的資料建模層」，而這就是接下來兩個章節，我們要談論的重點。

4

Transformation Layer（資料轉換層）：dbt 與 SQL

在第二章，我們已經討論過，現代資料棧（Modern Data Stack）用 ELT 取代 ETL，所以資料轉換（Transformation）的這一段工作，會透過 SQL 直接在資料倉儲裡完成。另一方面，在「選擇 SQL 而非 MapReduce」的技術棧決策時，也提出了一些對 SQL 的質疑：

1. 該怎麼組合大量的 SQL 呢？

2. 如果說，應用案例，剛好需要動態地去生成 SQL，比方說，要 Union 三個不同的 SQL 查詢語法呢？

3. 該怎麼整合版本控管軟體呢？

接下來，我們就先從上述三個題目來討論解決方案。

4 Transformation Layer（資料轉換層）：dbt 與 SQL

三個常見的 SQL 難題與對應作法

⟲ 組合 SQL

考慮軟體開發的類比：

> 當我們開發有一定規模的軟體時，我們勢必需要做一定的模組化與抽象化。
>
> 以模組化來講：我們會把重複使用的程式碼，變成子程式（Sub Program），之後只要提供子程式一些引數（Argument），就可以呼叫這段子程式，如此一來，程式碼就不會一再地重複，程式的總行數就可以大幅縮短。
>
> 以抽象化來講：我們往往會把我們模組化的子程式，給予一些有意義的命名，這樣子，當我們在閱讀程式的時候，只要讀到子程式的名稱，就可以大致上了解它在做什麼，如此，不但可以大幅減少人類認知的負擔，也可以讓子程式更容易被重複使用。
>
> — 出自《電腦程式的構造和解釋（Structure and Interpretation of Computer Programs）》一書

SQL 本來就有提供視圖（View）的機制：「我們可以把任意的 SQL 查詢語法，變成一個對應的視圖，並且為其命名。」從這個角度來看，視圖本身就是一種模組化與抽象化機制。

- 模組化機制：我們可以把某個查詢變成視圖，其它的查詢又可以利用這個視圖的結果。

- 抽象化機制：我們可以對視圖加以命名。

綜合上述，SQL 的視圖機制，就已足以讓我們靈活地組合小的查詢而生成複雜的資料轉換，同時，我們所需要的資料建模（Data Modeling），恰好可以由大量的視圖來構成。

⊃ 動態生成 SQL

假設某公司的軟體產品是 ERP 系統。ERP 的資料庫裡，每個用戶的所有的資料都放在一個獨立的 Database Schema[22] 之內。如果我們需要分析該公司所有用戶的 ERP 系統裡訂單資料時，我們可以怎麼做呢？

先假設該公司所有的用戶只有 A、B、C 三個用戶，同時訂單表的欄位只有 w、x、y、z。

```sql
SELECT w,x,y,z,"A" AS user_name FROM A.invoices
UNION ALL
SELECT w,x,y,z,"B" AS user_name FROM B.invoices
UNION ALL
SELECT w,x,y,z,"C" AS user_name FROM C.invoices
```

顯然，invoices 表的欄位有可能是有限的個數，而用戶的數量卻很有可能動態地不停地增加。也因此，考慮用戶的數量會一直變動，我們應該要動態生成 SQL。下方是利用 Jinja 這樣子的樣板語言（Template Language）來動態生成 SQL。

在這個 Jinja 語言範例，如果日後用戶的數目改變，只需要修改 `{% set users = ... %}` 這一行即可以，甚至 `{% set users = ... %}` 這一行的資料來源，也可以從資料庫的查詢來取得。

```
{% set users = ["A","B","C"] %}

{% for user in users %}
  SELECT w,x,y,z,'{{ user }}' AS user_name
  FROM {{ user }}.invoices
  {{ "UNION ALL" if not loop.last }}
{% endfor %}
```

---

22 此處的 Database Schema 是一種「命名空間」，我們將資料表、視圖都放在命名空間裡，於是，不同的 Database Schema 之內，就可以有同名的資料表與視圖。由於 Schema 一詞，即使是在英文，也很容易與資料表綱要（Table Schema）相混淆。在本書裡，我會刻意使用「命名空間」與「資料表綱要」兩個不同的詞彙。

4 Transformation Layer（資料轉換層）：dbt 與 SQL

■ 輔助程式語言

要動態生成 SQL 可以選擇各式各樣的程式語言來做這件事，然而，該用什麼樣子的語言來輔助動態生成 SQL 最合理呢？自家公司最主要的通用型程式語言嗎？還有更好的選項嗎？

如果選擇像 Jinja 這樣子的樣板語言（Template Language）而非通用型程式語言（General Purpose Language）的話，可以有下列的優點：

1. 樣板語言的語法相對少，因為只適合處理樣板類的應用情境。

2. 語法相對少、所以也相對容易學習。

3. 專案會變得對通用型程式語言（GPL）顯得語言無關（Language Agnostic）。

4. 日後，負責維護此資料建模專案的人，進入門檻會比較低。

⊃ 版本控管

如果要有系統地透過 SQL 來做出**資料建模**，我們需要做下列的事：

1. 準備一個資料建模資料夾，裡頭放的檔案都是一個又一個的 `${model_name}.sql` 檔。而檔案的內容，每個都是一個 SQL 查詢，它會生成對應的 SQL 視圖。

2. 準備一個組態設置檔（`config.yaml`），裡頭放一些參數，這些參數可能是用來指定資料倉儲的連線方式，包含使用者名稱、密碼、主機名稱等。

3. 準備一支程式，它會結合「組態設置檔」與「資料建模資料夾」內的檔案，透過執行 Jinja 語法，來產生確實可以直接對資料倉儲執行的 SQL 檔。

4. 把步驟 3 產生的 SQL 檔，照著它們彼此相依（Dependency）的順序，去對資料倉儲執行。

顯然，如果我們對專案做版本控管的話，只需要把前述的「資料建模資料夾」、「組態設置檔」納入版本控管即可。

⊃ 麻煩事的解決方案：dbt

讀者讀到這邊，可能會覺得，「怎麼我覺得上述的這些作法，看似合理，就是要做好的話也是不少的程式碼要寫？」

這邊有一個好消息，你需要寫的程式碼可以非常少，因為你只要在電腦裡安裝 dbt，上述的很多事的細節，dbt 都幫你做好了。換言之：「組合 SQL」、「動態生成 SQL」、「資料夾的設計配置」，這些事，dbt 都有預設的範例與習慣作法。

接下來，我們會以下列的順序介紹 SQL 與 dbt 之間的整合運用：

1. dbt 安裝。

2. DuckDB 安裝（DuckDB 是做為資料倉儲使用）。

3. dbt 基本操作。

4. dbt 資料建模。

5. dbt 進階操作。

▎dbt 安裝

在現代資料棧裡的 Transformation Layer（資料轉換層）的主角其實是 SQL，而 dbt 則是擔任輔助生成 SQL 的角色。而 dbt 用來輔助 SQL 生成的眾多功能之中，最重要的功能，莫過於動態組合 SQL。

實際上，在一般的軟體開發，也有一種類型的軟體，擔任類似的角色，它們通常稱之為**建置工具**（Build Tool），比方說，在 C 語言可能是用 Make，在

4　Transformation Layer（資料轉換層）：dbt 與 SQL

Java 是用 Maven。在軟體開發，當程式語言經過了編譯之後，會產生一個又一個的物件檔（Object File），建置工具會去解析釐清，這些物件檔之間的依賴關係，而後串接眾多的物件檔，進而產生最後的程式。

承上所述，dbt 可以視為是「資料的建置工具（Build Tool）」，即 Data Build Tool，取首字母之後，就是 dbt 三個字母了。這個命名背後的意涵是不是也很有趣呢？

dbt 也有提供雲端版本，所以如果可以考慮雲端版本的讀者們，我也推薦使用雲端版本，畢竟維護本地端版本的軟體，還是滿費心的。

⊃ 簡易安裝步驟：

1. 準備好 Python 直譯器。

2. 執行 `pip install dbt-core` 這一步是安裝 dbt 的核心程式。

3. 執行 `pip install dbt-duckdb` 這一步是安裝 dbt 對於 DuckDB 的轉接器（Adapter），dbt 可以支援各種的資料倉儲、甚至是 SQL 引擎，只要安裝了對應的轉接器即可。

⊃ Python 直譯器

上述的步驟裡，最棘手的一步，其實是「準備好 Python 的運行環境」。一旦系統有超過一個 Python 直譯器，管理或是切換不同的 Python 直譯器，就是一大麻煩。我認為，合理的解決之道，應該是要先安裝 Python 直譯器的管理程式，比方說：pyenv[23]。

部分讀者可能是資料科學家的背景，因此 Python 直譯器的安裝很可能是選用 Anaconda。這邊我更推薦 pyenv 的，因為它安裝起來的速度快得多、輕巧得多。如果讀者也覺得 Anaconda 安裝的速度有進步的空間，不妨試試 pyenv。

---

23 https://github.com/pyenv/pyenv。

➲ pyenv 的安裝與使用

要透過 pyenv 設置系統的 Python 直譯器大致可分為三個步驟：

1. 安裝 pyenv。

2. 透過 pyenv 安裝 Python 直譯器。

3. 透過 pyenv 切換 Python 版本。

以下安裝方式適用於 Mac 電腦，預設的 Shell 是 zsh。

第一步，開啟終端機，執行 brew install pyenv。安裝成功的畫面見圖 4-1。

```
laurencechen laurencechen $ brew install pyenv
==> Downloading https://ghcr.io/v2/homebrew/core/pyenv/manifests/2.5.3
Already downloaded: /Users/laurencechen/Library/Caches/Homebrew/downloads/708b0a45273a
37a8e674d433f4f6a5576e1850e6c815a1d6dc7388b9ab6c1b75--pyenv-2.5.3.bottle_manifest.json
==> Fetching pyenv
==> Downloading https://ghcr.io/v2/homebrew/core/pyenv/blobs/sha256:f2284d492594
Already downloaded: /Users/laurencechen/Library/Caches/Homebrew/downloads/740141845006
f6e95fe5c982b6ba602eed8dfe0047c9e161458b0b17ecb9c5a5--pyenv--2.5.3.arm64_ventura.bottl
e.tar.gz
==> Pouring pyenv--2.5.3.arm64_ventura.bottle.tar.gz
🍺 /opt/homebrew/Cellar/pyenv/2.5.3: 1,299 files, 4.2MB
==> Running `brew cleanup pyenv`...
Disable this behaviour by setting HOMEBREW_NO_INSTALL_CLEANUP.
Hide these hints with HOMEBREW_NO_ENV_HINTS (see `man brew`).
laurencechen laurencechen $
```

▲ 圖 4-1

成功之後，再執行以下的指令，這些指令會對 zsh 做出設置，讓 zsh 啟動時，自動啟動 pyenv。下方的指令可以在 pyenv 的 GitHub 頁面[24] 找到。

```
echo 'export PYENV_ROOT="$HOME/.pyenv"' >> ~/.zshrc
echo '[[ -d $PYENV_ROOT/bin ]] && export PATH="$PYENV_ROOT/bin:$PATH"' >> ~/.zshrc
echo 'eval "$(pyenv init - zsh)"' >> ~/.zshrc
```

---

24 https://github.com/pyenv/pyenv?tab=readme-ov-file#zsh。

4 Transformation Layer（資料轉換層）：dbt 與 SQL

第二步，先在終端機執行 `pyenv install --list`。指令會回傳一個很長的清單，但我們選取需要的版本（Version）來安裝即可。

```
laurencechen laurencechen $ pyenv install --list
Available versions:
  2.1.3
  2.2.3
  2.3.7
  2.4.0
  2.4.1
  2.4.2
  2.4.3
  2.4.4
  2.4.5
  2.4.6
  2.5.0
  2.5.1
  2.5.2
  2.5.3
  2.5.4
  2.5.5
  2.5.6
  2.6.0
  2.6.1
  2.6.2
  2.6.3
  2.6.4
  2.6.5
  2.6.6
  2.6.7
  2.6.8
  2.6.9
  2.7.0
```

▲ 圖 4-2　pyenv 顯示可用的 Python

安裝的指令是 `pyenv install $Version`。參考圖 4-3。

```
laurencechen laurencechen $ pyenv install 3.13.2
python-build: use openssl@3 from homebrew
python-build: use readline from homebrew
Downloading Python-3.13.2.tar.xz...
-> https://www.python.org/ftp/python/3.13.2/Python-3.13.2.tar.xz
Installing Python-3.13.2...
python-build: use readline from homebrew
python-build: use ncurses from homebrew
python-build: use zlib from xcode sdk
Installed Python-3.13.2 to /Users/laurencechen/.pyenv/versions/3.13.2
```

▲ 圖 4-3　pyenv 安裝 Python

第三步，執行 `python local $Version` 就可以在當前的終端機切換不同的 Python。我們也可以下指令 `python local` 來看出當前終端機所使用的 Python。另外，`pyenv versions` 可以顯示目前系統中已經安裝的 Python 直譯器。參考圖 4-4。

```
[laurencechen laurencechen $ pyenv local
pyenv: no local version configured for this directory
[laurencechen laurencechen $ pyenv versions
* system (set by /Users/laurencechen/.pyenv/version)
  3.13.2
[laurencechen laurencechen $ pyenv local 3.13.2
[laurencechen laurencechen $ pyenv local
3.13.2
```

▲ 圖 4-4　pyenv 切換 Python

⊃ 虛擬環境與套件（Modules）管理

除了直譯器之外，套件管理也應該要妥善處理。dbt 官網的安裝說明強調要用 Python 虛擬環境（Virtual Environment）去管理 Python Modules，這是很好的習慣，特別是當你也同時會用 Python 來開發應用軟體時，多安裝了一些 Python Modules 之後，很容易產生 Modules 之間的衝突，所以最好要用 venv 之類的虛擬環境建立工具去管理。

在 Python 建立虛擬環境有多種工具：virtualenv、venv、pipenv 等等。現在 Python 官方推薦的虛擬環境管理工具已經是 pipenv，然而 venv 因為是 Python 的內建模組，不需要另外安裝其它的程式，非常的方便，以下選用 venv 來示範透過虛擬環境管理依賴的 dbt 安裝方式，此處的依賴是指 Python Modules。

1. 切換到專案資料夾。

2. 執行 `python -m venv dbt-env`。這是在建立一個新的 Python 虛擬環境，該環境的名稱為 `dbt-env`。該指令會在專案資料夾下，建立一個 `dbt-env` 資料夾。

3. 執行 `source dbt-env/bin/activate`。這是啟動虛擬環境，在虛擬環境啟動之後，所有的 `pip install` 指令，都將會把依賴安裝到虛擬環境裡的 `site-packages` 資料夾，而非系統全局的 `site-packages` 資料夾。

4　Transformation Layer（資料轉換層）：dbt 與 SQL

4. 執行 `pip install dbt-core`。安裝 dbt 的核心程式，而且會安裝到虛擬環境之內。

5. 執行 `pip install dbt-duckdb`。安裝 dbt 對於 DuckDB 的轉接器，而且會安裝到虛擬環境之內。

○ 資料倉儲

由於 dbt 沒有辦法單獨運作，它一定要搭配上 SQL 才能發揮它的功能，但是 SQL 必須運作在資料倉儲裡。所以，在我們開始透過一些實際的案例來展現 dbt 的功能之前，我們還要先安裝好一個可以提供我們 SQL 運作環境的資料倉儲軟體。

接下來，為了讓我們的起步可以更容易，我們選用 DuckDB 來做為起步時使用的資料倉儲。

DuckDB 安裝

DuckDB 是一種 OLAP 專用的嵌入式資料庫（Embedded Database），某種程度來講，它就像是 SQLite 這種嵌入式資料庫的 OLAP 版本。

我曾經以為，聽完上述的說明之後，「多數人」就可以快速地掌握到 DuckDB 大概是什麼，並且立刻猜出，用 DuckDB 的話，就不用設定權限管理、帳號密碼，超方便。後來，我才發現，我以為的「多數人」是有用過 SQLite 的多數。

先談談幾個推薦 DuckDB 的理由：

1. **設置簡易**：DuckDB 的設置（Configuration）相比於一般的資料庫，簡單的多，比方說：使用者、密碼、權限等都不需要設定。

2. **使用方式直覺**：如果操作 SQL 時，就是在本地端使用 SQL IDE 或是 CLI（Command Line Interface）的話，DuckDB 用起來的感覺，幾乎就跟其它的資料庫一模一樣了。

3. **效能卓越**：DuckDB 運作的速度超快。如果你的總資料量在 1T 以下，幾乎沒有懸念，用 DuckDB 絕對跑得動，不需要使用雲端資料庫。這部分值得特別補充一下，DuckDB 的實作，率先應用了許多本來還只是在學術界的資料庫理論，也因此，它在效能上有了長足的改進。

4. **單一檔案儲存架構**：DuckDB 會將所有資料儲存在一個檔案中。於是資料的移植和備份操作變得非常容易，因為只需處理一個檔案。

如果要設置的現代資料棧的應用情境只是 30 人以下的中小企業，由於 DuckDB 效能卓越，且設置又比一般的資料倉儲簡單許多，讀者不妨就認真地考慮 DuckDB 吧，光是可以快速起步這一點，也許就已經值得了。

○ 什麼是「嵌入」？

如果讀者上網查「嵌入」的定義，很有可能會查到類似如下的定義：

> 在軟體工程中，「嵌入式資料庫」的「嵌入」的意思是指資料庫直接成為應用程式的一部分，運行在應用程式的程序內，而不是獨立於應用程式之外的伺服器行程。這意味著應用程式可以將資料庫當作內部的函式庫一樣，無需透過網絡連線、在內部即可處理資料查詢。…

這邊用個類比來重新解釋一遍：

> 考慮一位五歲的小朋友不會四則運算，所以他得用計算機才能玩超市收銀員的遊戲。而在他念完小學、學會了四則運算之後，即使他不使用計算機只靠頭腦算，也可以擔任收銀員。將四則運算這個功能由計算機移動到頭腦內部，成為頭腦可執行的一項功能的這件事，這就是將四則運算嵌入人腦。

4 Transformation Layer（資料轉換層）：dbt 與 SQL

「嵌入」的主要好處是**去除外部依賴與方便**，這也是為什麼小朋友後來能夠隨時隨地完成計算的原因。他不再需要攜帶並且使用外部的裝置（計算機），而是在頭腦中進行直接處理，這就像使用「嵌入式資料庫」的應用程式無需啟動伺服器行程就能運行資料查詢功能一樣。

◯ DuckDB CLI 的安裝

請參考 DuckDB 官網的安裝方式[25]，如果電腦是 Mac 的話，可執行 `brew install duckdb`。

◯ 啟動 DuckDB CLI

`duckdb` 是 DuckDB CLI 的指令名稱。而 `$local_db_filename` 是你指定的檔名。日後，`duckdb` 就會以此檔案來儲存所有的資料庫裡的資料。

```
duckdb $local_db_filename
```

◯ DuckDB CLI 的特殊指令（Special Commands）

特殊指令只能透過 DuckDB CLI 來使用，它是用來讓 DuckDB CLI 更好用而設計的。

- `.columns` 以 Column-wise 的方式來顯示查詢結果。

- `.rows` 以 Row-wise 的方式來顯示查詢結果。

- `.read [SQL_CMD_FILE]` 讀取寫在 `[SQL_CMD_FILE]` 檔裡的 SQL 指令，並且加以執行。

- `.exit` 離開 DuckDB 的 CLI。

---

25 https://duckdb.org/docs/installation/index。

⊃ DuckDB 的後設函數、後設查詢

要使用資料庫，除了使用標準的 SQL 查詢之外，我們也需要一些輔助指令，以取得與資料庫本身狀態相關的資訊。

DuckDB 會把上述這種「資料庫本身狀態相關的資訊」，以資料庫後設函數的形式，讓使用者可以查詢。使用者要查**後設函數**[26]的輸出時，可以把函數名稱當作 Table 來查。比方說：

- `select * from duckdb_tables;` 顯示有哪些資料表（Tables）。
- `select * from duckdb_views;` 顯示有哪些視圖（Views）。
- `select * from duckdb_databases;` 顯示有哪些資料庫（Databases）。

這邊有一些小小的不一致，如果要查命名空間（Schema）時，用下列的指令才會有清楚一致的結果：

- `select * from information_schema.schemata;` 顯示有哪些命名空間。

除了後設函數之外，DuckDB 的**後設查詢（Meta Queries）**[27]，也相當有用：

- `SHOW TABLES;` 顯示本命名空間內，所有可以查詢的表與視圖，只顯示名稱。

- `SHOW ALL TABLES;` 顯示現在已連接資料庫與命名空間之內，所有可以查詢的表與視圖。除了名稱之外，還顯示更多的描述資訊。

- `DESCRIBE [TABLE];` 顯示 TABLE 的定義。

還有一些重要的指令，它是一般 SQL 語句，非後設查詢，卻也對我們了解資料庫的狀態極為重要：

---

26 https://duckdb.org/docs/stable/sql/meta/duckdb_table_functions.html。

27 https://duckdb.org/docs/stable/guides/meta/list_tables.html。

4 Transformation Layer（資料轉換層）：dbt 與 SQL

- USE [DATABASE_NAME].[SCHEMA_NAME]; 切換資料庫、或是同時切換資料庫與命名空間。

- SELECT current_schema(); 顯示正在使用中的命名空間。

⊃ 透過 DBeaver 來使用 DuckDB

讀者可能覺得，什麼事都硬要使用終端機還是太過頭了，有點過度 1337 h4x0r[28]。DuckDB 也可以透過 DBeaver 這樣子的圖型化程式來操作。[29]

⊃ 在 Metabase 安裝 DuckDB 轉接器

Metabase 有一點與 dbt 相似，它也可以連接多種的資料倉儲，而且是使用轉接器來連接。目前 Metabase 如果要連接 DuckDB 的話，必須手動安裝 DuckDB 的轉接器（Driver）。

安裝方式：

1. 假設，你啟動 Metabase 時，是在 app 這個資料夾下，下指令：java -jar metabase-v-0.xxx.jar。

2. 產生一個新資料夾，命名為：app/plugins。

3. 到 DuckDB 轉接器的下載頁面[30]，挑選合適的版本並下載。

4. 將下載好的 DuckDB 轉接器移動到 app/plugins，這樣子就完成安裝了。

28　1337 h4x0r 是 elite hacker 一詞的 hacker 式寫法。

29　透過 DBeaver 來操作 DuckDB 的作法可以參考 https://duckdb.org/docs/stable/guides/sql_editors/dbeaver.html。

30　https://github.com/motherduckdb/metabase_duckdb_driver。

◯ 精簡版的現代資料棧（Minimal Modern Data Stack）

到這邊為止，現代資料棧應該在你的電腦已經安裝好大部分了，只差 EL tools 了：

1. View Layer：Metabase
2. Transformation Layer：dbt 與 SQL
3. 資料倉儲：DuckDB

在實務上的應用，有時候，我們也未必一定要使用專業的 EL tools 才能把資料灌入資料倉儲裡，比方說，許多的資料庫也都提供可以直接匯入外部的 CSV 檔的指令。換言之，用低一點的標準來看，精簡版的現代資料棧已經在你的電腦灌好囉！

dbt 基本操作

我們已經對 dbt 與 SQL 做了整體概括性的介紹，並且安裝好了一個精簡版的現代資料棧，於是，我們可以開始透過一個實際的例子，帶著讀者們來體驗一下，dbt 是怎麼使用的。

◯ dbt 官方的範例專案

dbt 官方有提供一個可以用來快速起步的專案 `jaffle_shop_duckdb`，接下來，我們會來試用它。

◯ 下載專案

在電腦裡，找一個資料夾，比方說 `~/analytics` 做為存放所有分析專案的資料夾。

4　Transformation Layer（資料轉換層）：dbt 與 SQL

此處的 `jaffle_shop_duckdb` 資料夾之後就會稱為「專案資料夾」。

```
cd ~/analytics
git clone git@github.com:dbt-labs/jaffle_shop_duckdb.git
cd jaffle_shop_duckdb
```

◉ 檢視環境設置檔

`jaffle_shop_duckdb` 這個專案裡有一個 `profiles.yml` 檔，先快速地看一下它的內容。

```
jaffle_shop:
  target: dev
  outputs:
    dev:
      type: duckdb
      path: jaffle_shop.duckdb
      threads: 24
```

這邊簡單解釋一下這個環境設置：

- 最外層的 `jaffle_shop`，這個字串在 dbt 的專有詞彙裡，稱之為 Profile Name，可以在 `dbt_project.yml` 檔案裡自訂。

- `target` 現在是指向 `dev`。一般而言，我們在 dbt 的專案，會有 `dev` 與 `prod` 兩種設置。`dev` 是開發的時候用的、而 `prod` 才是正式布置時使用的。

- `outputs` 下方的 `dev` 這邊的細節通常是與資料倉儲相關的。`type` 會用來指定是哪一種資料倉儲。如果是 Postgres 的話，這邊就會有 `host/post/user/password` 之類的設置。因為我們現在是用 DuckDB，所以最簡單的設置，只需要設定 `path` 而已，而此處的 `path` 就是 DuckDB 儲存資料的檔案。

- 這邊有一個問題：「我們怎麼知道，我們把「環境設置檔」設定對了？」dbt 提供了一個非常有用的指令「dbt debug」可以幫助我們得到這個問題的解答。如果 dbt debug 得到的輸出結果，有綠色字串「All checks passed!」而沒有紅色錯誤訊息，就代表成功了。

```
laurencechen jaffle_shop_duckdb $ dbt debug
10:20:26  Running with dbt=1.9.2
10:20:26  dbt version: 1.9.2
10:20:26  python version: 3.11.0
10:20:26  python path: /Users/laurencechen/.pyenv/versions/3.11.0/bin/python3.11
10:20:26  os info: macOS-13.2.1-arm64-arm-64bit
10:20:27  Using profiles dir at /Users/laurencechen/analytics/jaffle_shop_duckdb
10:20:27  Using profiles.yml file at /Users/laurencechen/analytics/jaffle_shop_duckdb/profiles.yml
10:20:27  Using dbt_project.yml file at /Users/laurencechen/analytics/jaffle_shop_duckdb/dbt_project.yml
10:20:27  adapter type: duckdb
10:20:27  adapter version: 1.8.0
10:20:27  Configuration:
10:20:27    profiles.yml file [OK found and valid]
10:20:27    dbt_project.yml file [OK found and valid]
10:20:27  Required dependencies:
10:20:27   - git [OK found]

10:20:27  Connection:
10:20:27    database: jaffle_shop
10:20:27    schema: main
10:20:27    path: jaffle_shop.duckdb
10:20:27    config_options: None
10:20:27    extensions: None
10:20:27    settings: None
10:20:27    external_root: .
10:20:27    use_credential_provider: None
10:20:27    attach: None
10:20:27    filesystems: None
10:20:27    remote: None
10:20:27    plugins: None
10:20:27    disable_transactions: False
10:20:27  Registered adapter: duckdb=1.8.0
10:20:27    Connection test: [OK connection ok]

10:20:27  All checks passed!
```

▲ 圖 4-5 dbt debug 執行結果

■ 終端機的輸出

一般來講，如果能看懂 dbt debug 輸出結果的使用者，通常在日後，遇到操作的問題時，都相對有機會快速地排除困難，然後前進。

當然，要能看懂終端機的輸出這件事是相當專業的，需要的知識更是遠超過一般資料分析師需要的範疇。換句話說，如果看不懂卻又還是卡住的話，可能要設法找到軟體工程專業的人來幫忙，又或是到 Taipei dbt Meetup 社群求助。

4 Transformation Layer（資料轉換層）：dbt 與 SQL

■ **將 profiles.yml 放入 .gitignore 檔**

一般而言，我們會透過 git 來做版本控管，所以整個 dbt 專案目錄通常都會納入版本控管。然而，profiles.yml 裡頭常常會包含有資料庫的帳號、密碼，所以我們通常會把 profiles.yml 加入 .gitignore 檔，如此一來，帳號密碼就不會被納入版控。

我們先來看看預設的 .gitignore 檔裡讓哪些檔案不要被納入版控，如圖 4-6。

```
laurencechen jaffle_shop_duckdb $ cat .gitignore
target/
dbt_packages/
dbt_modules/
logs/
**/.DS_Store
.user.yml
venv/
env/
**/*.duckdb
**/*.duckdb.wal
```

▲ 圖 4-6 gitignore 管理

⊃ 檢查資料庫的內容

在執行過 dbt debug 之後，dbt 就會自動幫我們在專案資料夾下，建立一個新的檔案 jaffle_shop.duckdb。而這個檔名，自然就是我們之前在 profiles.yml 指定的。

圖 4-7 我們執行了：

- 用 DuckDB 的 CLI 程式 duckdb 開啟 jaffle_shop.duckdb。

- 在 DuckDB 的環境，下 DuckDB 的指令 SHOW TABLES 得到一片空白。這是正常的，因為還沒有匯入資料嘛！

- 在 DuckDB 的環境，下 DuckDB 的指令 .exit 就可以離開 DuckDB 的環境。

```
laurencechen jaffle_shop_duckdb $ duckdb jaffle_shop.duckdb
v1.2.0 5f5512b827
Enter ".help" for usage hints.
D SHOW TABLES;

  name
  varchar

  0 rows

D .exit
laurencechen jaffle_shop_duckdb $
```

▲ 圖 4-7 資料庫的初始狀態

⮕ 匯入資料

要匯入資料，我們可以先用一個便宜行事[31]的方式，透過 dbt seed 這個指令，把 seeds 資料夾下的三個 CSV 檔，都匯入 DuckDB 裡，參考圖 4-8。

```
laurencechen jaffle_shop_duckdb $ dbt seed
10:50:11  Running with dbt=1.9.2
10:50:11  Registered adapter: duckdb=1.8.0
10:50:11  Unable to do partial parsing because saved manifest not found. Starting full parse.
10:50:12  Found 5 models, 3 seeds, 20 data tests, 423 macros
10:50:12
10:50:12  Concurrency: 24 threads (target='dev')
10:50:12
10:50:12  1 of 3 START seed file main.raw_customers ........................................ [RUN]
10:50:12  2 of 3 START seed file main.raw_orders ........................................... [RUN]
10:50:12  3 of 3 START seed file main.raw_payments ......................................... [RUN]
10:50:12  2 of 3 OK loaded seed file main.raw_orders ....................................... [INSERT 99 in 0.0
6s]
10:50:12  1 of 3 OK loaded seed file main.raw_customers .................................... [INSERT 100 in 0.
06s]
10:50:12  3 of 3 OK loaded seed file main.raw_payments ..................................... [INSERT 113 in 0.
07s]
10:50:12
10:50:12  Finished running 3 seeds in 0 hours 0 minutes and 0.16 seconds (0.16s).
10:50:12
10:50:12  Completed successfully
10:50:12
10:50:12  Done. PASS=3 WARN=0 ERROR=0 SKIP=0 TOTAL=3
```

▲ 圖 4-8 資料匯入

---

31 一般的 dbt 專案，其實不會常用 dbt seed 指令來匯入大量的資料，只有少數的維度資料適合用 dbt seed 來匯入而已。但是，現在的這個專案只是範例而已，就一切走最簡單的路線。

4-19

4 Transformation Layer（資料轉換層）：dbt 與 SQL

執行完之後，再開啟 `jaffle_shop.duckdb` 來看，請參考圖 4-9。

```
laurencechen jaffle_shop_duckdb $ duckdb jaffle_shop.duckdb
v1.2.0 5f5512b827
Enter ".help" for usage hints.
D SHOW TABLES;

        name
       varchar

   raw_customers
   raw_orders
   raw_payments
```

▲ 圖 4-9 資料匯入後的資料庫內容

⊃ 編譯與建立視圖（View）

當資料倉儲已經有了資料之後，我們就可以來進行最重要的部分：「編譯與建立視圖」。編譯是把 `models` 資料夾下的 `*.sql` 檔，做字串取代，變成可以執行的 SQL Statement。而建立視圖的話，則是把編譯完成的 SQL Statement 做執行，在資料倉儲建立視圖。

「編譯與建立視圖」這個動作，是用 `dbt run` 這個指令來啟動。「編譯與建立視圖」完成之後，我們用 SHOW TABLES 一看，就會發現多了許多的視圖。

```
laurencechen jaffle_shop_duckdb $ dbt run
15:18:54  Running with dbt=1.9.0
15:18:55  Registered adapter: duckdb=1.8.0
15:18:55  Found 5 models, 3 seeds, 20 data tests, 423 macros
15:18:55
15:18:55  Concurrency: 24 threads (target='dev')
15:18:55
15:18:55  1 of 5 START sql view model main.stg_customers ................. [RUN]
15:18:55  2 of 5 START sql view model main.stg_orders ..................... [RUN]
15:18:55  3 of 5 START sql view model main.stg_payments ................... [RUN]
15:18:55  3 of 5 OK created sql view model main.stg_payments .............. [OK in 0.06s]
15:18:55  2 of 5 OK created sql view model main.stg_orders ................ [OK in 0.06s]
15:18:55  1 of 5 OK created sql view model main.stg_customers ............. [OK in 0.07s]
15:18:55  4 of 5 START sql table model main.orders ........................ [RUN]
15:18:55  5 of 5 START sql table model main.customers ..................... [RUN]
15:18:55  4 of 5 OK created sql table model main.orders ................... [OK in 0.04s]
15:18:55  5 of 5 OK created sql table model main.customers ................ [OK in 0.04s]
15:18:55
15:18:55  Finished running 2 table models, 3 view models in 0 hours 0 minutes and 0.19 seconds (0.19s).
15:18:55
15:18:55  Completed successfully
15:18:55
15:18:55  Done. PASS=5 WARN=0 ERROR=0 SKIP=0 TOTAL=5
laurencechen jaffle_shop_duckdb $ duckdb jaffle_shop.duckdb
v1.2.0 5f5512b827
Enter ".help" for usage hints.
D SHOW TABLES;

        name
       varchar

   customers
   orders
   raw_customers
   raw_orders
   raw_payments
   stg_customers
   stg_orders
   stg_payments
```

▲ 圖 4-10 `dbt run` 截圖

⊃ 自動生成文件

dbt 可以透過下指令來自動生成文件、與資料血緣圖（Data Lineage Graph）。其中，資料血緣圖可以呈現視圖與視圖之間的依賴關係，一旦當資料的複雜度增加時，這張圖就會變得非常重要。

執行完指令 dbt docs generate && dbt docs serve 之後，就可以得到圖 4-11。圖中的虛線框起來的部分是網頁伺服器的輸出。

```
laurencechen jaffle_shop_duckdb $ dbt docs generate && dbt docs serve
15:23:40  Running with dbt=1.9.2
15:23:40  Registered adapter: duckdb=1.8.0
15:23:40  Found 5 models, 3 seeds, 20 data tests, 423 macros
15:23:40
15:23:40  Concurrency: 24 threads (target='dev')
15:23:40
15:23:40  Building catalog
15:23:40  Catalog written to /Users/laurencechen/analytics/jaffle_shop_duckdb/target/catalog.json
15:23:42  Running with dbt=1.9.2
Serving docs at 8080
To access from your browser, navigate to: http://localhost:8080

Press Ctrl+C to exit.
127.0.0.1 - - [03/Mar/2025 23:23:42] "GET / HTTP/1.1" 200 -
127.0.0.1 - - [03/Mar/2025 23:23:43] "GET /manifest.json?cb=1741015423007 HTTP/1.1" 200 -
127.0.0.1 - - [03/Mar/2025 23:23:43] "GET /catalog.json?cb=1741015423007 HTTP/1.1" 200 -
127.0.0.1 - - [03/Mar/2025 23:23:44] code 404, message File not found
127.0.0.1 - - [03/Mar/2025 23:23:44] "GET /$%7Brequire('./assets/favicons/favicon.ico')%7D HTTP/1.1" 404 -
```

▲ 圖 4-11 dbt 生成文件並且啟動文件伺服器

⊃ 開啟文件伺服器

通常，在執行完指令 dbt docs generate && dbt docs serve 後，瀏覽器就會去自動開啟文件伺服器的網址。如果沒有的話，手動啟動瀏覽器，開啟網址 http://localhost:8080 也一樣可以抵達圖 4-12。

4　Transformation Layer（資料轉換層）：dbt 與 SQL

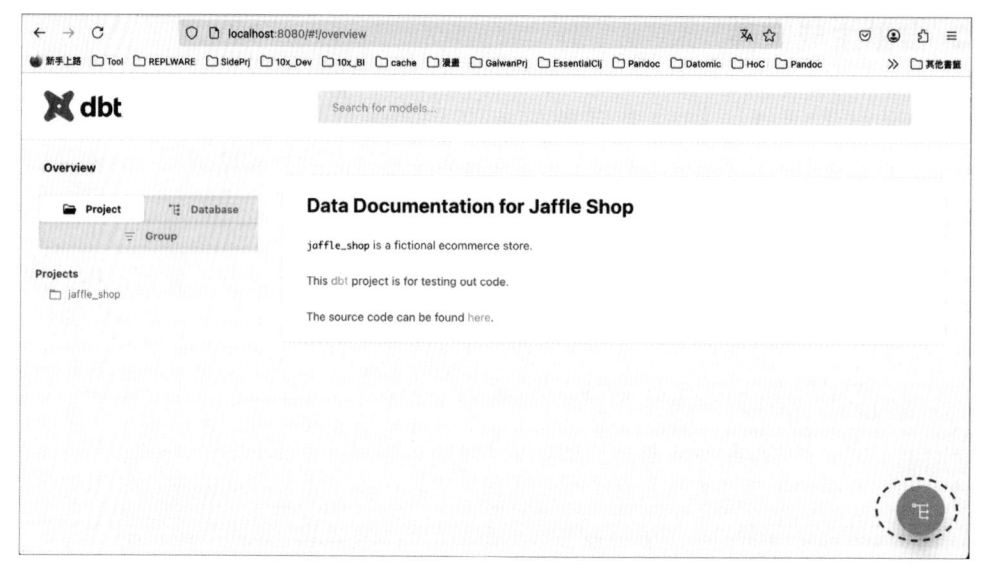

▲ 圖 4-12

於圖 4-12 點選右下角虛線圓圈處，就可以看到資料血緣圖，如圖 4-13。

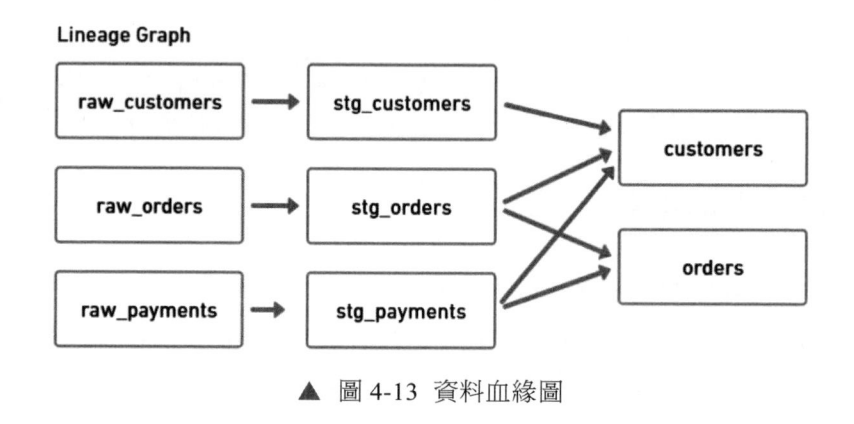

▲ 圖 4-13　資料血緣圖

● dbt 專案大概是怎麼運作的？

如果是從零開始的話，最基本、最簡單的 dbt 專案大概會是以如下的步驟來運作：

1. `dbt init $PROJ` 來生成基本的資料夾結構。

2. 把這個 `$PROJ` 資料夾加入版本控管軟體。

3. 編輯 `$PROJ/profiles.yml` 或是 `~/.dbt/profiles.yml` 檔,把環境設置檔做對,於是 dbt 就可以與資料倉儲連上。

4. 開始編輯 `$PROJ/models` 下的 `.sql` 檔,在其中寫入資料轉換。之後,如果又有要寫什麼新的資料轉換,就會反覆地執行步驟 4 來寫新的 `sql` 檔。

5. 執行 `dbt run` 來建立視圖。

解釋:

- 第四步驟會一直新增 `$PROJ/models` 下的 `.sql` 檔,這些 `.sql` 檔當然也要納入版本控管。

- 將資料從各式資料來源導入資料倉儲之內,這是屬於 EL 的工作,換言之,不一定會有 `dbt seed` 這個步驟。

- 當視圖建立完成之後,資料的使用者就可以透過 Metabase 來檢視資料建模層(Data Modeling Layer)。

dbt 資料建模

之前我們探討了 dbt 專案大概是怎麼運作。

然而,其中的第四步驟「開始編輯 `$PROJ/models` 下的 `.sql` 檔,在其中寫入資料轉換(Data Transformation)。之後,如果又有要寫什麼新的資料轉換,就會再回到步驟 4 來寫新的 `.sql` 檔。」

讀者很可能覺得頗為抽象,所以我們這邊要對這個第四步驟做更細的討論。

4　Transformation Layer（資料轉換層）：dbt 與 SQL

⊃ models 資料夾

讀者如果跟我一樣喜歡用終端機來操作的話，可以考慮下一個 tree 指令，看一下 models 資料夾，如圖 4-14。

models 資料夾裡，有兩類檔案比較重要：

- schema.yaml 這種檔案放的是資料建模的「後設資訊」，比方說，文件的資訊與測試用的資訊。（我們會先暫時跳過這個。）

- *.sql 這種檔案裡頭放的就是「資料轉換 / 資料建模」

```
laurencechen jaffle_shop_duckdb $ tree models
models
├── customers.sql
├── docs.md
├── orders.sql
├── overview.md
├── schema.yml
└── staging
    ├── schema.yml
    ├── stg_customers.sql
    ├── stg_orders.sql
    └── stg_payments.sql

1 directory, 9 files
```

▲ 圖 4-14　巢狀資料夾與檔案路徑

⊃ dbt Model

在「models 資料夾」該小節裡的「資料轉換 / 資料建模」一詞，因為我們要開始使用 dbt 了，接下來都會用 dbt Model 一詞來替換。在使用「資料建模」一詞的時候，語義偏向於描述要解決的問題；然而，因為接下來我們要進入 dbt 的世界了，所以我們改採用 dbt Model 一詞，語義著重於解決方案與實作細節。

⊃ 編寫 Jinja 與 SQL

以 stg_customers.sql 為例子，它的內容是：

4-24

```
with source as (

    select * from {{ ref('raw_customers') }}

),

renamed as (

    select
        id as customer_id,
        first_name,
        last_name

    from source

)

select * from renamed
```

讀者可能覺得有點複雜,其實上頭的內容裡,真正有去從資料表讀取資料的一行只有:

```
select * from {{ ref('raw_customers') }}
```

其它的行,都只是在改善日後的可維護性而已。

◯ 使用 source 函數,來讀取原始資料表

之前我們也有提到過:「一般的 dbt 專案,其實不會常用 dbt seed 指令來匯入大量的資料。」

在實務上,資料倉儲的大部分資料,很可能是分散在不同的命名空間（Schema）的許多張表（Table）,而且,這些表是透過所謂的 EL 工具來定期更新的。

若要有效地讀取這些表,必須使用 source 函數。

Transformation Layer（資料轉換層）：dbt 與 SQL

■ **從 ref 改成 source**

圖 4-15 是為了要把 `stg_customers` 這個 dbt Model 裡的 `ref` 函數改成 `source` 函數，所做的一系列修改。圖裡透過 `git diff` 指示來呈現修改之處。有兩點值得讀者留心：

1. 修改 `schema.yml` 的內容。

2. 把 `ref` 改成 `source`。

這邊有一個重點需要特別去留意：`schema.yml` 這個檔案的名稱與內容。在舊版的 dbt，這個檔案必須命名為 `schema.yml`，然而，在新版的 dbt 裡，這個檔案可以是任意名稱，只要以 `.yml` 作為副檔名即可。在 dbt 的官方文件，把這個 `schema.yml` 定義為「用來定義屬性的檔案」，又稱為屬性檔（Properties File）。在圖 4-15 中出現的 `sources` 就是一種屬性。

讀者可能會心想，怎麼好像有點費工？因為資料倉儲裡的表這麼多，每要多讀取一張原始表，就得到 `schema.yml` 多做一次對應的修改。不用擔心，dbt 有提供特殊的套件 `dbt-codegen`，可以把這件事自動化。

```
laurencechen jaffle_shop_duckdb $ git diff
diff --git a/models/staging/schema.yml b/models/staging/schema.yml
index c207e4c..3cfdd58 100644
--- a/models/staging/schema.yml
+++ b/models/staging/schema.yml
@@ -1,5 +1,12 @@
 version: 2

+sources:
+  - name: main
+    database: jaffle_shop
+    schema: main
+    tables:
+      - name: raw_customers
+
 models:
   - name: stg_customers
     columns:
diff --git a/models/staging/stg_customers.sql b/models/staging/stg_customers.sql
index cad0472..82259a8 100644
--- a/models/staging/stg_customers.sql
+++ b/models/staging/stg_customers.sql
@@ -4,7 +4,7 @@ with source as (
     Normally we would select from the table here, but we are using seeds to load
     our data in this project
     #}
-    select * from {{ ref('raw_customers') }}
+    select * from {{ source('main', 'raw_customers') }}

 ),
```

▲ 圖 4-15 修改 ref 函數為 source 函數

⊃ ref 與 source

前面的例子裡，`{{ ref('raw_customers') }}` 是 Jinja 語法。在 dbt 支援的 Jinja 語法之中，有兩個函數特別重要：

1. `ref` 函數：如果我們要在一個 dbt Model 裡去讀取「其它視圖」，可以用 `ref` 函數。

2. `source` 函數：如果我們要在一個 dbt Model 裡去讀取「原始資料表」時，可以用 `source` 函數。

一旦學會了 `ref` 和 `source`，就算是 dbt 入門了，可以開始做一些簡單的專案了。

讀者可能會問，「咦，奇怪，為什麼明明在 SQL 裡，對視圖或是對資料表下查詢，不是都可以用相同的查詢語法嗎？為什麼 dbt 要特別設計兩個不同的函數來區別這兩種使用情境呢？」

這邊最主要的關鍵點在於命名空間（Schema）與命名的唯一性：

1. 如果是視圖的話，因為這些視圖都是 dbt 生成的，dbt 會確保視圖名稱的唯一性。也因此，`ref` 函數只接受單一的引數，即 dbt Model 的名稱。

2. 如果是資料表（Table）的話，因為原始資料表及原始資料表所存放的命名空間，往往是其它的程式（EL programs）所決定的，且很有可能在不同的命名空間（Schema）裡有相同名稱的原始資料表，所以 `source` 函數必須接受兩個引數，一個用來連結「命名空間」，另一個則用來連結「原始資料表」。

⊃ 遇到錯誤怎麼辦呢？

Transformation Layer 常見的錯誤有三種形式，以下照棘手的程度排序。

1. 語法錯誤（Syntax Errors）

2. 語意、邏輯錯誤（Semantic/Logic Errors）

3. 髒資料

⊃ SQL 的語法錯誤

SQL 的語法錯誤，我通常用三種方式來預防與治療。

1. 在編輯器設置 SQL 語法高亮度（Syntax Highlight）

2. 使用 SQL Formatter 工具 [32]。

3. 使用 SQL Validator 工具 [33]。

其中，語法高亮度與 SQL Formatter 可以讓人眼在讀 SQL 時，比較省力，這就比較容易看出錯誤。真的看不出來的時候，可以靠 SQL Validator 給予的錯誤提示來找語法錯誤。

⊃ SQL 與 Jinja 的語法錯誤

當手寫的 dbt Model 內含 SQL 與 Jinja 時，要除錯就有點不那麼直接了。這邊要對 dbt 的運作方式做多一點說明。參考圖 4-16：

- `dbt run` 首先會去做編譯（Compile）dbt Model，來做出純 SQL 語法。

- 利用 SQL 語法，在資料倉儲裡建立視圖。

---

32 例如：https://www.vertical-blank.com/sql-formatter/。

33 例如：https://runsql.com/sql-validator/。

dbt 資料建模

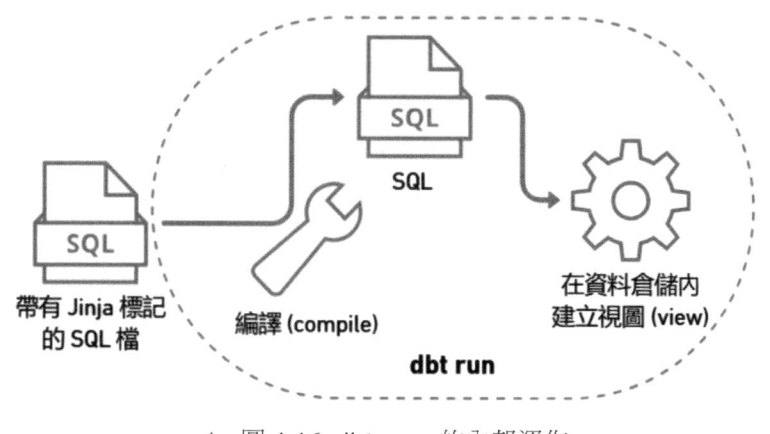

▲ 圖 4-16 dbt run 的內部運作

如果我們可以看到在 dbt compile 之後，編譯生成的純 SQL 檔，距離除錯成功，自然就更近一步。要到哪邊去找呢？

可以先下一個 dbt clean 指令，先清除掉所有之前生成的檔案，如圖 4-17。

```
laurencechen jaffle_shop_duckdb $ dbt clean
16:09:41  Running with dbt=1.9.2
16:09:41  [WARNING]: Deprecated functionality
        The default package install path has changed from `dbt_modules` to
`dbt_packages`.         Please update `clean-targets` in `dbt_project.yml` and
check `.gitignore` as well.      Or, set `packages-install-path: dbt_modules`
if you'd like to keep the current value.
16:09:41  Checking /Users/laurencechen/analytics/jaffle_shop_duckdb/dbt_modules/*
16:09:41  Cleaned /Users/laurencechen/analytics/jaffle_shop_duckdb/dbt_modules/*
16:09:41  Checking /Users/laurencechen/analytics/jaffle_shop_duckdb/target/*
16:09:41  Cleaned /Users/laurencechen/analytics/jaffle_shop_duckdb/target/*
16:09:41  Checking /Users/laurencechen/analytics/jaffle_shop_duckdb/logs/*
16:09:41  Cleaned /Users/laurencechen/analytics/jaffle_shop_duckdb/logs/*
16:09:41  Finished cleaning all paths.
```

▲ 圖 4-17 以 dbt clean 刪除之前生成的檔案

然後下 dbt compile，之後就可以在 target 資料夾下找到編譯生成的純 SQL 檔了，如圖 4-18。

4-29

4 Transformation Layer（資料轉換層）：dbt 與 SQL

```
laurencechen jaffle_shop_duckdb $ dbt compile
16:13:23 Running with dbt=1.9.2
16:13:23 Registered adapter: duckdb=1.8.0
16:13:23 Unable to do partial parsing because saved manifest not found. Starting full parse.
16:13:24 Found 5 models, 3 seeds, 20 data tests, 1 source, 423 macros
16:13:24
16:13:24 Concurrency: 24 threads (target='dev')
16:13:24
laurencechen jaffle_shop_duckdb $ tree target
target
├── compiled
│   └── jaffle_shop
│       ├── models
│       │   ├── customers.sql
│       │   ├── orders.sql
│       │   ├── schema.yml
│       │   │   ├── accepted_values_orders_1ce6ab157c285f7cd2ac656013faf758.sql
│       │   │   ├── not_null_customers_customer_id.sql
│       │   │   ├── not_null_orders_amount.sql
│       │   │   ├── not_null_orders_bank_transfer_amount.sql
│       │   │   ├── not_null_orders_coupon_amount.sql
│       │   │   ├── not_null_orders_credit_card_amount.sql
│       │   │   ├── not_null_orders_customer_id.sql
│       │   │   ├── not_null_orders_gift_card_amount.sql
│       │   │   ├── not_null_orders_order_id.sql
│       │   │   ├── relationships_orders_customer_id__customer_id__ref_customers_.sql
│       │   │   ├── unique_customers_customer_id.sql
│       │   │   └── unique_orders_order_id.sql
│       │   └── staging
│       │       ├── schema.yml
│       │       │   ├── accepted_values_stg_orders_4f514bf94b77b7ea437830eec4421c58.sql
│       │       │   ├── accepted_values_stg_payments_c7909fb19b1f0177c2bf99c7912f06ef.sql
│       │       │   ├── not_null_stg_customers_customer_id.sql
│       │       │   ├── not_null_stg_orders_order_id.sql
│       │       │   ├── not_null_stg_payments_payment_id.sql
│       │       │   ├── unique_stg_customers_customer_id.sql
│       │       │   ├── unique_stg_orders_order_id.sql
│       │       │   └── unique_stg_payments_payment_id.sql
│       │       ├── stg_customers.sql
```

▲ 圖 4-18 檢視 dbt compile 生成的檔案

⊃ 語意、邏輯錯誤

要減少這類型的錯誤，有兩件事可以做：

1. 在開始動手寫 dbt Model 時，只要對於 SQL 語意、或是資料長相，有任何不清楚的地方，都二話不說，先用 CLI 程式或是 DBeaver 去查詢一下資料庫。

2. 每寫好 dbt Model 之後，也先用 `dbt show` 這個指令去測一下。

```
laurencechen jaffle_shop_duckdb $ dbt show --select stg_orders
16:15:34  Running with dbt=1.9.2
16:15:34  Registered adapter: duckdb=1.8.0
16:15:34  Found 5 models, 3 seeds, 20 data tests, 1 source, 423 macros
16:15:34
16:15:34  Concurrency: 24 threads (target='dev')
16:15:34
Previewing node 'stg_orders':
| order_id | customer_id | order_date | status    |
| -------- | ----------- | ---------- | --------- |
|        1 |           1 | 2018-01-01 | returned  |
|        2 |           3 | 2018-01-02 | completed |
|        3 |          94 | 2018-01-04 | completed |
|        4 |          50 | 2018-01-05 | completed |
|        5 |          64 | 2018-01-05 | completed |
```

▲ 圖 4-19 dbt show 截圖

⊃ 髒資料

髒資料算是這三種錯誤裡，最棘手的錯誤。因為很有可能，你在發展資料建模的時候，用的是乾淨的資料，而有一天，突然資料就變髒了。要有效因應髒資料這種錯誤的解決方案，建議使用 `dbt test` 來設置一些條件做自動化檢查，第七章將會詳細介紹。

dbt 進階操作

在先前的「dbt 基本操作」、「dbt 資料建模」的討論裡，已經概括地介紹了最基礎的 dbt 功能。讀者如果要應用 dbt 來做一些資料工程相關的工作，之前的內容再加上一點基礎的 SQL、查一查線上的 dbt 文件，已經足以做出簡單的專案。

而如果要做的專案會日益複雜、多人一起使用、長期使用的話，就像軟體一樣，許多的小細節，都必須細細討論、建立規範，日後專案才會容易維護。

以下列舉一些，一個專案從「只是可以動」過渡到「容易維護」所需要思考的議題：

4 Transformation Layer（資料轉換層）：dbt 與 SQL

1. 如果許多的 dbt Model 內部都有相似的 SQL 片段（SQL Snippets），這種片段有可能也重複使用嗎？

2. 不同的 dbt 專案之間，有可能共用一些程式碼（Code）嗎？

3. 有一些輔助用的 SQL 指令，該如何也一併納入 dbt 專案來管理呢？

4. 透過 dbt 產生的視圖，有辦法分配到不同的命名空間（Schema）裡嗎？

5. dbt Model 要怎麼撰寫、組織，日後才會容易看懂、容易維護呢？

6. 資料表綱要的說明文件，也是專案的重要一部分，該怎麼管理呢？

⊃ dbt Macro（巨集）：重複使用 SQL 片段

參考圖 4-20，其實資料建模的程式碼，即 models 資料夾下的程式碼，總共有兩個**執行環境（Runtime）**：一個是 Jinja 語言的執行環境、另一個則是 SQL 語言的執行環境。我們寫好的 dbt Model 總是會先經過 Jinja 語言的執行環境，編譯成純粹的 SQL 之後，才送到 SQL 語言的執行環境去執行。

也因此，如果要重複使用 SQL 片段的話，這就是適合用 Jinja 語言來處理的問題。要用 Jinja 來開發自己的 Jinja Macro 的話，程式碼可以放在 macros 資料夾下。

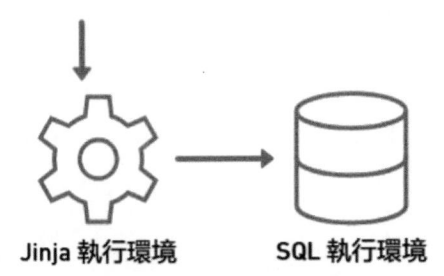

▲ 圖 4-20 兩個執行環境

dbt 進階操作

■ **案例：重複的 Join 語句**

客戶問我，他有好幾個 dbt Model，都有一模一樣的 Join。這是因為要做資料的映射（Mapping），所以都得要 Join 同一張表。他有在考慮，是否應該對此做模組化、抽象化。但是，心裡也覺得怪怪的，總覺得好像又有哪裡不對？

「你就放心地用 Jinja 來寫這一段程式碼的模組化、抽象化吧。」我回答了客戶。

我很確定，上述的這種對 Join 的模組化、抽象化機制，在 SQL 是不存在的。但是，我曾經用過一種資料庫叫 Datomic，它提供的查詢語言（Datalog），就有提供 Join 語句的模組化、抽象化，而且我覺得，這對程式的可讀性、可維護性，極有幫助。

也因此，我認為，客戶透過 Jinja 來補足 SQL 的不足，這是很正確的作法。

⊃ 跨越不同的 dbt 專案，來共用程式碼

dbt 有提供程式碼套件（Package）機制，可以讓我們跨 dbt 專案來共用程式碼。這也很近似於應用軟體開發（Application Programming）常見的作法。

引用、安裝程式碼套件：

1. 編輯 packages.yml。

2. 在其中引入，你打算引用的程式碼套件。

3. 下指令 dbt deps 之後，dbt 就會幫你安裝這些套件。

這邊特別推薦幾個常用、好用的 dbt 套件：

- `dbt-labs/dbt-utils` 這個套件提供了一系列非常好用的 Macro。比方說，其中一類型的 Macro 可以補足基本四種 dbt tests 的不足，增加更多樣性的測試來檢核資料；其中一類型的 Macro 可以對資料倉儲做**自我檢視（Introspect）**，如果我們在開發一個新的 dbt Model 時，需要先對資料倉儲做查詢以取得特定資料表、特定視圖裡的內容，就很適合利用自我檢視 Macro 來取得資料表、視圖內的內容。

4-33

4 Transformation Layer（資料轉換層）：dbt 與 SQL

- `dbt-labs/codegen` 之前有提到 dbt 每增加一個對原始資料表的引用，就必須去修改 `schema.yml` 檔。有點麻煩，而 `codegen` 裡就有提供 `generate_source` Macro，它可以直接生成 `schema.yml` 檔裡與 Source 相關的屬性。

這邊強力地推薦讀者如果真的開始了自己的 dbt 專案時，當專案開始會動之後，就應該花一些時間去研究上述兩個 dbt 套件如何使用。從時間投資的成本效益來講，投資時間研究上述兩個 dbt 套件帶來的效益是相當不錯的。

⊃ 透過 dbt 來管理輔助用的 SQL

輔助用 SQL 有很多種類，這邊先分成：

1. 權限管理。

2. 適合被事件觸發的指令，比方說 `analyze` 或是 `vacuum`。

3. SQL 的自訂函數（User Defined Function）。

權限管理類的功能，在新版的 dbt 已經提供了 `grant` 關鍵字。換言之，這部分的功能，已經有一大部分被整合進入 dbt 的核心裡了，簡單的應用案例，很可能透過 `dbt grant` 就可以搞定，一行 SQL 也不用寫。

如果是適合被事件觸發的指令的話，dbt 提供了數個「觸發」的選項：

- `on-run-start`

- `on-run-end`

- `pre-hook`

- `post-hook`

最後，dbt 所建議 SQL 自訂函數的管理方式是：

1. 將自訂函數寫在 dbt Macro 裡，如此，自訂函數就可以一併納入版本控管。

dbt 進階操作

2. 利用 dbt 的「觸發」的選項，讓專案在啟動時，就把 SQL 自訂函數在資料倉儲安裝好。

⊃ 分配視圖到不同的命名空間

dbt 有提供一個叫客製命名空間（Custom Schema）的功能，它很適合把有相似功能、相似屬性的視圖，集中起來，放到一個獨立的命名空間裡。

比方說，最後產生的視圖，有 5 個是給公司的銷售團隊用的、有另外 6 組是給公司的營運團隊用的，就可以考慮產生兩個命名空間，一個叫 `dev_sale` 包含前 5 個視圖，另一組叫 `dev_operation` 包含後 6 個視圖。如此一來，使用資料的人也會覺得清楚多了。

⊃ 怎麼寫 dbt Model 才能有效地去改善，日後的可維護性呢？

dbt 官方有提供最佳實踐（Best Practices）[34]。好好地去研究最佳實踐，貫徹最佳實踐背後內含的思想是達成可維護性最有效的方式。

圖 4-21 截圖自 dbt 官方最佳實踐，讀者可以注意到，在 `models` 資料夾下，先拆成了三個不同的資料夾：`staging`（暫存層）、`intermediate`（中間層）、`marts`（資料市集）。

- `staging` 存放的 dbt Model 是用來改變名稱、改變型別、統一單位。
- `intermediate` 存放的 dbt Model 是用來做主要的資料轉換、或是為了加速而做的實體化（Materialization）。
- `marts` 存放用來讓外部的使用者直接存取的 dbt Model。

在小規模的專案，先把 dbt Model 妥善地分配到三個資料夾，就做到了可維護的第一步了。

---

34 https://docs.getdbt.com/best-practices/how-we-structure/1-guide-overview。

4 Transformation Layer（資料轉換層）：dbt 與 SQL

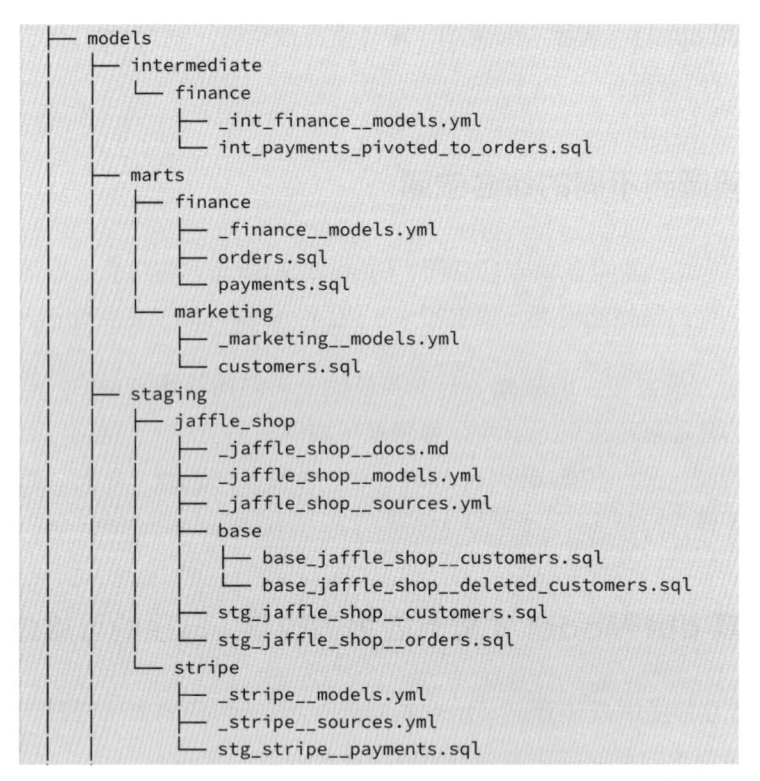

```
├── models
│   ├── intermediate
│   │   └── finance
│   │       ├── _int_finance__models.yml
│   │       └── int_payments_pivoted_to_orders.sql
│   ├── marts
│   │   ├── finance
│   │   │   ├── _finance__models.yml
│   │   │   ├── orders.sql
│   │   │   └── payments.sql
│   │   └── marketing
│   │       ├── _marketing__models.yml
│   │       └── customers.sql
│   ├── staging
│   │   ├── jaffle_shop
│   │   │   ├── _jaffle_shop__docs.md
│   │   │   ├── _jaffle_shop__models.yml
│   │   │   ├── _jaffle_shop__sources.yml
│   │   │   ├── base
│   │   │   │   ├── base_jaffle_shop__customers.sql
│   │   │   │   └── base_jaffle_shop__deleted_customers.sql
│   │   │   ├── stg_jaffle_shop__customers.sql
│   │   │   └── stg_jaffle_shop__orders.sql
│   │   └── stripe
│   │       ├── _stripe__models.yml
│   │       ├── _stripe__sources.yml
│   │       └── stg_stripe__payments.sql
```

▲ 圖 4-21　models 資料夾內的規畫

➲ 管理資料表綱要的文件

資料表綱要（Table schema）的文件，主要包含：

1. 資料表（Table）的描述。

2. 欄位（Column）的描述。

圖 4-22 是 `jaffle_shop_duckdb` 這個專案裡的 `models/schema.yml` 檔，此處有三處值得留意：

1. 包含 orders 的橢圓圈圈。orders 是表的名稱，所以這邊的 description 是資料表的描述。

2. 包含 `order_date` 的橢圓圈圈。`order_date` 是欄位的名稱，所以這邊的 `description` 是欄位的描述。

3. 虛線橢圓圈內有一個 Jinja 函數 doc。這個 doc 函數有兩個重要的功能。第一，它可以讓文件以 Markdown 格式撰寫，提昇文件的表現力。第二，它可以讓文件模組化。如果有許多張不同的表的欄位，它們都會使用一模一樣的描述時，我們可以都讓它們用 doc 函數去連結到同一個描述，日後如果要修改，也只需要修改一處。

```
32   - name: orders
33     description: This table has basic information about
                    orders, as well as some derived facts based on
                    payments
34
35     columns:
36       - name: order_id
37         tests:
38           - unique
39           - not_null
40         description: This is a unique identifier for an
                        order
41
42       - name: customer_id
43         description: Foreign key to the customers table
44         tests:
45           - not_null
46           - relationships:
47               to: ref('customers')
48               field: customer_id
49
50       - name: order_date
51         description: Date (UTC) that the order was placed
52
53       - name: status
54         description: '{{ doc("orders_status") }}'
55         tests:
56           - accepted_values:
```

▲ 圖 4-22 解析 dbt schema.yml 檔

在文件的管理方面，有一個概念稱之為文件的可發現性，換言之，我們會需要某個機制讓文件可以在容易被使用者發現的地方，文件才容易被使用。在圖 4-23，我們可以發現，資料表描述、欄位描述自動出現在 dbt 自動生成的文件網站裡，其中，虛線圈圈的部分是資料表的描述。

4-37

4 Transformation Layer（資料轉換層）：dbt 與 SQL

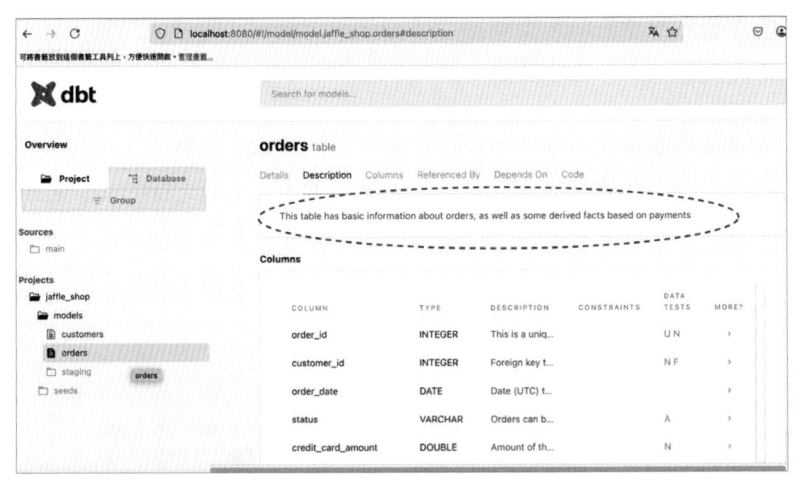

▲ 圖 4-23 dbt 自動生成文件

使用者有時也會希望，資料表描述、欄位描述可以也同步到資料倉儲裡。讓文件也同步到資料倉儲裡的功能，可以透過設定 `persist_docs` 這個 config 來啟用。

本章小結

在本章中，我們探討了現代資料棧中，如何透過 SQL 來進行資料轉換（Transformation），並分析了 SQL 在 ELT 流程中的關鍵角色。我們特別關注了 SQL 的模組化與抽象化機制，並討論了如何動態生成 SQL 以及如何透過版本控管來管理 SQL 語法。

此外，我們引入了 dbt 作為 SQL 組合與管理的解決方案，說明了 dbt 如何簡化 SQL 語法的組織、參數化與版本控管，使資料工程師能夠更有效率地處理資料建模工作。我們還提供了 dbt 的安裝指南，強調 Python 環境管理的重要性，確保工具的穩定運行。

總體而言，SQL 與 dbt 的結合，使得 ELT 流程中的 Transformation Layer 更加靈活與可維護。採用 ELT 流程，並且理解並善用這些工具，將有助於構建具效率、可擴展的資料基礎建設。

5

Transformation Layer：SQL 概論

　　大學升三年級時，剛放暑假卻接到一通電話，找我去幫忙寫程式，有同學的期末專題刻不出來，找我去救火。那一回，要開發的專案要求是：「把記憶體中的樹狀資料結構，存到硬碟裡，之後，程式要再設法讀取硬碟，把資料讀進記憶體裡並且重建樹狀資料結構。」

　　記憶之中，我的寫法非常地暴力，就是開啟一個檔案，然後定下一些規則，比方說：

- Byte 0~3，存放整數，整數可能有哪些值，代表何種意義。
- Byte 4~7，也是整數，指定這個欄位之後還有多長，比方說，N。
- 之後的 N 個 Bytes 就是存放 Byte 型態的資料。

　　寫的時候，就是開啟檔案，一列一列地寫進檔案裡。讀的時候，自然也是一列一列地讀進記憶體。如果要查詢的話，一定要先讀進記憶體才有辦法查詢。

5　Transformation Layer：SQL 概論

在 Joe Celko 的《SQL for Smarties》一書裡，有講過一些早期程式設計師的故事：

> 曾經有一個年代的程式設計師是有鐵飯碗的，因為他們寫的程式，都有獨特的檔案讀寫規則。如果上級把他們開除了，這些檔案日後都將無法讀取，這會對企業造成無法挽回的損失，也因此這些工程師的工作極度安全。那個年代的工程師開發軟體的方式，則可稱之為 Job Security Programming。

當年我所做的那個既難寫又難維護的設計，基本上就跟 Joe Celko 所講的 Job Security Programming 差不多，因為寫程式的人都不知道應該要使用 SQL。（不過，前輩們是因為出生在 SQL 發明之前，而我是因為書念得太少。）

> 沒有利用 SQL/RDBMS 來儲存資料，而直接寫入檔案的話，程式碼與資料很容易緊密地耦合（Couple）在一起，這會讓程式非常難以維護。

SQL 的初學者可能會覺得，資料表與檔案也差不多吧？不，真的差很多。在《SQL for Smarties》一書的開頭，Joe Celko 就先強調了幾個重點：

1. 資料庫不是檔案集合。（Databases are not file sets.）

2. 資料表不是檔案。（Tables are not files.）

3. 資料表的列不是檔案裡的列記錄。（Rows are not records.）

4. 資料表的行不是檔案裡的欄位。（Columns are not fields.）

5. 關聯式資料庫裡的值是純量，而非資料結構。（Values in RDBMS are scalar, not structured arrays, lists, or meta-data.）

對上述五點做解釋，已經超過本系列文的範疇。這邊直接跳到 Joe Celko 的結論：

> 「什麼是 SQL 的運作模型（Working Model）呢？」
>
> 資料是存放在抽象的集合（Abstract Set）裡，而非實體的檔案裡。而此處的集合（Set），就是數學課裡談過的集合。換言之，SQL 是一種運作在集合上的語言。

光是要談清楚 SQL/RDMBS 就可以用幾本書的篇幅來談，另一方面，這邊有一個好消息，如果只是資料分析所需要學會的 SQL，可以不用到那麼高的標準。以下，我們將依序探討三個與資料分析相關的 SQL 議題：

1. SQL 起步
2. SQL 進階語法
3. SQL 效能改進

SQL 起步

快速上手 SQL，可以考慮用以下的順序來學：

1. 先研究最基礎的四種 SQL 語法。
2. 再多學一些其它的查詢語法，大約就到 SQL-92 的範圍為止。最好是透過互動式學習的網站來寫一些練習題。
3. 搞清楚 SQL 語句的運作順序。

● 基礎語法

這邊有四種最基礎的 SQL 語法，學會了，就可以擷取資料庫裡任意位置的資料了。

1. **SELECT** * FROM $table1

5 Transformation Layer：SQL 概論

2. **SELECT** column1, column2, ...FROM $table1

3. **SELECT** * **FROM** $table1 **AS** t1 **JOIN** $table2 **AS** t2 **ON** t1.id = t2.id

4. **SELECT** * FROM $table1 **WHERE** condition

⊃ SQL-92

這邊推薦一個 UI 設計看起來很舊的 SQL 學習網站 1KeyData[35]。UI 看起來是舊了一些，但是內容的編排歷久彌新，大約就是涵蓋 SQL-92。

如果喜歡透過寫練習題來學習的讀者，現在也有許多 SQL 互動式教學練習網站，品質比較好的則是付費居多。

⊃ SQL 語句的邏輯執行順序

初學者一開始可能覺得「咦，這個有什麼意義嗎？」

有一天當你寫 SQL 查詢語法，總是百思不得其解，為何這樣行、那樣又不行時，就是回來研究清楚 SQL 語句的執行順序[36] 的時刻了。

1. Getting Data（From、Join）

2. Row Filter（Where）

3. Grouping（Group by）

4. Aggregate Function

---

35 https://www.1keydata.com/tw/sql/sql.html。

36 此處的執行順序是邏輯上的，由於 SQL 的執行環境通常會做許多最佳化，真正執行時，很有可能會發生實際執行順序與邏輯執行順序不一致的情況。但是，這部分已經是屬於效能改進的議題了。

5. Group Filter（Having）

6. Window Function

7. Select

8. Distinct

9. Union

10. Order by

11. Offset

12. Limit、Fetch、Top

SQL 進階語法

在之前的「選擇 SQL 而非 MapReduce」的技術棧決策，有討論過 SQL 2003 之後又有許多新增的 SQL 語法。要一一研究完那些語法，相當地花時間，然而，可能也沒有必要性，因為通常一間公司、一個部門會用到的都只有 SQL 2003 的子集合而已。當然，如果你的工作跟我一樣也是 IT 顧問，那就另當別論。

這邊列舉四個算是資料處理、資料分析領域常見的題目，讓讀者來一覽 SQL 2003 的奧妙吧：

1. 每個組別的前 N 位

2. 樞紐分析

3. 週期比較

4. 時序資料的統計結果

5　Transformation Layer：SQL 概論

⇒ 每個組別的前 N 位（Top N Per Group）

若 cites 這張表如下，想要用 SQL 查詢語法來找出「在每個國家，人口最多的三個城市？」

country	city	population
United States	New York	8175133
United States	Los Angeles	3792621
United States	Chicago	2695598
France	Paris	2181000
France	Marseille	808000
France	Lyon	422000
United Kingdom	London	7825300
United Kingdom	Birmingham	1016800
United Kingdom	Leeds	770800

▲ 表格 5-1　cites 資料表

我們可以用程式語法 05-01 來達成，此處最關鍵的技巧是使用 SQL Window Function 的 `row_number()` 函數。

```
SELECT
  *
FROM
  (
    SELECT
      country,
      city,
      population,
      row_number() OVER (
        PARTITION BY country
        ORDER BY
          population desc
      ) AS country_rank
    FROM
```

```
      cities
  ) ranks
WHERE
  country_rank <= 3;
```

▲ 程式語法 5-1　Top N Per Group

⊃ 樞紐分析（Pivot Table）

在我最初研究這個樞紐分析時，曾經一度以為，樞紐分析就只是 SQL 的 Group By 的應用而已，所以我自以為寫下了如下的 SQL 就可以做出「樞紐分析」。

```
SELECT
    c1,
    c2,
    aggregate(c3)
FROM
    table_name
GROUP BY
    c1, c2;
```

但是，我太小看樞紐分析了，試算表裡的樞紐分析總是有著一列叫做「小計」啊！！

而實際上，SQL 早也提供了解決方案。改成如下，就可以做出樞紐分析了！[37]

```
SELECT
    c1,
    c2,
    aggregate(c3)
FROM
    table_name
GROUP BY
    ROLLUP(c1, c2);
```

▲ 程式語法 5-2　Pivot Table

---

37 如果沒有 Rollup 的話，「樞紐分析」還是可以透過 Union 來做出。

5 Transformation Layer：SQL 概論

⊃ 週期比較（Comparing Time Periods）

在業務單位的報表，很常需要做下列的幾種週期比較：

- 不同年度之間月業績的比較（Month over Month）
- 不同年度之間季度業績的比較（Quarter over Quarter）
- 不同年度之間年業績的比較（Year over Year）

這類的報表，常常會需要計算「2022 年 3 月的業績」減「2021 年 3 月的業績」。這邊有兩種作法：

1. 如果是在 Transformation Layer 來完成的話，建議使用 SQL Window Function 的 `lag()` 函數。

2. 如果是在 Metabase 裡來設法做出的話，建議使用 Self-join 來實現。（Metabase 的 Query Builder 還不支援 Window Function。）

⊃ 時序資料的統計結果（Statistical Time Series Results）

假設有一些照時間分布的原始資料（Time Series Data），想要去對時間做分群，做出每個月的統計結果（Statistical Time Series Results）。如果每個月都有資料的話，一個簡單的分群（Group By）與匯總（Aggregate）就可以結案了。偏偏，不幸的事發生了：「有某幾個月分，恰好沒有資料」。

那該怎麼處理呢？解決方案如下：

1. 先用一組特別的 SQL 查詢語法，通常稱之為 Date Spine[38]，它會對應到「要統計的區間裡所有的時間資料」。

---

38 在 DuckDB 和 Postgres 都有提供 generate_series 函數，可以用來生成 Date Spine。除此之外，dbt-utils 也有提供 date_spine 的函數。

2. 把原始資料與 Date Spine 做 Left Join 之後，分群（Group By）與匯總（Aggregate）。

◯ 案例：不會使用 SQL 2003 該怎麼辦？

有一回，我示範了幾招 SQL 2003 的技巧給客戶看，客戶震驚之餘，忍不住問了我：「如果我一直沒有機會學到這個，那我該怎麼用普通的 SQL 來解這些問題？」

「嗯，你可以考慮 Join 到天荒地老[39]、或是 Union 到海枯石爛[40]，也是有辦法抵達終點的。」

SQL 效能改進

在我協助客戶導入現代資料棧的過程之中，常常見到一種奇怪的現象：分析工程師（Analytics Engineer）先嘗試用 SQL 的 Materialized Views（物化視圖）去改進效能，但是依然覺得不滿意之後，才再來研究 SQL 的索引（Index）。

真的要講的話，也不是不行，因為也沒有規定一定要先用 SQL 索引。然而，索引與 Materialized Views 有一個關鍵差異：Materialized Views 的本質是快取（Cache）。既然是快取，就必須要更新快取。而更新快取的實作細節，很容易會擴散到系統其它層，增加系統的複雜度。比方說，一旦使用了 Materialized Views，就得想清楚，何時要更新、何時不需要、要不要使用增量更新。相較之下，索引與其它不同層之間的耦合（Coupling）少得多。換言之，同樣是改進效能的方式，索引要付出的日後維護成本比較少。

既然要討論 SQL 的效能議題，我們會分成下列三個方向來討論：

1. 資料倉儲的選擇。

---

39 如果沒有 Window Function 的話，「週期比較」還是可以透過 Self-join 來達成。
39 如果沒有 Rollup 的話，「樞紐分析」還是可以透過 Union 來做出。

5 Transformation Layer：SQL 概論

2. 資料表綱要（Table Schema）的設計。

3. 索引（Index）與 Explain 指令。

在這三個方向裡：1 與 2 的決策一旦做錯了，日後要修改的成本相當高，可能要大量搬移資料。也因此，這邊建議在做 1 與 2 的決策時，花費足夠的時間去做必要的研究。

ᗒ 資料倉儲的選擇

選擇資料倉儲，大致有兩個方向：

1. 雲端資料倉儲（Cloud Data Warehouse），例如：Google BigQuery、Snowflake、Databricks、AWS Redshift 等。

2. 自架資料倉儲。

選雲端資料倉儲的優點是，日後，幾乎不用擔心查詢（Query）會不夠快的問題。但是，缺點則是，需要擔心帳單的問題。自架的優點是不太需要擔心帳單，但是，之後，很快地就會發現，好像有一些查詢需要等待，或是說，需要最佳化。

資料倉儲要上雲或是自架的決策，可以考慮下列兩個準則：

- 如果總資料量在 1T 以下，那先考慮自架吧。

- 如果公司的預算是決策的重要考量之一，不妨考慮自架，在這邊有機會省很多錢。

現代資料棧可能會應用到許多的軟體，考慮到維運這些軟體所消耗的人力，都可以優先考慮付費使用這些軟體的雲端版本。上述這個通則，在雲端資料倉儲的例子，算是例外。原因是：在雲端資料倉儲裡由於資料量多，一旦沒有做充分的最佳化，就容易造成高額的帳單，而且這個金額成長的速度極快，在一定規模的公司，比方說，100 人以上，光是每個月雲端資料倉儲的帳單，就有可能超過整個資料團隊的人事費用。

SQL 效能改進

如何決定資料倉儲是個複雜的議題，我們會在第九章來做更深入的探討。

■ 欄式儲存（Columnar Storage）

在選擇「自架資料倉儲」時，有一點需要特別考慮：**欄式儲存**（columnar storage），因為它對效能的影響很大。

以 Postgres 為例，它可以當營運資料庫（Operational Database），也可以當資料倉儲（Data Warehouse）。然而，它其實是列式儲存的資料庫（Row-oriented Database）。也因此，若總資料量不大時，還可以選用 Postgres，畢竟它易用好上手，而且與許多 dbt 插件的整合都非常好，很適合第一次使用現代資料棧的初學者。另一方面，如果已經知道總資料量會接近或是超過 1T 時，就應該捨棄簡單好上手的 Postgres，優先考慮效能更強的選項。

⊃ 資料表綱要（Table Schema）的設計

在昔日資料倉儲技術還不發達、沒有 SSD、且 CPU 不夠快的年代，資料表綱要極為重要。也因此，過去的資料工程師會花費大量的時間，設計極其靈巧的資料表綱要（Table Schema），來避免查詢存取到冗餘的資料，以提高資料倉儲的查詢效能。

現代由於硬體已經有重大改進，在簡單的案例，比方說，總資料量 100G 以下，就算不採用 Star Schema（星型模式），直接用 One Big Table（OBT，大表）得到的查詢速度，很有可能已經足夠。於是，此處就有一個關鍵的技術決策：「是否要使用 Star Schema 呢？」

表格 5-2 是兩種資料表綱要設計的決策矩陣：

條件	使用 Star Schema	使用 One Big Table（OBT）
1. 總資料量	大於 1TB	小於 100GB
2. 資料表數量	超過 20 張	少於 10 張
3. 查詢複雜度	查詢涉及多張資料表聯結	查詢集中於單一資料表

5　Transformation Layer：SQL 概論

條件	使用 Star Schema	使用 One Big Table（OBT）
4. 資料更新頻率	更新頻繁	更新不頻繁
5. 報表產出需求	報表需求複雜、多變	簡單的報表和查詢
6. 資料模型	複雜	簡單（容易開發與維護）

▲ 表格 5-2　兩種資料表綱要設計的決策矩陣

　　決策矩陣裡的條件 1~5 都跟資料倉儲的效能直接相關：總資料量大、資料表數量多、查詢複雜度高、資料更新頻率高、又或是需要多樣的複雜報表，都會需要更高的效能。而條件 6 是資料表綱要（Table Schema）對應的資料模型複雜度，這跟人腦需要付出額外的心力相關。換言之，使用 Star Schema 來取代 One Big Table 是一種「用腦力來交換機器算力」的設計。

　　採用 One Big Table 的讀者要特別注意一點：「做效能改進的時候，如果在下一步用盡了各種索引與 Materialized Views 方法卻已經無法再讓系統更快時，不妨退回來這一步，好好地來思考，資料表綱要可以怎麼設計。」

⊃ 索引（Index）與 Explain 指令

　　SQL 有提供一個對於效能改進非常重要的指令：`Explain`。它可以讓使用者看出：某個查詢消耗了多少時間、觸碰了多少個資料列、Join 的種類、有沒有使用到索引、Index Scan、Index-only Scan 等等。

　　搭配著 `Explain` 來做效能改進，具體的作法如下：

■ 使用 Explain 的步驟

1. 當某個 Query 的速度頗慢，先用 `Explain` 量測一下 Query 的速度。

2. 若 `Explain` 出來的結果太混亂，覺得難以閱讀的話，可以上網找一些「協助使用者看懂 `Explain` 結果」的 SaaS 服務，比方說：explain.dalibo.com[41]。

---

41 https://explain.dalibo.com/。

3. 對索引（Index）與 Materialized Views 做出一些調整，然後再回到第一步重新量測。

- **搭配 Explain 的調整**

    - SQL Join 有三種。除了 Hash Join 之外，如果索引（Index）有設定在 Join Key 上的話，就有機會改善效能。

        ○ Nested Loop Join

        ○ Merged Join

        ○ Hash Join

    - 設法把 Index Scan 變成 Index-only Scan。比方說，在索引上設定 Include Column。

    - 有些 Query 會慢的原因是因為該 Query 會作用在視圖上，但是該視圖卻無法使用任何索引。這種情況下，可以考慮做 Materialized Views，讓視圖可以運用到索引，就有機會加速。

⊃ 效能改進的關鍵

我曾看過許多做效能改進的人，做這件事的過程之中，熟讀了文件也做了多次的嘗試與實驗，結果卻徒勞無功或事倍功半，最關鍵的原因是：「他們沒有使用一個有效的效能量測工具，來輔助引導這個效能改進的過程。」

本章小結

學習 SQL 是一個循序漸進的過程，從基礎語法入門，到進階語法的掌握，最後到效能改進，每一步驟的知識都與生產力直接相關。

在 SQL 起步部分，我們討論了四種最基礎的 SQL 語法、SQL-92 與 SQL 語句的邏輯執行順序。在進階語法部分，我們介紹了一些在資料處理和分析中常

5 Transformation Layer：SQL 概論

見的高級技巧，如每個組別的前 N 位、樞紐分析、週期比較以及時序資料的統計結果。最後，在 SQL 效能改進部分，我們探討了資料倉儲、資料表綱要設計、以及使用索引和 Explain 指令來提升查詢性能。

要活用 SQL 是需要投資大量時間的事，但是，投資於精進 SQL 的時間，將有機會得到百倍、千倍以上的回報。

6

EL 與 ETL

在之前的章節，我們已經反覆討論過了現代資料棧的 **View Layer（視覺化層）** 與 **Transformation Layer（資料轉換層）**，而本章的重點會放在「移動資料」，即 EL 和 ETL 的部分。

首先，有一個好消息，如果只是 EL 的話，有可能一行程式碼都可以不用寫，用工具直接搞定。

▎EL 是普遍的需求

可以有這麼好的事情嗎？可以的。很多企業都會有共同的需求，比方說，需要從 Google Analytics 將分析相關的資料導入自家的資料倉儲、需要從 Facebook 將廣告投放的資料導入自家的資料倉儲、需要從 MySQL 的營運資料庫移動資料到 Postgres 的資料倉儲等等。這些需求非常的普遍，普遍到會有廠商認為，光是滿足這些需求就有獲利的可能性，也因此，從「廣告平台」移動資料到「資料倉儲」，又或是從「營運資料庫」移動資料到「資料倉儲」，通常都可以找到仍然在持續維護中的 EL 工具。

6 EL 與 ETL

ETL 仍然是重要的選項

那我們真的可以用 EL 工具來全面取代 ETL 嗎？答案是否定的。至少有下列幾種情況，ETL 是很值得考慮的選項：

1. **不支援的資料型態**：如果我們要從 A 資料來源同步資料到 B 資料倉儲，很不巧地，A 資料來源有一種資料型態叫做 JSON，而 B 資料倉儲卻恰好不支援 JSON。在這種情況之下，在載入（Load）資料庫之前，將資料轉換成資料庫可以接受的資料型態顯然會簡單得多。

2. **資料加密的需求**：假如我們需要從 MySQL 的營運資料庫同步大量的資料到 Postgres 的資料倉儲，表面上這種問題像是用 EL 就可以完美地處理的。但是，如果「營運資料庫」之內有客戶的姓名、個資呢？這些資料如果不加密就直接同步到資料倉儲裡，日後就必須對資料倉儲的使用者設下重重的資料使用授權。也因此，在這種情況之下，簡單合理的作法就會是，在資料抽取出來（Extract）的時候，對它做一種資料加密操作，比方說，姓名欄位本來是 John 就會被轉換成 Jxxxxx，轉換完成之後，再載入資料倉儲裡。而此處的資料加密操作，又是一種資料轉換，所以依然還是 ETL 會派上用場的時候。

3. **普遍性不足的需求**：很多企業都常常會有共同的需求，也因此會有商業版的 EL 工具。換言之，如果要抽取的資料來源恰好是小眾的軟體，這就很有可能難以找到合用的工具。

接下來，我們會一一介紹下列主題：

1. EL 工具
2. Meltano 簡介
3. dlt 簡介
4. ETL 設計原則
5. ETL 開發實務

EL 工具

這邊先快速探討一下 EL 工具的常見解決方案：

1. Fivetran[42]

2. Stitch[43]

3. Singer[44]

4. Airbyte[45]

5. Meltano[46]

6. dlt[47]

這邊先把 Fivetran、Stitch、Singer、Airbyte、Meltano 五家來做個比較。這五家共同的特色就是有大量的預先定義好的資料源轉換器（Adaptor），即連接不同資料源、資料目的地的程式碼。

Fivetran 與 Stitch 是比較早就進入這個市場的領導廠商，偏好成熟、穩定軟體產品的讀者，可以優先考慮這兩家。

Singer 是 Stitch 公司開源的資料交換格式（Data Exchange Format）。Airbyte 與 Meltano 這兩家是比較晚進入市場的廠商，也都支援 Singer 這個資料交換格式。

---

42 https://www.fivetran.com/

43 https://www.stitchdata.com/

44 https://www.singer.io/

45 https://airbyte.com/

46 https://meltano.com/

47 https://dlthub.com/

6 EL 與 ETL

　　我偏好開源、新廠商的產品。一般而言，開源的軟體產品，它們有更高的機會可以被客製化、因為源碼有可能會形成社群。而新廠商能夠存活，往往是因為產品有一些創新性，畢竟，較晚開始發展的軟體產品通常有更多的機會發現過去設計的盲點，而汲取前人經驗再重練過的產品當然是有機會可以做得更好。

　　在上述的五家裡，我的首選是 Airbyte 與 Meltano。Airbyte 的設計，走 Low Code/No Code 路線，這跟我的喜好有點不合，所以我選擇 Meltano，因為它是 Code First[48] 的解決方案。

　　dlt 解決問題的思路與上述五家顯著的不同。前述五家就算是 Meltano 這種 Code First 的解決方案，也只是撰寫 YAML，而 YAML 是高階的配置，使用者在多數的情況之下，不需要寫程式碼。然而，dlt 恰好相反，它讓使用者直接寫程式碼，這是低階的直接控制行為。換言之，應用 dlt 的前提是：「使用程式語言來直接開發 EL/ETL。」

　　以下是 Meltano 與 dlt 的簡單比較：

特性	Meltano	dlt
開發方式	YAML（配置優先）	Python（程式優先）
資料源支援	透過 Singer，支援數百種。	內建部分資料源。不支援的資料源，用 Python 開發
增量加載	依賴 Singer 支援	內建增量同步
資料轉換	內建的線上資料對應（Inline Data Mapping）或是依賴 dbt	透過 Python 撰寫
可擴展性	開發 Singer Connector	相對容易擴展，因為所有的抽象都是 Python
主要特色	學習門檻低，且支援眾多的資料源	輕量、容易客製化

▲ 表格 5-3 Meltano 與 dlt 的簡單比較

---

48 這裡提到的 Code First 設計強調了 Meltano 與 GUI 為主的 EL 工具的差異。Meltano 的所有行為均可透過 YAML 檔案設定，使其具備了 GUI 工具無法提供的優勢，如自動化、版本控制、一致性、可測試性和可重現性。

Meltano 簡介

⊃ 安裝 Meltano

假設系統已經安裝好 Python 的直譯器。如何安裝 Python 的直譯器可參考第四章。

- pipx install "meltano"

圖 6-1 是安裝畫面的螢幕截圖。

```
[laurencechen my-meltano-project $ pipx install "meltano"
  installed package meltano 3.6.0, installed using Python 3.11.0
  These apps are now globally available
    - meltano
done! ✨ 🌟 ✨
```

▲ 圖 6-1 Meltano 安裝畫面

Meltano 官方推薦的安裝指令是利用 pipx。pipx 是一個管理 Python CLI 工具的管理器，它基本上依賴於 pip 與 venv 來達成功能。讀者可以把它想像成一個先進版本的 pip，因為它既可以安裝 CLI 工具，又可以同時確保這些安裝好的 CLI 工具所依賴的函式庫不會彼此衝突。

讀者看到這邊，可能會問，「咦，那 dbt 可不可以也用 pipx 來安裝？會不會更省事呢？這樣子就不用自己去管理虛擬環境了。」理論上也可行。然而，由於 dbt 可能需要安裝多個轉接器，比方說，dbt-postgres 等，而 pipx 的管理方式是為每個獨立工具建立一個獨立環境，這會導致每個 Adapter 各自獨立，不能共享環境。似乎是因為這種原因，並不太流行用 pipx 來安裝 dbt。

⊃ Meltano 範例專案（從營運資料庫拷貝資料到資料倉儲）

接下來會以一個常用的範例專案來示範 Meltano 用法。在資料工程的領域，最常見的用法，就是把營運資料庫（Operational Database）的資料拷貝到資料倉儲了。

6　EL 與 ETL

- **範例專案的細節**
    - 營運資料庫是 Postgres。
    - 資料倉儲也是 Postgres。
    - 將會從營運資料庫裡，搬移一張叫 `customers` 的資料表，該表位於 `dbt_alice` 的命名空間之內。
    - 而上述的表，最後會出現在資料倉儲的 `tap_postgres` 的命名空間之內。

- **Meltano 專案 - 關鍵 4 步驟**
    1. 初始化 Meltano 專案。
    2. 設置並且安裝 Meltano 的插件（Plugin）。
    3. 啟動 Meltano，開始同步資料。
    4. 設置排程，定期地去觸發 Meltano。

- **第一步：初始化 Meltano 專案**

    選擇合適的資料夾裡，下指令生成 Meltano 的專案，專案名稱叫 `my-meltano`。專案生成之後，切換目錄，進入剛才生成的資料夾 `my-meltano`。

    ```
    meltano init my-meltano-project
    cd my-meltano-project
    ```

    我們將可以在 `my-meltano` 資料夾裡看到 `meltano.yml` 的內容，會有 7 行。

    ```
    version: 1
    default_environment: dev
    project_id: c612a465-4663-4e6b-adf0-72d571865232
    environments:
    - name: dev
    - name: staging
    - name: prod
    ```

■ 第二步：設置插件（Plugin）與參數

編輯 `meltano.yml` 這個設置檔案。

```
meltano install
```

在這個步驟，我們會透過設置檔來安裝一個 `tap` 插件與一個 `target` 插件。`tap` 是負責抽取（Extract）的插件，而 `target` 是負責載入（Load）的插件。

讀者可能會覺得，tap 與 target 都是 t 開頭的英文，怎麼讓人覺得有點混淆感？其實不算難記，因為英文單字 Tap 是「水龍頭」的意思，而英文單字 Target 則有「目標、標靶」的意思。要從「水龍頭」聯想到資料源頭，或是從「目標、標靶」聯想到資料終點，還算合理。

這邊為了簡單，可以考慮直接編輯 `meltano.yml`。編輯完成後，檔案內容如下：

```yaml
version: 1
default_environment: dev
project_id: c612a465-4663-4e6b-adf0-72d571865232
environments:
- name: dev
- name: staging
- name: prod
plugins:
  extractors:
  - name: tap-postgres
    variant: meltanolabs
    pip_url: git+https://github.com/MeltanoLabs/tap-postgres.git
    config:
      host: localhost
      port: 5432
      user: laurencechen
      password: password
      database: jaffle_shop
      default_replication_method: FULL_TABLE
    select:
    - dbt_alice-customers.*
  loaders:
  - name: target-postgres
```

6 EL 與 ETL

```
variant: meltanolabs
pip_url: meltanolabs-target-postgres~=0.0.7
config:
  host: localhost
  port: 5432
  user: laurencechen
  password: password
  database: laurencechen
```

▲ 程式語法 6-1 meltano.yml

當 `meltano.yml` 這個設置檔編輯完成之後，下指令 `meltano install` 就會開始安裝插件（plugin）。

接下來會出現一段錯誤訊息，參見圖 6-2。這個錯誤表示 Meltano 在 `plugins` 資料夾裡，找不到 `tap-postgres`。

```
laurencechen my-meltano-project $ meltano install
Extractor 'tap-postgres' is not known to Meltano. Try running `meltano lock --update --all` to ensure your plugins are up to date.
laurencechen my-meltano-project $
```

▲ 圖 6-2 Meltano 插件安裝錯誤

處理錯誤的方式就照著畫面上的指令提示，下 `meltano lock--update--all` 指令，參考圖 6-3。

```
laurencechen my-meltano-project $ meltano lock --update --all
Locking 2 plugin(s)...
Locked definition for extractor tap-postgres
Locked definition for loader target-postgres
```

▲ 圖 6-3 Meltano 插件安裝錯誤修正

然後再重新下一次 `meltano install` 指令。成功安裝插件的畫面如圖 6-4。

```
laurencechen my-meltano-project $ meltano install
2025-02-24T10:41:04.857276Z [info     ] Installing 2 plugins
2025-02-24T10:41:04.920642Z [info     ] Installing extractor 'tap-postgres'
2025-02-24T10:41:04.951103Z [info     ] Installing loader 'target-postgres'
2025-02-24T10:41:26.350383Z [info     ] Installed loader 'target-postgres'
2025-02-24T10:41:27.673429Z [info     ] Installed extractor 'tap-postgres'
2025-02-24T10:41:27.673627Z [info     ] Installed 2/2 plugins
laurencechen my-meltano-project $
```

▲ 圖 6-4 Meltano 插件安裝畫面

Meltano 簡介

- **第三步：啟動 Meltano，開始同步資料**

```
meltano run tap-postgres target-postgres
```

下完指令後，就可以看到畫面出現許多 Meltano 運作時產生的訊息。如果順利成功的話，就可以到資料倉儲去檢查，資料表是否同步了。

```
laurencechen my-meltano-project $ meltano run tap-postgres target-postgres
2025-02-24T11:01:59.541211Z [info     ] Environment 'dev' is active
2025-02-24T11:01:59.880208Z [warning  ] No state was found, complete import.
2025-02-24T11:02:04.822189Z [info     ] 2025-02-24 19:02:04,861 | INFO     | tap-postgres               | Skipping desele
cted stream 'dbt_alice-aa_customers'. cmd_type=elb consumer=False job_name=dev:tap-postgres-to-target-postgres name
=tap-postgres producer=True run_id=b718545b-fcec-40cc-9579-880891082c50 stdio=stderr string_id=tap-postgres
2025-02-24T11:02:04.822486Z [info     ] 2025-02-24 19:02:04,822 | INFO     | tap-postgres.dbt_alice-customers | Beg
inning full_table sync of 'dbt_alice-customers'... cmd_type=elb consumer=False job_name=dev:tap-postgres-to-target-
postgres name=tap-postgres producer=True run_id=b718545b-fcec-40cc-9579-880891082c50 stdio=stderr string_id=tap-pos
tgres
2025-02-24T11:02:04.822587Z [info     ] 2025-02-24 19:02:04,822 | INFO     | tap-postgres.dbt_alice-customers | Tap
 has custom mapper. Using 1 provided map(s). cmd_type=elb consumer=False job_name=dev:tap-postgres-to-target-postgr
es name=tap-postgres producer=True run_id=b718545b-fcec-40cc-9579-880891082c50 stdio=stderr string_id=tap-postgres
2025-02-24T11:02:04.862050Z [info     ] 2025-02-24 19:02:04,861 | INFO     | singer_sdk.metrics         | METRIC: {"type"
: "timer", "metric": "sync_duration", "value": 0.03962302207946777, "tags": {"stream": "dbt_alice-customers", "pid"
: 23536, "context": {}, "status": "succeeded"}} cmd_type=elb consumer=False job_name=dev:tap-postgres-to-target-pos
tgres name=tap-postgres producer=True run_id=b718545b-fcec-40cc-9579-880891082c50 stdio=stderr string_id=tap-postgr
es
2025-02-24T11:02:04.862227Z [info     ] 2025-02-24 19:02:04,861 | INFO     | singer_sdk.metrics         | METRIC: {"type"
: "counter", "metric": "record_count", "value": 100, "tags": {"stream": "dbt_alice-customers", "pid": 23536, "conte
xt": {}} cmd_type=elb consumer=False job_name=dev:tap-postgres-to-target-postgres name=tap-postgres producer=True
run_id=b718545b-fcec-40cc-9579-880891082c50 stdio=stderr string_id=tap-postgres
2025-02-24T11:02:04.862364Z [info     ] 2025-02-24 19:02:04,862 | INFO     | tap-postgres               | Skipping desele
cted stream 'dbt_alice-orders'. cmd_type=elb consumer=False job_name=dev:tap-postgres-to-target-postgres name=tap-p
ostgres producer=True run_id=b718545b-fcec-40cc-9579-880891082c50 stdio=stderr string_id=tap-postgres
```

▲ 圖 6-5　Meltano 運作

- **第四步：設置排程，定期地去觸發 Meltano**

Meltano 官網上的文件，關於排程（Schedule）的部分，有提到，Meltano 可以跟 Airflow 整合，所以可以利用像 Airflow 這樣子的協作器（Orchestrator）來做複雜的排程。

如果還沒有複雜的排程需求的話，建議先簡單用 cronjob 來解決排程的問題即可。Meltano 也有一個可以與 cron 整合的 Plugin「cron-ext[49]」可以安裝。

真的有需要使用類似 Airflow 這樣子的協作器（Orchestrator）時，我也建議可以同時考慮 Airflow 的替代方案，比方說：Dagster、Kestra 等等。在協作器這一類的軟體裡，Airflow 是較早出現的解決方案，也因此有最多的軟體跟 Airflow

---

49 https://github.com/meltano/cron-ext。

6 EL 與 ETL

有深度的整合。然而，Airflow 也有一個很明顯的缺點，相當不容易安裝與部署，值得讀者多加考慮一下，是否真的有非用不可的理由。

⊃ 如何閱讀 meltano.yml 設置檔？

應該要把設置檔分成兩個層級來看。第一個層級是設置整個 Meltano 專案的環境資訊。仔細觀察下方的 YAML 檔，凡是沒有縮排的部分，都是第一個層級的資訊。

```yaml
version: 1
default_environment: dev
project_id: c612a465-4663-4e6b-adf0-72d571865232
environments:
  ...
plugins:
  extractors:
  ...
  loaders:
  ...
```

第二個層級的重點在於插件，也就是 `extractors` 與 `loaders` 的設置，其中，設置**抽取（Extract）**的內容包含在 `extractors` 的區塊裡：

```yaml
extractors:
- name: tap-postgres
  variant: meltanolabs
  pip_url: git+https://github.com/MeltanoLabs/tap-postgres.git
  config:
    host: localhost
    port: 5432
    user: laurencechen
    password: password
    database: jaffle_shop
    default_replication_method: FULL_TABLE
  select:
  - dbt_alice-customers.*
```

而設置**載入（Load）**的內容則包含在 `loaders` 的區塊裡：

```
loaders:
- name: target-postgres
  variant: meltanolabs
  pip_url: meltanolabs-target-postgres~=0.0.7
  config:
    host: localhost
    port: 5432
    user: laurencechen
    password: password
    database: laurencechen
```

dlt 簡介

dlt 是 Data Load Tool 三個英文字的縮寫，最常見用法是從三種資料來源拷貝資料：

- REST API

- 雲端儲存（Cloud Storage）

- SQL 資料庫

一般而言，如果資料來源是 SQL 資料庫或是雲端儲存，Meltano 之類的 EL 工具已經能很好地處理，一行程式都不用寫，完全可以靠圖形化介面或是配置解決。相對的，當資料源是 REST API 時，因為讀取 REST API 很有可能是**普遍性不足**的需求，客製化容易的 dlt 反而會大放異彩。[50]

---

50 當資料來自 REST API 時，dlt 較直覺，因為它原生支援 dlt.source 來處理 API 調用與分頁邏輯。相較之下，Meltano 需要找到合適的 Singer Tap，又或自行開發一個專用的 Singer Tap。

⊃ 安裝 dlt

假設系統已經安裝好 Python 的直譯器。如何安裝 Python 的直譯器可參考第四章。

1. 切換到專案資料夾。

2. 執行 `python -m venv dlt-env`。這是在建立一個新的 Python 虛擬環境，該環境的名稱為 `dlt-env`。該指令會在專案資料夾下，建立一個 `dlt-env` 資料夾。

3. 執行 `source dlt-env/bin/activate`。這是啟動虛擬環境，在虛擬環境啟動之後，所有的 `pip install` 指令，都將會依賴安裝到虛擬環境裡的 `site-packages` 資料夾，而非系統全局的 `site-packages` 資料夾。

4. 執行 `pip install "dlt[duckdb]"`。安裝 dlt 的核心程式以及 DuckDB 的轉接器，且會安裝到虛擬環境之內。

⊃ dlt 指令基本介紹

要快速上手 dlt，需要了解 `dlt init`、`dlt pipeline` 這兩個指令，還有「Source」、「Resource」這兩組 dlt 定義的特殊抽象概念。

■ dlt init 指令

`dlt init`：在當前的資料夾下，建立新的資料管線專案。

- `dlt init --help` 顯示完整的說明。

- `dlt init $source $destination` 初始化 dlt 專案的標準用法，其中 `$source` 是指資料來源名稱，而 `$destination` 是指資料目的地名稱。

- `dlt init -l` 列出所有可用的資料來源名稱。

- **dlt pipeline 指令**

    dlt pipeline：管理已經建立的資料管線。

    - dlt pipeline list 列出本地端的所有管線。

    - dlt pipeline $pipeline_name show 啟動 Streamlit 這個程式，讓使用者可以簡單地看到管線 $pipeline 執行完的結果。

    - dlt pipeline $pipeline_name trace 顯示管線 $pipeline 上一次執行的結果。若上次執行失敗，可用此指令快速查看原因。

- **Source（資料來源）與 Resource（資源）**

    dlt 就像其它許多的 EL/ETL 工具一樣，有「Source」、「Destination」、「Pipeline」等詞彙。然而，為了命名與溝通的方便，它將 Source 部分做了更精細地命名，並且制定了對應的開發風格（Convention）。也因此，在 dlt 的世界裡，我們必須好好地來理解 Source 與 Resource 的差異與關係。

    Source（資料來源）存放具有特定結構資料的位置，這些資料被組織成一個或多個資源（Resource）。舉例來說：

    - 如果 API 的端點是資源，那麼該 API 就是資料來源。
    - 如果試算表的分頁是資源，那麼該試算表就是資料來源。
    - 如果資料庫的資料表是資源，那麼該資料庫就是資料來源。

⊃ dlt 範例專案（從 REST API 拷貝資料到資料倉儲）

接下來會以一個範例專案來示範 dlt 用法。

- **第一步：初始化 dlt 專案**

    首先，建立一個名稱為 my-dlt-pipeline 的資料夾，並且切換到資料夾下。接下來的初始化指令會建立一個使用 REST API 做為資料源與 DuckDB 做為資料目的地的 dlt 專案。

```
mkdir my-dlt-pipepline
cd my-dlt-pipepline
dlt init rest_api duckdb
```

完成上述的指令之後,資料夾的內容會變成如下的狀態:

```
rest_api_pipeline.py
requirements.txt
.dlt/
    config.toml
    secrets.toml
```

- rest_api_pipeline.py 是資料管線(Data Pipeline)的程式碼檔。這個自動生成的程式碼包含了兩個範例,一個是 Pokemon,一個是 GitHub API。

- requirements.txt 是 Python 的依賴宣告檔。

- .dlt 是隱藏資料夾,要用 ls -al 才看得到,該資料夾內包含了設置檔。
    - secrets.toml 用於保存 API keys 之類的密碼資訊。
    - config.toml 用於保存專案的配置資訊。

讀者可能會問,「既然密碼資訊與配置資訊都可以視為是配置,何必要設計成獨立的檔案?」其實,這兩者分開的設計有明顯的好處。比方說,如果某個資料管線專案已經配置完成了,我們可能會想把整個專案都用 git 加以管理,並且放到 GitHub 上共用。這種時候,如果密碼資訊與配置資訊是不同的檔案,我們就可以輕易地將密碼檔設定為 .gitignore。如此一來,既可以輕易地分享配置資訊,又不會洩露密碼。

■ 第二步:安裝依賴

這個步驟會安裝需要 Python 函式庫[51]。

---

[51] 函式庫在此處可稱之為依賴,參考第三章的「依賴宣告與依賴隔離」。

dlt 簡介

```
pip install -r requirements.txt
```

- **第三步：設定密碼檔**

    首先，取得 GitHub API Token。

    1. 前往 GitHub，進入 Settings > Developer settings > Personal access tokens[52]。

    2. 點選 Generate new token (classic)。

    3. 產生後，複製 Token，這是你稍後要放入 secrets.toml 的值。

    再來，設定 secrets.toml。請開啟 .dlt/secrets.toml，將它由空白檔案改成如下的內容。在這段語法中，[github] 是設定的命名空間，access_token 存放你的 GitHub API Token。

```
[github]
access_token = "ghp_xxxxxxxxxxxxxxxxxxxxxxxxxxxx"
```

- **第四步：編輯資料管線、執行資料管線**

    預設生成的管線檔裡頭包含了兩個資料管線：GitHub API 與 pokemon API。為了避免混淆，這邊先把 pokemon 註解掉。

    請編輯 rest_api_pipeline.py 檔，註解掉 load_pokemon()。

```
if __name__ == "__main__":
    load_github()
    # load_pokemon()
```

    存檔之後，就可以來執行資料管線：

```
python rest_api_pipeline.py
```

---

52 或者直接輸入網址 https://github.com/settings/tokens。

6 EL 與 ETL

如果執行成功的話,應該會在螢幕上看到類似以下的輸出:

```
Pipeline rest_api_github load step completed in 0.29 seconds
1 load package(s) were loaded to destination duckdb and into dataset rest_api_data
The duckdb destination used duckdb:////home/user-name/quick_start/rest_api_pokemon.
duckdb location to store data
Load package 1738648374.0725088 is LOADED and contains no failed jobs
```

特別注意一件事:第一次執行資料管線之後,該資料管線就會在系統內被建立,所以之後我們就可以利用 dlt pipeline rest_api_github $sub-command 來對管線做種種操作與檢視。

- **第五步:探索(下載的)資料**

由於探索資料會運用到 Streamlit 這個程式,我們需要先下一個指令安裝它。

```
pip install streamlit
```

執行以下的指令,dlt 就會啟動 Streamlit 這隻程式。

```
dlt pipeline rest_api_github show
```

終端機的畫面如圖 6-6:

```
(dlt-env) laurencechen my-dlt-pipepline $ dlt pipeline rest_api_github show
Found pipeline rest_api_github in /Users/laurencechen/.dlt/pipelines

You can now view your Streamlit app in your browser.

Local URL: http://localhost:8501
Network URL: http://172.16.1.86:8501

For better performance, install the Watchdog module:

$ xcode-select --install
$ pip install watchdog
```

▲ 圖 6-6 啟動 Streamlit 的終端機畫面

6-16

通常這時候，瀏覽器會自動開啟 http://localhost:8501，於是我們看到了可藹可親的圖形化介面，如圖 6-7。

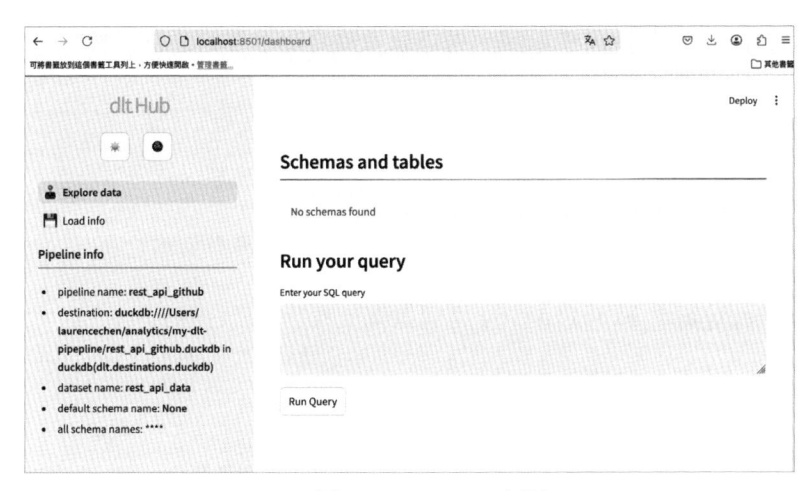

▲ 圖 6-7 Streamlit 介面

我們就可以透過它探索 rest_api_github 這個資料管線執行完的結果。參考圖 6-8，趕快下一個查詢試試。

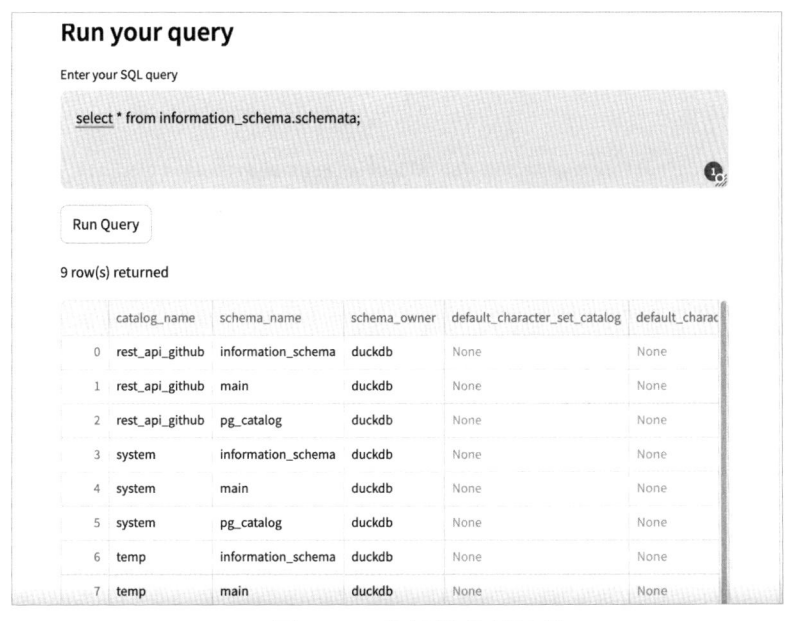

▲ 圖 6-8 dlt 管線的執行結果

EL 與 ETL

- **第六步：視需求變更「寫入設置」**

    dbt 有一個重要的參數，叫 `write_disposition`，這邊翻譯為「寫入設置」，它可以在 Resource 中設定。可以設定給寫入設置的值有三種：

    - `append`：將資料附加到目標資料表（預設值）。

    - `replace`：用新資料替換目標資料表中的現有資料。

    - `merge`：根據主鍵將新資料與目標資料表中的現有資料合併。

    開啟 `rest_api_pipeline.py` 這個檔案，我們可以注意到：

    - `github_source` 這個函數是 Source。

    - Source 裡包含了 Resource 和 Resource 的設置。

    - 在此處的 `resource_defaults` 就是 Resource 的設置。

```python
@dlt.source(name ="github")
def github_source(access_token: Optional[str] = dlt.secrets.value) -> Any:
    # Create a REST API configuration for the GitHub API
    # Use RESTAPIConfig to get autocompletion and type checking
    config: RESTAPIConfig = {
        "client": {
            ...
        },
        # The default configuration for all resources and their endpoints
        "resource_defaults": {
            "primary_key": "id",
            "write_disposition": "merge",
            ...
        },
        "resources": [
            ...
```

ETL 設計原則

開發 ETL 程式與很多事情一樣：「如果只是要它會動，一點也不難，甚至程式設計的初學者也辦得到。另一方面，如果要寫出一個品質好、長期可維護的 ETL 程式，這就有很多專業了。」

讀者如果在網路上搜尋一些關鍵字「ETL Best Practices」又或是「ETL Design Principles」很容易找到 ETL 設計的最佳實務，5 項、9 項、13 項等等。考慮 80/20 法則，我的版本只有四項設計原則。

1. 容易除錯
2. 容易設置
3. 支援增量載入
4. 封底計算與效能

○ 容易除錯

一般人可能會認為：「軟體本身有臭蟲（Bug）時，我們才會需要除錯。」可惜不是，至少有三種情況，都很需要除錯：

1. 軟體本身有臭蟲（Bug）。
2. 軟體正確，但是我們使用的方式錯誤（Wrong Usage），比方說，我們填入設置檔的資料錯誤。
3. 文件缺失了，所以只能用摸索的方式來設法掌握軟體怎麼使用。

要讓軟體容易除錯，做好下列兩件事就已經十之八九。

1. 函數式程式設計（Functional Programming）
2. 日誌訊息（Log Message）

6 EL 與 ETL

有應用函數式程式設計開發的程式，由於可以用**值導向程式設計**取代**位址導向程式設計（PLOP）**，通常可以讓行數減少並且讓語意變得直觀，這部分可以參考第二章的「函數式資料轉換」。另一方面，由於 ETL 程式通常不會是太複雜的程式，光是有做好日誌訊息大概就很夠了。

參考圖 6-9，它是當 Meltano 開始運行的螢幕截圖。

```
laurencechen my-meltano-project $ meltano run tap-postgres target-postgres
2025-02-24T11:01:59.541211Z [info     ] Environment 'dev' is active
2025-02-24T11:01:59.880208Z [warning  ] No state was found, complete import.
2025-02-24T11:02:04.822189Z [info     ] 2025-02-24 19:02:04,821 | INFO     | tap-postgres             | Skipping deselected stream 'dbt_alice-aa_customers'. cmd_type=elb consumer=False job_name=dev:tap-postgres-to-target-postgres name=tap-postgres producer=True run_id=b718545b-fcec-40cc-9579-880891082c50 stdio=stderr string_id=tap-postgres
2025-02-24T11:02:04.822486Z [info     ] 2025-02-24 19:02:04,822 | INFO     | tap-postgres.dbt_alice-customers | Beginning full_table sync of 'dbt_alice-customers'... cmd_type=elb consumer=False job_name=dev:tap-postgres-to-target-postgres name=tap-postgres producer=True run_id=b718545b-fcec-40cc-9579-880891082c50 stdio=stderr string_id=tap-postgres
2025-02-24T11:02:04.822587Z [info     ] 2025-02-24 19:02:04,822 | INFO     | tap-postgres.dbt_alice-customers | Tap has custom mapper. Using 1 provided map(s). cmd_type=elb consumer=False job_name=dev:tap-postgres-to-target-postgres name=tap-postgres producer=True run_id=b718545b-fcec-40cc-9579-880891082c50 stdio=stderr string_id=tap-postgres
2025-02-24T11:02:04.862050Z [info     ] 2025-02-24 19:02:04,861 | INFO     | singer_sdk.metrics       | METRIC: {"type": "timer", "metric": "sync_duration", "value": 0.03962302207946777, "tags": {"stream": "dbt_alice-customers", "pid": 23536, "context": {}, "status": "succeeded"}} cmd_type=elb consumer=False job_name=dev:tap-postgres-to-target-postgres name=tap-postgres producer=True run_id=b718545b-fcec-40cc-9579-880891082c50 stdio=stderr string_id=tap-postgres
2025-02-24T11:02:04.862227Z [info     ] 2025-02-24 19:02:04,861 | INFO     | singer_sdk.metrics       | METRIC: {"type": "counter", "metric": "record_count", "value": 100, "tags": {"stream": "dbt_alice-customers", "pid": 23536, "context": {}}} cmd_type=elb consumer=False job_name=dev:tap-postgres-to-target-postgres name=tap-postgres producer=True run_id=b718545b-fcec-40cc-9579-880891082c50 stdio=stderr string_id=tap-postgres
2025-02-24T11:02:04.862364Z [info     ] 2025-02-24 19:02:04,861 | INFO     | tap-postgres             | Skipping deselected stream 'dbt_alice-orders'. cmd_type=elb consumer=False job_name=dev:tap-postgres-to-target-postgres name=tap-postgres producer=True run_id=b718545b-fcec-40cc-9579-880891082c50 stdio=stderr string_id=tap-postgres
```

▲ 圖 6-9 Meltano 運行時輸出的 Log

讀者可以發現，畫面上出現了很多行像類似下方的文字。

```
2025-02-24T11:01:59.541211Z [info] Environment 'dev' is active
```

這些文字是所謂的日誌訊息（Log Message）。在軟體開發來講，有設計良好的日誌訊息，會讓除錯的速度快非常多，原因是，我們可以從軟體運行時輸出的日誌訊息，快速定位出錯的可能原因、甚至是出錯的源碼（Source Code）是哪一小段。

◯ 容易設置

```
loaders:
- name: target-postgres
  variant: meltanolabs
```

ETL 設計原則

```
pip_url: meltanolabs-target-postgres~=0.0.7
config:
  host: localhost
  port: 5432
  user: laurencechen
  password: password
  database: laurencechen
```

以 Meltano 的 `target` 插件的設置檔為例，它的設置檔有幾個優點：

1. YAML 的格式，這是公開的格式，容易學習。

2. 設置檔的設置檔語言有一致的風格。比方說，無論是在 `tap` 或是 `target` 裡的設置檔語言都是用 `host`、`user`、`password` 等等的語法。

3. 文件清楚、文件也容易找。

⊃ 支援增量載入

當 ETL 的資料來源是大筆的資料源，比方說，是營運資料庫（Operational Database）時，**增量載入（Incrementally Load）**的設計就會非常重要。在這種情況下，如果資料源是一張超大的資料表，如果 ETL 工具可以一邊運作，同時記錄一些**狀態資訊（State Information）**，包含「哪幾個列已經被處理了」、「處理到第幾列了」。當 ETL 工具執行失敗，又或是當該張表有發生更新時，就可以利用狀態資訊，增量地從上次結束的地方開始執行，而不用整個工作全部重作。

⊃ 封底計算與效能

很多時候，我們要在整個軟體系統上線運行之後，才會知道有沒有效能的瓶頸。而當發現效能不佳之後，我們可以利用效能剖析工具（Profiling Tool）來抓到效能瓶頸，抓到之後再去改善。

6 EL 與 ETL

然而，ETL 程式算是特例，我們在開發前，通常就可以先透過**封底計算**（**Back-of-the-envelope Calculation**）來估算出，這個 ETL 一旦上線運行，可能會消耗多少資源。我們只要先去估算 ETL 要處理的原始資料量大概有多大即可。

資料量大時，一種有效的改善效能方式是活用 Parquet 格式，它是一種內建資料壓縮功能的檔案格式。有時候，光是把原始資料的 CSV、JSON 轉換成 Parquet 格式，資料量就會大幅縮小，且縮小的幅度往往不是 10%、20%，而是可能縮小成原本的 1/3 甚至是 1/10。在這種用例，可以省下來的機器運行費用往往相當可觀。

ETL 開發實務

我們也可以使用 Meltano 的**線上資料對應（Inline Data Mapping）**功能來做 ETL，特別適合一些簡單的應用案例，比方說：

- 修改欄位的名稱。
- 修改欄位的資料型態。
- 刪去特定的欄位。
- 過濾掉特定的列。

要注意的一點是，複雜的資料轉換，比方說，有 Join 操作的、或是聚合（Aggregation）操作的，就沒有辦法用這個線上資料對應來做了。

利用 Meltano 來做 ETL，由於已經活用了既有的 EL 軟體框架，前述的 ETL 設計原則的前三項都自動滿足了。

另外，當資料透過 Meltano 進入資料倉儲之後，通常還會再經過複雜的資料轉換。也因此，如果在 Meltano 這一段就有做 ETL 的情況，我們可以稱這種資料管線作法為 E（t）LT。此處的（t）是指發生在 Meltano 這一段的資料轉換，而 T 則是指發生在資料倉儲裡的資料轉換。

⊃ 缺乏可用的 Meltano EL 插件

然而，當 Meltano 既有的 tap 或是 target 真的就是對不上我們要介接的資料端點時，即前述**普遍性不足的需求**，在這種情況之下，有兩個作法值得考慮：

1. 自行開發 Meltano 的 tap 或是 target 插件。這個作法的難度偏高，但是自行開發成功 EL 插件之後，變成又可以使用 ELT 的作法。

2. 放棄 Meltano 的 EL 軟體框架，改用其它的方式來開發 ETL。開發 ETL 的作法很多，但有兩個作法特別值得考慮：

    o 第一種作法是利用 dlt 來開發 ETL，這可以確保風格一致。由於 dlt 提供了許多定義好的範例與開發風格，雖然在最初開發時，需要花費更多時間來研究什麼才是 dlt 風格（dlt Convention），但是，長期來講，遵守標準的風格一來可以確保一致性，同時又可以減少大量的文件撰寫時間。

    o 第二種作法則是利用 DuckDB 來做資料轉換，這適合效能導向的 ETL。DuckDB 的效能，保守的估計，勝過 Python 10 倍以上，如果 ETL 的資料轉換是計算強度高的類型，就特別適合用 DuckDB。此外，利用 DuckDB 寫的資料轉換，必須要用 SQL 寫，這就會寫成函數式資料轉換，日後的維護性也會更好。

⊃ 案例：DuckDB 做為 jq 的替代方案

常見的 ETL 任務之一是讀取 JSON 格式的檔案，然後對 JSON 做種種的處理：篩選、轉換、聚合等等，然後再將處理完的資料顯示在螢幕上或是寫入資料庫。傳統上，很常用的工具之一是使用 jq 這個命令列的程式，因為使用 jq 一方面可以方便地讀取 JSON 檔，同時又可以使用高階語法。

考慮以下的 JSON 檔案內容，假設檔名是 `sales.json`，而我們想得到每種產品的總銷售成績（Total Sales）。

```
[
  {"id": 1, "product": "apple", "quantity": 10, "price": 1.5},
  {"id": 2, "product": "banana", "quantity": 5, "price": 0.8},
  {"id": 3, "product": "apple", "quantity": 7, "price": 1.5},
  {"id": 4, "product": "banana", "quantity": 8, "price": 0.8},
  {"id": 5, "product": "cherry", "quantity": 3, "price": 2.0}
]
```

用 jq 來處理的話：

```
> jq -c 'group_by(.product) | map({
  product: .[0].product,
  total_sales: map(.quantity * .price) | add
})' sales.json
```

▲ 程式語法 6-2 Load JSON by jq

jq 處理得到的結果：

```
[{"product":"apple","total_sales":25.5},
 {"product":"banana","total_sales":10.4},
 {"product":"cherry","total_sales":6}]
```

用 DuckDB 來處理的話：

```
duckdb -c "
SELECT product, SUM(quantity * price) AS total_sales
FROM read_json_auto('sales.json')
GROUP BY product;"
```

▲ 程式語法 6-3 Load JSON by DuckDB

DuckDB 處理得到的結果：

```
┌─────────┬─────────────┐
│ product │ total_sales │
│ varchar │   double    │
├─────────┼─────────────┤
│ apple   │        25.5 │
│ cherry  │         6.0 │
│ banana  │        10.4 │
└─────────┴─────────────┘
```

由於乍看之下，行數幾乎相當，所以這邊來探討一下，為什麼 DuckDB 是一個比 jq 更好的解決方案。

1. 容易串接：DuckDB 支援更多的檔案格式，包含常用的：JSON、CSV、Parquet、XLSX，都可以直接讀取。而 jq 只支援 JSON。

2. 語法容易上手：DuckDB 提供的 SQL 語法，高階的程度與 jq 的語法相近，但是又更加普遍。多數的軟體工程師、資料工程師、資料分析師都可以立刻掌握。

3. 性能：DuckDB 的效能更好。

本章小結

現代資料棧中的 EL 和 ETL 是不可或缺的組成部分。在本章節中，我們探討了從基本概念到具體實作，並介紹了如 Meltano/dlt 等具代表性的工具。

EL 工具可以大大簡化資料移動的過程，特別是對於常見和標準化的需求。然而，對於需要特別處理的情況，ETL 仍然是一個必須考慮的選項。透過實施良好的設計原則，如容易除錯、設置簡單、支援增量載入和進行封底計算，我們可以確保 ETL 流程高效率且可維護。

到本章為止，現代資料棧已經成型了，接下來的章節，我們將深入探討資料工程的種種進階議題：資料品質、即時資料、將複雜度向下移動（如何選擇資料倉儲）。

MEMO

7

資料可靠性（Data Reliability）

到之前的 EL、ETL 章節為止，中小企業夠用的現代資料棧已經成型了。而當現代資料棧打造的資料基礎建設上線了，立刻要面對的問題就是：「產出的資料要是有錯呢？」

於是，我們要開始思考資料可靠性的議題。資料可靠性可以用很長的篇幅來探討，考慮 80/20 法則，先將資料可靠性拆解五個常見的問題：

1. 出錯時，什麼方法論可以輔助我們抓出錯誤？

2. 在生產環境中，除錯時需要去觀察的 Log 該怎麼管理？

3. 對於那種因為資料輸入不乾淨造成的錯誤，能否在錯誤發生之前，就先執行一些資料測試，提前抓出錯誤？

4. 新的錯誤往往會在對資料管線做出改動（Change）時產生，有什麼工作流程可以減少這類錯誤發生的機率？

7 資料可靠性（Data Reliability）

5. 如果每當某資料表一出錯，就立刻中斷該資料表下游的所有資料使用，這就會影響到資料的可用性。換言之，資料正確性與資料可用性兩者之間存在著矛盾，該如何設計才能妥善處理？

上述的五個問題可以做一個簡單的分類：問題 1 與問題 2 是探討當錯誤已經發生之後的因應之道（Contingent Solution）、問題 3 與問題 4 則是探討在錯誤發生之前的預防設計（Preventive Design）、問題 5 則是一種兩難問題（Dilemma）的處理。接下來會對五個問題的解決方案一一做解說：

1. 除錯方法論。
2. dbt 套件 - Elementary。
3. dbt test。
4. Recce。
5. 兩難問題的因果分析。

除錯方法論

已知一個系統的輸出有錯，如果我們要有系統地來找出它內部的錯誤的話，我們可以套用除錯方法流程圖。流程圖乍看之下複雜，但它的本質非常單純，就是**假設**與**驗證**。以下用對資料轉換這一階段的除錯來示範除錯方法論[53]。

◯ 第一步是界定要除錯的系統。

我們先界定資料轉換（Data Transformation）就是我們要除錯的系統，即圖 7-1 的方框。

---

[53] 有系統的除錯，可以參考我的著作《從錯誤到創新》https://leanpub.com/errors_to_innovation/。

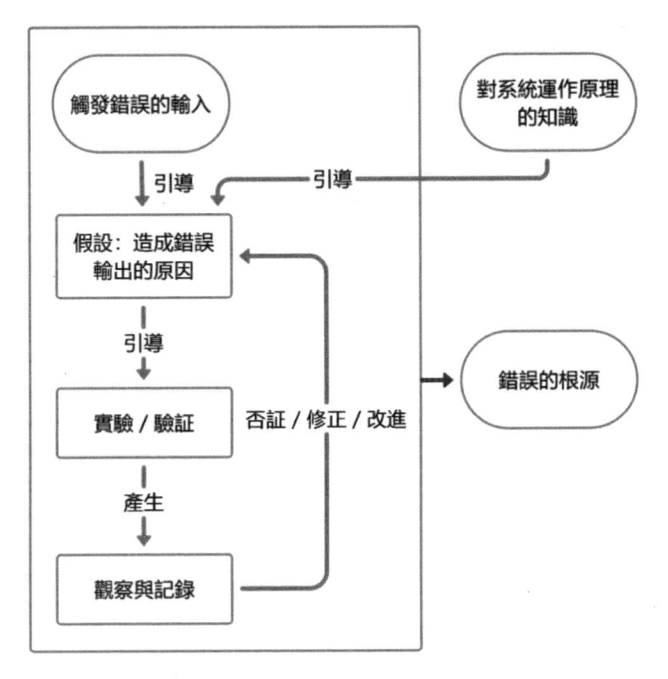

▲ 圖 7-1 除錯流程圖

◐ 第二步是釐清觸發錯誤的輸入。

以資料轉換這個階段來講，會觸發錯誤的**輸入**通常有三種：

1. 系統的資料輸入，比方說，源頭的營運資料庫的資料就有錯。
2. 新寫入的資料轉換，不小心寫錯了。
3. 程式碼的運行環境（Runtime）：新安裝的套件、新設置的參數引發了錯誤。

◐ 第三步是提出假設。

在已經知道哪些輸入有變動之後，如果可以搭配**系統運作原理的知識**，就容易做出高品質的假設。

7 資料可靠性（Data Reliability）

考慮了系統運作原理的知識，我們會發現，要對系統的資料輸入做出假設，相對不需要運作原理，因為多數的資料型態是可以用肉眼理解的。新寫入的資料轉換，運作原理也只需要了解 SQL 與 Jinja，還在一般分析工程師可以掌握的範疇。

另一方面，程式碼的運行環境則往往包含了一層又一層不同的技術堆疊，但還是可能觸發錯誤。也因此我們通常要讓開發、營運環境的程式碼完全一致。如此一來，就可以透過比較在開發環境、營運環境的運作結果，來確認錯誤是否來自運行環境。

在確定了錯誤來自於運行環境之後，要再設法提出有效的假設，往往需要搭配讀取運行環境的 Log。要有效地解讀 Log 自然也需要系統運作原理的知識。附帶一提，下指令：`dbt run --debug`，就已經可以看到資訊豐富的 Log。

● 第四步是驗證假設。

驗證假設這一步很重要的思考在於要控制變因。很多時候，資料輸入與資料轉換會同時變動，在這種情況之下，合理的操作是進行以下兩種操作來控制變因。

1. 讓資料輸入不變動、只讓資料轉換變動，來驗證是否錯誤是從資料轉換觸發。
2. 讓資料轉換不變動、只讓資料輸入變動，來驗證是否錯誤是從資料輸入觸發。

此外，如果已經可以確定錯誤從某段程式碼產生時，我們可以利用 `print` 之類的指令，將程式碼運行到特定行的狀態顯示出來，以驗證假設。

● 第五步是觀察與記錄。

透過觀察到的結果，我們可以否證一些假設，又或是縮小可能發生錯誤的範疇。要做記錄時，則可以考慮利用除錯記錄表。

	對錯誤原因的假設	驗證方式	驗證結果
1.			
2.			
3.			

▲ 表格 7-1 除錯記錄表

⊃ 第六步是反覆運作

反覆地運作「假設、驗證、觀察與記錄」之後，通常可以縮小可能出錯的範疇，並且逐步收斂，找出錯誤的根源。如果發現即使反覆運作之後，還是難以有效地縮小可能出錯的範疇，很可能是因為過度缺乏系統運作原理的知識。

▌dbt 套件 - Elementary

每次 dbt run 執行完成之後，dbt run 本身會有指令的傳回值，表示這次的執行是否成功。同時，dbt run 也會在 target 資料夾下，產生一個檔案 run_results.json，而該檔案記錄著這次執行的種種細節，包含此次 run 裡，執行了哪些 Models、這些 Models 是否成功、寫入了幾個列，等等。

當 dbt run 是在正式環境（Production Environment）裡運行時，如果失敗，我們會需要記錄下該次失敗執行所對應的 Log，而這個 Log 的資訊可以來自 target/run_results.json 這個檔案。但，難道說，我們要自己撰寫程式，去將每次 dbt run 執行完成時所產生的 run_results.json 儲存起來嗎？

不用這麼麻煩，如果你使用的資料倉儲是 Snowflake、BigQuery、Redshift 或 Databricks 的話，安裝一個 dbt 套件 Elementary，Elementary 就會自動完成上述的這些事了。

7 資料可靠性（Data Reliability）

◯ 安裝 Elementary

編輯 packages.yml，並且在其中加入：

```
packages:
  - package: elementary-data/elementary
    version: 0.15.2
```

編輯 packages.yml，並且在其中加入：

```
models:
  ## see docs: https://docs.elementary-data.com/
  elementary:
    ## elementary models will be created in the schema'<your_schema>_elementary'
    +schema: "elementary"
    ## To disable elementary for dev,uncomment this:
    # enabled: "{{ target.name in ['prod','analytics'] }}"

# Required from dbt 1.8 and above for certain Elementary features (please see more details above)
flags:
  require_explicit_package_overrides_for_builtin_materializations: false
```

接下來，在命令列執行指令：

```
dbt deps
dbt run --select elementary
```

◯ 當 Elementary 不能順利安裝時⋯

有一篇 Elementary 官方 Blog 的文章《dbt observability 101:How to monitor dbt run and test results》[54]，它有詳細地介紹 Elementary 核心的運作原理、也有提供範例的程式碼。

---

54 文章連結 https://www.elementary-data.com/post/dbt-observability-101-how-to-monitor-dbt-run-and-test-results。

1. 開發一個 Materialized Model，它會在資料倉儲裡產生一張表 `dbt_results`，用來記錄 Log。

2. 開發一個 Macro `parse_dbt_results`，用來解析（Parse）dbt 內部一個包含有 Log 資料的變數。

3. 開發一個 Macro `log_dbt_results`，用來接受含有 Log 資料的變數、調用 `parse_dbt_results`、並且把解析完成的資料寫入 `dbt_results` 這張表。

4. 用 `on-run-end hook` 去啟動 `log_dbt_results` 這個 Macro。

如果很不幸地，讀者應用的資料倉儲恰好不相容[55]於 Elementary 的話，我會建議讀者參考上述的文章來修改程式碼，捨棄完整的 Elementary 套件，先只使用 Elementary 的核心功能。由於「dbt observability 101」該文中的程式碼相對於完整的 Elementary 套件少了非常多，要改到可以動還算是容易的事[56]。

dbt test

對資料庫有一定熟悉的人，心裡預設的資料品質管控是透過資料表綱要（Table Schema）的條件限制（Constraint）功能來做。參考圖 7-2，當不乾淨的資料要寫入資料表時，如果沒有通過條件限制的檢查，就會噴出異常。這也就是為什麼，在第一章的故事裡會有如下這一段話：

> 辛苦的 J 同事也因此有時候要一份資料要匯入多次，因為每次噴出例外，他就得重新修改一次，再重新匯入。

---

55 Elementary 的官方宣稱，該套件只在 Snowflake、BigQuery、Redshift 和 Databricks 這四個資料倉儲做過測試。

56 一般而言，dbt 官方出的套件，即 dbt-labs，有刻意設計成容易修改讓不同的資料倉儲也可以使用。然而，由於 Elementary 是第三方的套件，是否能做簡單的修改，就讓目標的資料倉儲也可以順利使用，這就很難說了。

7 資料可靠性（Data Reliability）

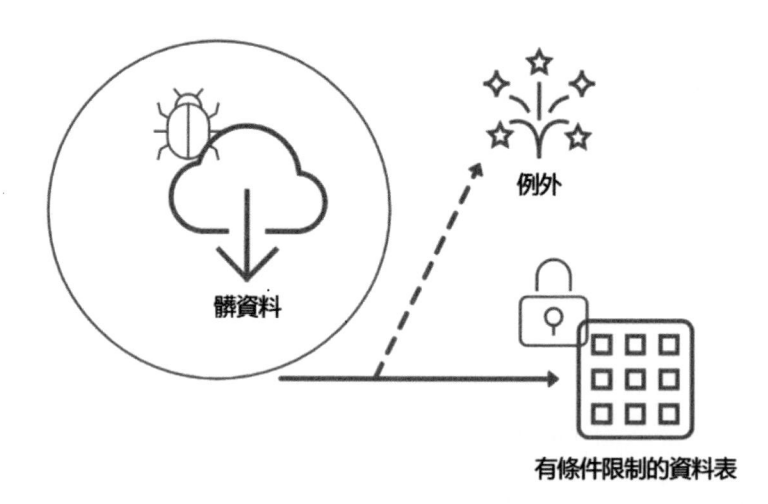

▲ 圖 7-2 資料儲存前檢查正確性

如果資料品質管控與資料儲存兩件事同時發生的話，匯入資料的過程就得要不斷地處理例外，相當低效率。而 dbt test 的作法很不同。它是利用 SQL 查詢來對資料倉儲之內的資料做檢核的解決方案，參考圖 7-3。

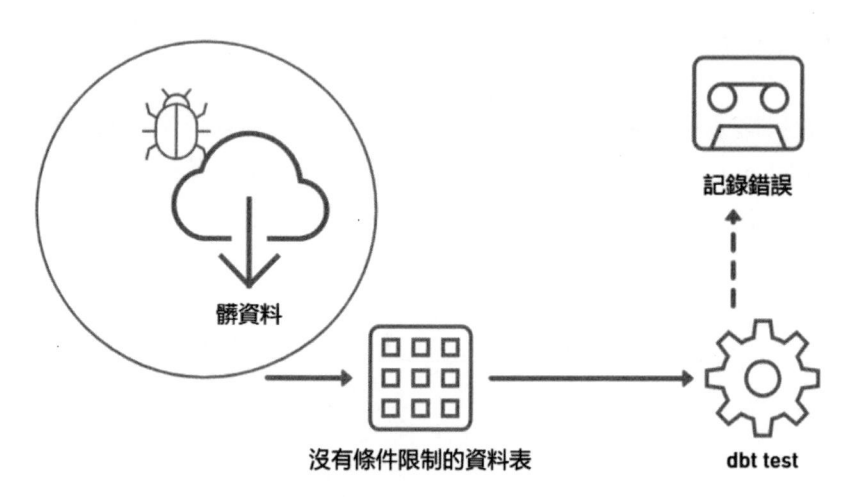

▲ 圖 7-3 資料儲存後檢查正確性

比較兩種資料品質管控的作法：

	透過「資料表綱要的條件限制」	透過「SQL 查詢」
執行的時間點	在資料進入資料表的時刻	在資料已經存放在資料表之後的時間
丟出異常（Exception）並且造成 SQL 的插入（Insert）語句失敗，並且中斷 EL/ETL 的執行	是	否

▲ 表格 7-2 兩種資料品質管控作法比較表

最關鍵的不同點是，SQL 查詢的作法解耦了「資料品質管控」與「資料儲存」兩件事，也因此當外部資料要匯入資料表時，不會噴出異常，而這也會讓 EL/ETL 的設計大幅簡化，因為再也不用去設計複雜的異常處理（Exception Handling）了。

⊃ 單點測試（Singular Test）

單點測試通常是為了特殊的單一目的而專程設計的測試，這是最簡單的 dbt test 應用方式。使用者寫一個 SQL 查詢去傳回測試失敗的列。換言之，當該 SQL 查詢執行時，如果有傳回任何的列，表示測試失敗；如果傳回空集合，則表示測試成功。

要使用單點測試，有兩個步驟：

1. 在 tests 目錄下，加入一個 .sql 檔，裡頭寫 SQL 查詢去傳回測試失敗的列。
2. 執行 dbt test 指令。

單點測試很簡單，但是缺點也滿明顯的，那就是：「每多一個 Model 要測，就要重寫一個測試」，那如果是類似的測試，我們卻想要把該測試套用到不同的 Model 之上呢？這時候，我們就應該來使用通用測試。

7 資料可靠性（Data Reliability）

⊃ 通用測試（Generic Test）

通用測試通常可以反覆地重覆使用、而且它們還跟常見的資料表綱要條件限制可以找到對應關係。要使用通用測試，有兩個步驟：

1. 修改屬性檔、加入**通用測試**。

2. 執行 dbt test 指令。

屬性檔是副檔名為 .yml 的檔案，並且放在與 models 資料夾或是 models 下的子資料夾裡。以下方的這個屬性檔來講，它含有四種 dbt 預設已經定義好的、可以直接使用的**通用測試**：unique、not_null、accepted_values、relationships。

```yaml
version: 2

models:
  - name: orders
    columns:
      - name: order_id
        tests:
          - unique
          - not_null
      - name: status
        tests:
          - accepted_values:
              values: ['placed', 'shipped', 'completed', 'returned']
      - name: customer_id
        tests:
          - relationships:
              to: ref('customers')
              field: id
```

▲ 程式語法 7-1 Generic Test

⊃ 資料表綱要條件限制與 dbt 通用測試的對應關係

下方的「資料表綱要」範例使用的 SQL 是 PostgreSQL，內含兩張表：customers 和 contacts。其中，PRIMARY KEY 和 FOREIGN KEY 都是條件限制。

- PRIMARY KEY 條件限制等價於 dbt **通用測試**裡的 unique 且 not_null。

- FOREIGN KEY 條件限制（在下列設計的例子裡）意謂著每一個 contacts 表裡的 customer_id 欄位裡的值，一定可以在 customers 表裡的 customer_id 欄位裡找到對應，而這等價於 dbt 通用測試裡的 relationships。

讀者有注意到了嗎？ dbt 預設的**通用測試**，對於已經會用資料表綱要條件限制的人來說，非常自然喔！

```sql
DROP TABLE IF EXISTS customers;
DROP TABLE IF EXISTS contacts;

CREATE TABLE customers(
    customer_id INT GENERATED ALWAYS AS IDENTITY,
    customer_name VARCHAR(255) NOT NULL,
    PRIMARY KEY(customer_id)
);

CREATE TABLE contacts(
    contact_id INT GENERATED ALWAYS AS IDENTITY,
    customer_id INT,
    contact_name VARCHAR(255) NOT NULL,
    phone VARCHAR(15),
    email VARCHAR(100),
    PRIMARY KEY(contact_id),
    CONSTRAINT fk_customer
        FOREIGN KEY(customer_id)
            REFERENCES customers(customer_id)
);
```

⊃ 通用測試（Generic Test）的內部實作

當 dbt test 這個指令運作時，dbt 會先為要做通用測試的 Model 產生用來測試的 SQL 查詢，該 SQL 查詢會去查找測試失敗的條件，然後 dbt 會執行這個查詢。如果查詢傳回一個列以上的資料，表示測試失敗；反之，如果查詢傳回空集合，則表示測試成功。

7 資料可靠性（Data Reliability）

以 unique 條件限制來講，用來測試的 SQL 查詢是：

```
select *
from (

    select
        {{ column_name }}

    from {{ model }}
    where {{ column_name }} is not null
    group by {{ column_name }}
    having count(*) > 1

) validation_errors
```

以 not_null 條件來講，用來測試的 SQL 查詢是：

```
select *
from {{ model }}
where {{ column_name }} is null
```

dbt 也允許使用者去客製化自己需要的一般測試（Custom Generic Data Tests），而這部分算是進階的技巧，可以參閱官方文件[57]。

⊃ 錯得有多離譜？

如果我們設定 dbt 的執行順序都是先 dbt test 再執行 dbt run，而且每當 dbt test 有錯時就不再繼續執行 dbt run 的話，這會產生一個矯枉過正的問題。因為很多時候，如果出錯的列數少於一定的數目時，最後的結果根本不受影響，換言之，微小的資料品質缺陷是可以忽略的。

無論是單點測試或是通用測試，其內部實作都是會回傳「測試失敗的列」，而 dbt test 會對這些傳回的資料再多加一個彙總運算，預設的彙總運算是

---

57 https://docs.getdbt.com/best-practices/writing-custom-generic-tests。

7-12

count(*)，這個彙總運算可以用 `fail_calc` 參數來加以調整。重點是，由於我們可以取得「測試失敗的列的總數」，我們也可以利用這個總數來讓 `dbt test`「有條件地失敗」。

以下方的這個屬性檔為例，它設定成：

- 當出錯的列數超過 1000 時，`dbt test` 會傳回錯誤（Error），即不通過。
- 當出錯的列數超過 10 但小於等於 1000 時，`dbt test` 會傳回警告（Warn）。如果是傳回警告的話，可能會視為是通過、也可能會視為不通過，視有沒有設定 `--warn-error` 而定。
- 當出錯的列數小於等於 10 時，`dbt test` 就會傳回通過（Pass）。

```yaml
version: 2

models:
  - name: large_table
    columns:
      - name: slightly_unreliable_column
        tests:
          - unique:
              config:
                error_if: ">1000"
                warn_if:" >10"
```

Recce

有在開發軟體的人都會利用 `diff` 這樣子的指令來快速地觀看，自己到底修改了什麼程式碼。參考圖 7-4，以前端網頁開發為例，如果在開發的過程自己造成的臭蟲時，往往一邊看著頁面中的**異常**，一邊用 `diff` 指令比較到底哪一段改過的程式碼出錯了。

7 資料可靠性（Data Reliability）

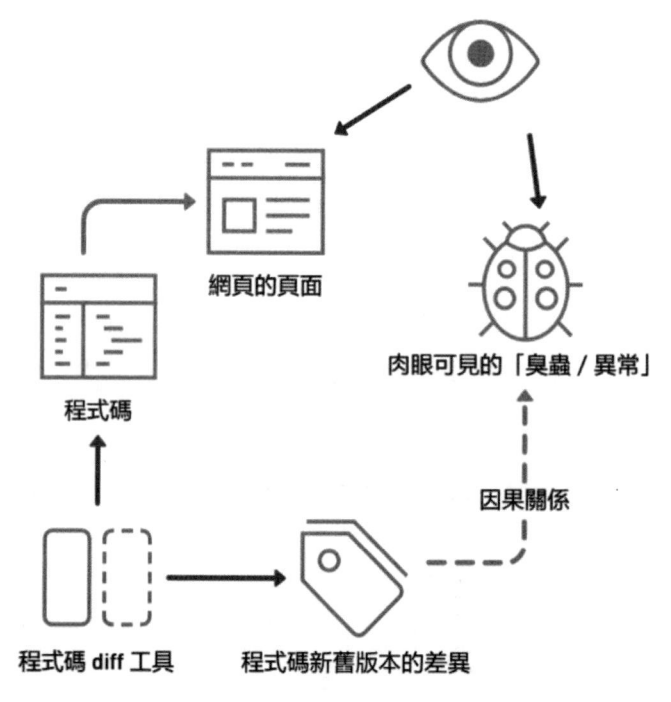

▲ 圖 7-4 比對程式碼修改的差異

那現代資料棧呢？有了分析即程式碼（Analytics as Code）的設計思考之後，確實也可以用 diff 之類的指令來看出程式碼的差異，然而，與前端差異很大一點是，資料倉儲的內容的差距不太可能只靠肉眼看出來，畢竟資料倉儲之內的資料動不動就上萬筆。

我們會需要一個可以比較資料倉儲的「修改前」與「修改後」差異的工具，而 Recce[58] 就是這樣子的一個工具。

Recce 提供了修改前後的 Lineage 變化，也可以用 Query 的方式比較前後的資料差異。進階一點的，還可以用看到每個欄位變動的比例、統計資料的變化，這些都補足了傳統 Code Diff 無法提供的資訊。Recce 可以整合在團隊 PR Review 的流程，來達到資料層級的 Review。

---

58 https://datarecce.io/。

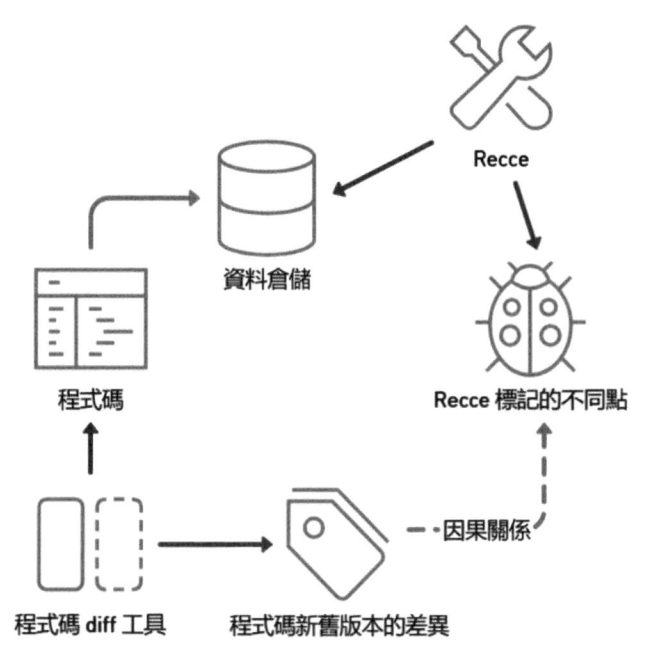

▲ 圖 7-5 使用 Recce 比對資料表修改的差異

兩難問題的因果分析

先對資料正確性與資料可用性多做一些說明。

以資料正確性來講，由於原始資料來源往往不是資料團隊可以控制，就算資料團隊在處理過程之中，加入了重重的檢查，一旦前端的資料源做了些許的修改，往往就會有新的異常資料生成。

異常資料有可能也不是單純的髒資料，反而是反映了資料處理過程中，資料模型未能充分為真實世界建模的狀況。比方說，如果一個資料管道（Data Pipeline）的資料源是某個讓使用者輸入姓名的表單（Webform）。當某位使用者輸入的名字使用了中間名、或是大小寫不一致，又或是台灣人本來使用漢字做為姓名，但某天開始改用原住民羅馬拼音名時，就會出現這種異常資料。換言之，異常資料幾乎永遠都會出現。

7 資料可靠性（Data Reliability）

資料可用性往往出現在資料已經成為某組織的決策流程的一環之後。以第一章的故事裡的 L 社來講，由於管理階層的銷售檢討會議是一週開一次，所以新的資料抵達後，必須在一週之內走完試算表流水生產線（Spreadsheet Assembly Line）以產生銷售報表。如果在試算表處理的過程之中，發現某個欄位在前一段的處理有錯，往往 L 社的同仁必須加班才能及時修正錯誤，如此才能確保銷售報表的可用性。

如果將資料正確性與可用性的矛盾加以圖像化，可以得到：

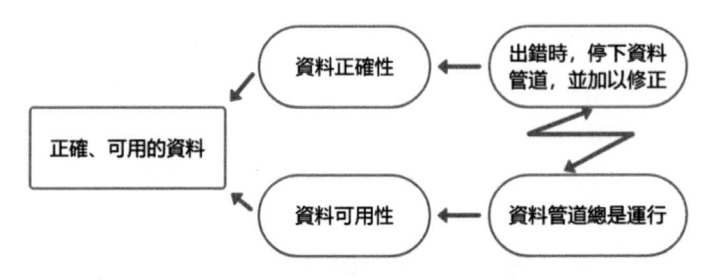

▲ 圖 7-6 資料正確與可用的衝突解決圖

由於類似的矛盾很可能會以不同的形式出現，這邊就解決的方法做更詳細的討論。

此處使用的矛盾分析方法出自約束理論（Theory of Constraints）。約束理論是一套企業管理的方法論，其假設企業難以自行改善自身的問題是因為其內部的一些議題有衝突與矛盾，是以衝突解決是讓企業可以突破約束的關鍵流程。

衝突解決有二個步驟：

1. 將衝突與矛盾可視化。
2. 仔細檢查因果關係，並據此找出替代方案。

⊃ 衝突解決圖

「衝突解決圖」是用來讓衝突與矛盾可視化。在圖中，每一個箭號都是表現因果關係。A 是理想中想要達成的目標，而 A 需要條件 B 與條件 C，而條件

B 需要前提條件 D，條件 C 需要前提條件 D'。一旦 D 與 D' 兩者不能同時成立時，A 就難以達成。

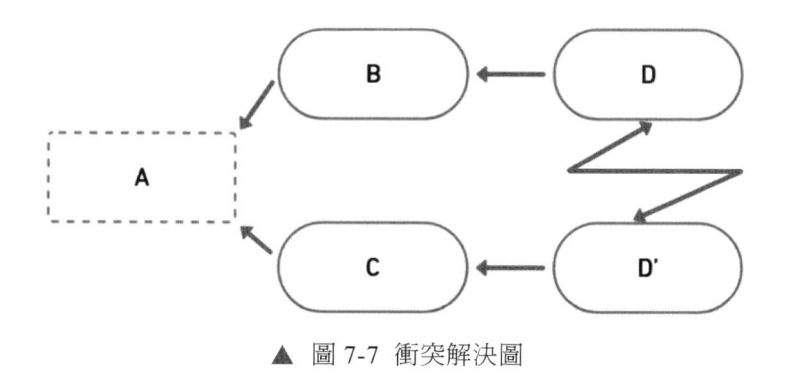

▲ 圖 7-7 衝突解決圖

⊃ 化解矛盾

根據約束理論作者 Goldratt 的看法，每一個因果關係裡都有隱藏的假設。如果我們去仔細檢驗因果關係，就有可能發現，隱藏的假設可能有替代方案。綜合上述，將每一個因果關係的連結，都加以檢驗之後，就有可能發現某個隱藏的假設，因為有替代方案所以可能不成立，於是找出矛盾的解決方案。

在仔細地檢查了資料正確與可用的衝突解決圖中的每一段因果關係之後，我們可以發現許多新的可能性。

首先，有些資料並不需要 100% 正確，因為這些資料之後可能會用於繪圖、用於預測模型，即使部分不準確，對於最終的結果不會有顯著的影響。在這種情況之下，我們可以將資料的正確性訂為 95% 即可。

再者，要修正資料也不總是意謂著一定要停下資料管道才能修正。如果已經得知錯誤有固定的形式、修正方式也有固定的形式，那就可以據此來設計自動修正的程式，如此就有可能達成資料正確性又不用停下資料管道。

最後，企業決策使用的指標價值往往差異很大，只有少數的指標才會需要超高的可用性，其它多數不那麼常用的指標就算出錯時就不可用，也不會對企業造成任何影響。

7 資料可靠性（Data Reliability）

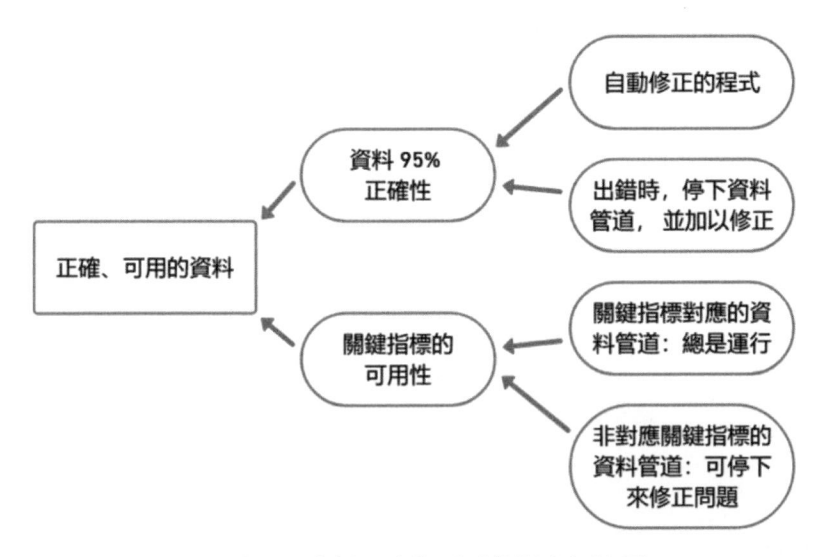

▲ 圖 7-8 資料正確與可用的衝突解決圖

◯ dbt test 依照百分比來判斷成功 / 失敗

dbt test 預設的功能，雖然有提供 `fail_if` 指令，所以某種程度可以自訂失敗的條件。但是，如果需要「成功不再是以 100% 成功視為成功，而是只要 >95% 成功就視為成功」，這就需要用到客製化測試才能達成。

▎本章小結

在現代資料棧裡，有許多可以輔助提高資料的可靠度的解決方案，而我建議讀者在考慮整合新工具時，不妨先問問自己，這個解決方案是**因應設計（Contingent Design）還是預防設計（Preventive Design）**？我認為，因應設計與預防設計至少都要考慮一到兩項，才容易提高資料可靠度。

資料工程就像許多的技術問題一樣，常常會面對兩難問題。處理兩難問題時，除了單純做出取捨之外，還可以考慮對兩難問題做更進一步的因果分析，說不定就有機會找到同時滿足兩難問題的創新解法。

8

即時資料
(Real Time Data)

要理解即時資料，不妨先想想看，它相對的概念是什麼呢？相對的概念是**延時資料（Delayed Data）**。只要資料有做暫存、週期性地同步、或是批次前置處理，就會是延時資料。

讀者可能會問，應該也會有分析的需求需要即時資料吧？由於即時資料的解決方案，跟延時資料的解決方案比較起來，實作的複雜度會高出許多，還會隨著即時的程度提高，實作的成本大幅上昇。綜合上述的考量，在一般的分析需求來講，延時一天是常見的標準。

可以容忍一天的延時會讓很多設計都大幅簡化，比方說：

- 同步資料。因為可以延時一天，所以用個簡單的排程，一天去觸發一次同步即可。

8 即時資料（Real Time Data）

- 資料轉換。如果複雜的資料轉換花費相對長的時間才能完成，比方說 3 小時，可以先把耗時的轉換做批次前置處理並且把轉換完的結果儲存起來。

- 資料管線的正常運行時間、高可用性。即使資料管線因為某些因素而中止運作，一天之內修好就過關了。

正因為即時資料的實作困難許多，這邊建議讀者，如果你恰好負責公司的資料基礎建設，當得到來自使用者的需求，說想要即時資料，第一時間的反應是去詢問使用者：「你的應用情境是什麼？資料需要多即時？延遲的上限為何，毫秒、分鐘、還是以小時計？」

多數的時候，由於使用者訪問資料的頻率最高以小時為單位，又或是來源資料更新的頻率以小時為單位，並不會有延遲上限以分鐘為單位的需求。

不同的應用、不同的即時

在了解了即時資料與延時資料的基本差異之後，接下來我們從實務角度，看看「即時需求」在特定的產業應用中，會出現什麼樣的變化。

⊃ 結合歷史資料與即時資料的分析需求

多數的時候不會有，航空業算是少數的例外。在航空業，航班調度與延誤管理往往需要結合歷史資料（Historical Data）和即時資料，才能做出最佳決策。

為了做出航班決策，通常需要以下的資料：

- 歷史資料
  - 過去的天氣：可用來分析在類似天氣條件下，過去航班的延誤情況。
  - 過去的航班延誤記錄：過去相似航班的延誤時間長度、處理方式以及結果。

- 乘客過去行為的記錄：過去在航班延誤的情況下，乘客的反應和選擇，比如是否選擇改簽、取消或者等待。

- 即時資料
  - 當前航班狀態：包括飛機的位置、預計到達時間、已知的延誤時間等。
  - 現在的天氣：目的地和航線上的天氣狀況。
  - 乘客的概況：航班上乘客的登機情況、特定乘客的需求（如轉機乘客）等。

⊃ 限制條件

就上述航空業情境加以分析，我們可以推論出以下的限制條件：

1. 營運資料庫（Operational Database）的資料必須先同步到資料倉儲之後，才能做查詢，且資料的同步應該儘量選擇不會對營運資料庫帶來效能負擔的解決方案。營運資料庫是為交易的需求而最佳化的，分析的資料庫查詢很容易對營運資料庫造成巨大的壓力，甚至會讓營運資料庫完全卡住。

2. 部分的查詢會結合歷史資料與即時資料，而這些查詢的查詢延遲必須滿足以分鐘為單位的延時。

3. 資料有可能相當多元，比方說天氣資料。部分的異質資料，接收到之後會直接寫入資料湖（Data Lake）裡保存。這些異質資料的查詢延遲也必須滿足以分鐘為單位的延時。

接下來，我們會就上述的限制條件來一一探討解決方案。

8 即時資料（Real Time Data）

變更資料擷取（Change Data Capture）

在軟體的世界裡，有些抽象概念會反覆地在不同的地方出現，伴隨著不同的實作。以「整數的加法」為例，在組合語言裡的加法，開發者除了要考慮溢位之外，還要去考慮暫存器（Register）；在 C 語言裡也有加法，已經不用管暫存器了，只是依然會溢位；在 Python 語言的加法的話，由於已經有大數（Big Number）的資料型態，所以可以輕易避免溢位的問題。

「即時監控變化，並且將事件（Event）自動推送（Push）到其它地方，並觸發其它操作」這種概念，也是反覆地出現。比方說，使用 Jamstack（JavaScript、API、Markup Stack）來開發輕量級的網站，就存在上述的概念。當我們修改儲存網頁內容的 Markdown 檔時，一旦將 Markdown 檔儲存，做完的修改就可以立刻同步到網頁上。這部分的具體實作，是由 File Watcher 來即時監控檔案內容的變化，並且將事件推送給負責轉換 Markdown 成為 HTML 格式的程式，並且觸發部分網頁的重新生成。

參考圖 8-1，右邊是編輯器，中間的終端機負責執行網頁伺服器與 File Watcher，左邊是瀏覽器。我在右邊的編輯器裡一改完 Markdown 檔，左邊瀏覽器裡看到的網頁內容就跟著改變了。

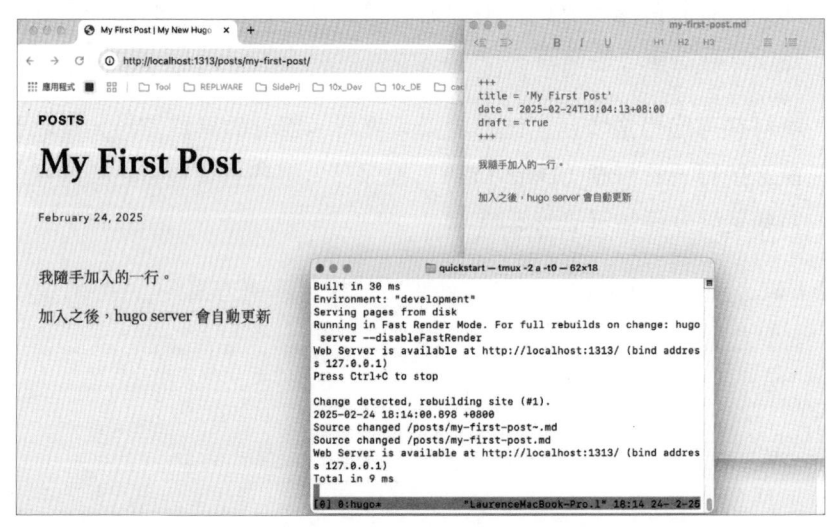

▲ 圖 8-1 Jamstack 的即時編輯更新

變更資料擷取（Change Data Capture）

上述概念，如果應用在資料庫，就變成了即時監控資料庫，並且將資料變化的事件推送到其它地方，並且觸發後續的其它操作，這又稱之為**變更資料擷取**。

變更資料擷取有數種不同的實現方式，常見的有基於時間戳（Timestamp）的實作、基於觸發器（Trigger）的實作、基於交易日誌（Transaction Log）的實作等。在之前的航空業案例，有明確的條件限制需要減少對營運資料庫帶來效能負擔，基於日誌的變更資料擷取會是首選。

⊃ 基於日誌的變更資料擷取（Log-based CDC）

在資料庫內部的運作，當資料庫接收到變更（Insert、Update 和 Delete）時，它會先將其寫入到稱為交易日誌的檔案中。這些日誌主要用於備份和災難復原目的，但也可用於將變更同步到其它系統。參考圖 8-2，變更資料擷取的程式會去讀取交易日誌，並將一項又一項的變更同步到資料倉儲。

這邊有兩點特別值得注意的：

1. 由於變更資料擷取只需要去讀取交易日誌，所以它對營運資料庫造成的效能負擔相當小。

2. 它也可以捕捉到資料表綱要變更（Schema Changes）的事件，並將其同步到資料倉儲。

常見的解決方案有：

- 開源解決方案
  - Debezium
  - Apache NiFi
- 非開源解決方案
  - Oracle GoldenGate
  - Striim

8 即時資料（Real Time Data）

○ AWS Database Migration Service

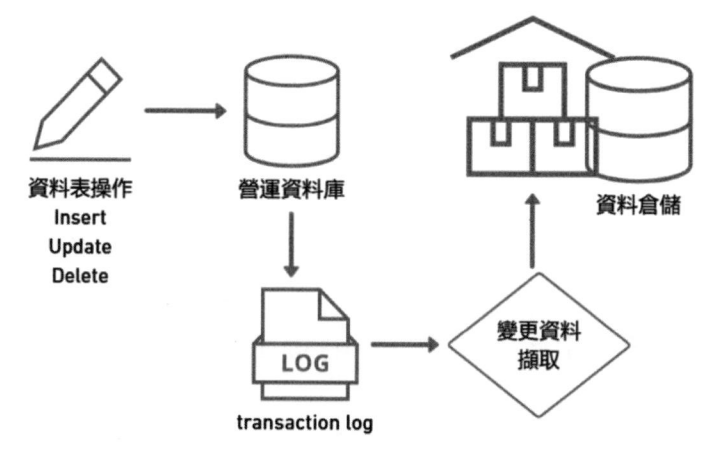

▲ 圖 8-2 變更資料擷取

▌資料倉儲內的 Lambda 視圖

Lambda 視圖[59] 這個解法，可以確保結合歷史資料與即時資料的查詢之反應時間夠短。這個解法來自 dbt 的論壇。讀者可能會覺得，咦，聽起來好耳熟，跟 Lambda Architecture 有關係嗎？有的，而且確實有相似之處。

⊃ Lambda 架構

流式處理框架 Storm 的作者 Nathan Marz，曾經發表過一篇很有影響力的文章，「如何擊敗 CAP 定理[60]」。CAP 定理指出，對於一個分布式計算系統來說，不可能同時滿足以下三項。最多只能滿足三項中的兩項，而不可能滿足全部三項。

---

59 Lambda 視圖的出處連結：https://discourse.getdbt.com/t/1457。

60 如何擊敗 CAP 定理 How to beat the CAP theorem 作者 Nathan Marz
   http://nathanmarz.com/blog/how-to-beat-the-cap-theorem.html。

8-6

1. 一致性（Consistency）

2. 可用性（Availability）

3. 分區容錯性（Partition Tolerance）

由於分區容錯性不能妥協，所以通常分散式的 No SQL 資料庫會在可用性和一致性之間進行權衡。犧牲可用性的系統會讓使用者在某些時刻得到：「請你稍後再試」的訊息。犧牲一致性的話，在應用層開發軟體的工程師就得在應用層維護最終一致性，而這幾乎是不可能的任務，因為太過複雜。無論是選擇哪一個，都讓人難以建構理想的系統。

Nathan Marz 提出了二個重要的觀點，做為一切論述的基礎：

- **基於時間的不可變事實**。真實世界的資訊，其實不一定要使用「增刪改查（CRUD，Create、Read、Update、Delete）」四種操作才能加以建模，那是我們從傳統資料庫的運作方式得到的觀點。在傳統的觀點，資料表中的列對應的實體（Entity）是一切的基礎，而實體是可變動的。我們可以換成另一種方式來建模真實世界的資訊，改成利用基於時間的「不可變事實」（Immutable Facts）來建模。比方說，07-31 這天小芳在她的社交網路記錄她的居住地為甲地，三天後她把居住地改為乙地。上述的這兩個事實可以用基於時間的不可變事實來加以建模，前者是 (07-31, 小芳, 甲地)，後者是 (08-03, 小芳, 乙地)，而資料庫的基礎如果只由無數「基於時間的不可變事實」來構成的話，資料庫的寫入操作就只剩下「新增」，因為「刪除」與「更新」的語意（Semantic）也可以用新增事實來達成。[61]

- 並不是 CAP 定理本身，讓分散式系統難以建構，而是「增刪改查（CRUD，Create、Read、Update、Delete）」裡的更新，難以與 CAP 定理並存。

---

61 基於不可變的事實來建模的觀點很抽象，而 Datomic 這個資料庫就是用這種概念來打造的。https://docs.datomic.com/tech-notes/comparison-with-updating-transactions.html。

8　即時資料（Real Time Data）

我們可以依循以下的概念來建構分散式資料系統，參考圖 8-3。

- （圖中左邊的圓柱）它會不斷地接收並儲存不可變的資料。

- 寫入操作是新增不可變的資料事實。

- （圖中分散的節點）系統透過從所有的原始資料重新計算查詢來避免 CAP 定理的複雜性。

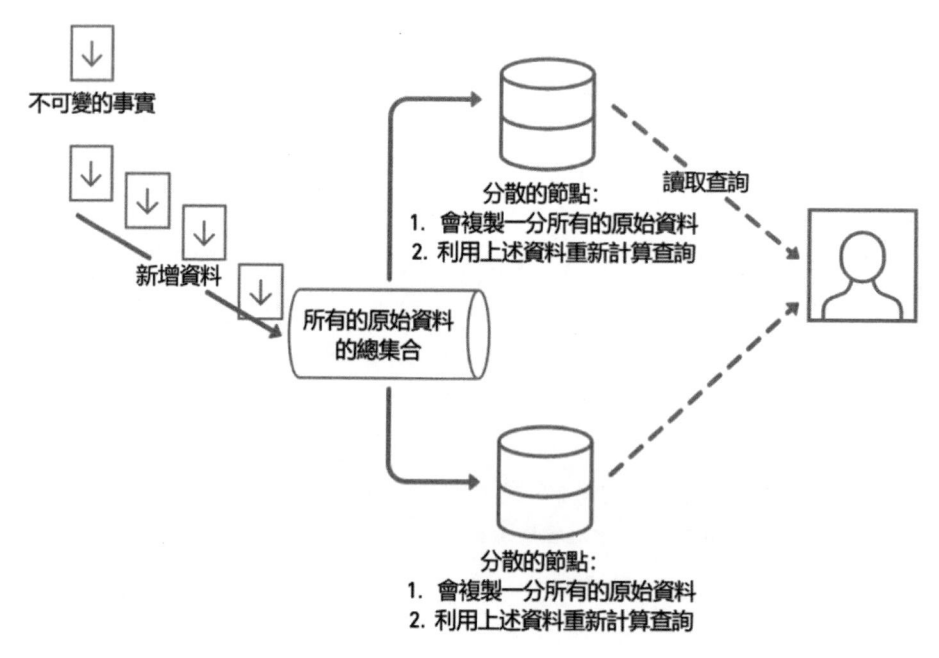

▲ 圖 8-3 應對 CAP 定理的概念設計

到了圖 8-3 為止，已經可以得到一個可以在 CAP 定理存在之下，順利運作的分散式系統的概念設計。然而，這個系統還無法在真實的環境中運作，因為每次重新計算所有的原始資料是不可能的，系統需要做查詢計算的最佳化。

於是，我們補上最後一個概念：

- 系統使用增量演算法（Incremental Algorithm）將查詢延遲降低到可接受的範圍內。

增量演算法有兩種形式：流式計算與批量計算。流式計算可以加速，因為每次只計算新來的一些資料。批量計算可以加速因為它是預先計算的。最後我們得到圖 8-4。

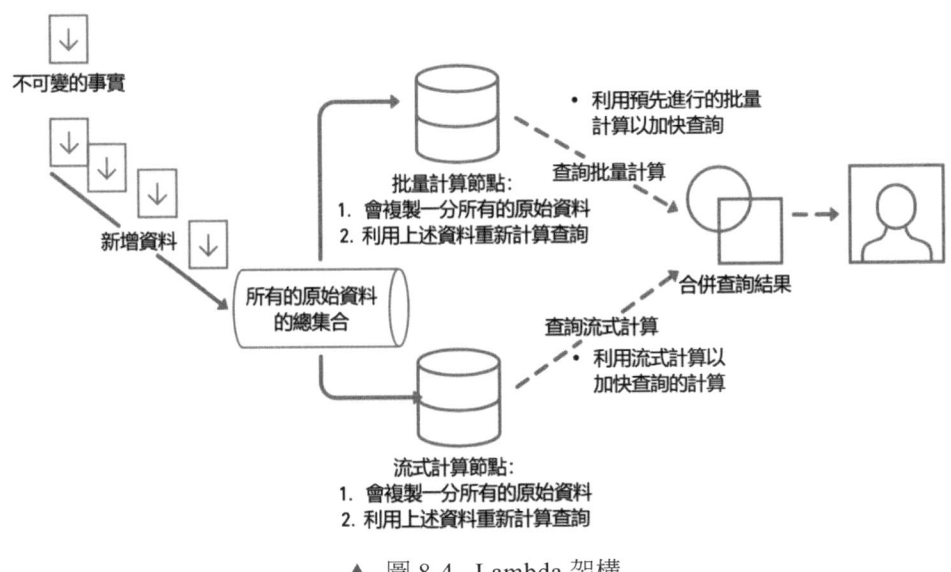

▲ 圖 8-4　Lambda 架構

⊃ 異曲同工之妙的 Lambda 視圖

我們可以發現，Lambda 視圖還真的跟 Lambda 架構的圖有許多相似之處，參考圖 8-5。只是需要關注的焦點有點不同。

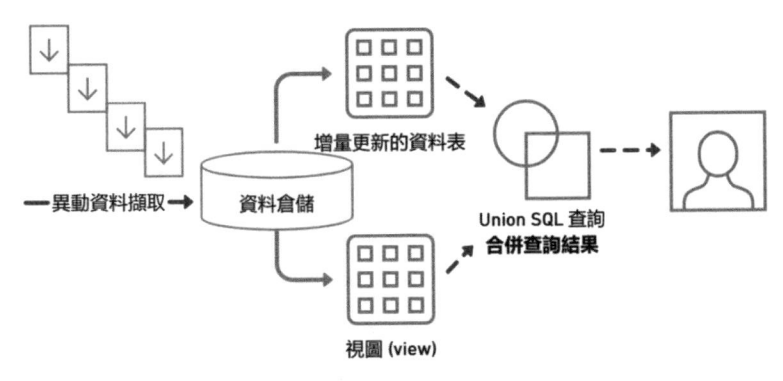

▲ 圖 8-5　Lambda 架構實作於資料倉儲

8 即時資料（Real Time Data）

在 Lambda 架構的討論裡，最關鍵的討論是要處理 CAP 定理對分散式系統的影響，所以重點放在資料的本質是不可變的事實（Immutable Facts）。而 Lambda 視圖的重點則是在於：「確保結合歷史資料與即時資料的查詢之反應時間夠短。」

在一個典型的 Lambda 視圖裡，增量更新的資料表每個小時就更新一次，所以在視圖（View）裡的查詢，由於需要計算的資料量只有最新一個小時的資料量，可以確保它的查詢延遲夠低。而增量更新的資料表，由於是預先計算完的，查詢延遲自然也會可以接受。

簡易資料湖與查詢引擎

如果資料團隊是在模規略大的公司，由於組織愈大溝通愈難以順暢，他們很難在資料開始產生的早期就理解下游各個使用單位的需求，也因此要在資料倉儲設計合理的資料表綱要（Table Schema）也會滿困難的。

對資料團隊來說，要處理的需求總是不斷地進來，如果某天又來了一個新的資料儲存需求，要找人問也常常一問三不知，資料團隊很可能會心想：「算了，通通都塞進雲端物件儲存（Object Storage）吧，反正雲端物件儲存的價格也很低。」

雲端物件儲存，比方說，Amazon S3，可以做為一個簡易版的資料湖解決方案。資料團隊並不是刻意選擇要使用資料湖，而是由於被需求追著跑，不知不覺中就做出簡易版的資料湖了。

有了簡易的資料湖了，如果又有低查詢延遲的需求時，就得好好研究在資料湖上高速查詢的解決方案。

⊃ DuckDB 作為資料湖的查詢引擎

之前在本書的第四章就有談到 DuckDB 是一種 OLAP 專用的嵌入式資料庫，但是在第四章時只是把 DuckDB 當一般的資料倉儲使用，並沒有細談「嵌入式」

三個字的巧妙之處。然而，一旦我們把 DuckDB 拿來做為資料湖的查詢引擎時，嵌入式的特性就可以大放異彩，它有幾個關鍵優點：

1. 效能：嵌入式資料庫與應用程式運行在同一程序（Process）中，省去了透過網路與外部資料庫傳輸資料的時間，所以速度更快。

2. 簡化部署：因為不需要設置獨立的資料庫伺服器，應用程式的部署也大幅簡化。

⊃ 範例：透過 Python 使用 DuckDB

要在 Python 裡與 DuckDB 溝通，需要先安裝 DuckDB 函式庫。

```
pip install duckdb
```

程式語法 8-1 是在 Python 裡使用 DuckDB 的範例程式碼。在這段語法中，DuckDB 會自動生成一個在記憶體中的資料庫，該資料庫既可以寫入資料，也可以運行 SQL 查詢。這對程式開發人員來講，仿佛就像一般的資料庫一樣，但是又不用花費力氣去設置獨立的資料庫伺服器。

```python
import duckdb

# 建立一個記憶體中的 DuckDB 資料庫連接
con = duckdb.connect(database=':memory:')

# 建立表格並插入測試資料
con.execute("""
CREATE TABLE sales (
    id INTEGER,
    product VARCHAR,
    amount DECIMAL(10, 2)
)
""")

con.execute("""
INSERT INTO sales (id, product, amount) VALUES
(1, 'Apple', 10.5),
(2, 'Banana', 8.75),
```

```
(3, 'Cherry', 12.0),
(4, 'Date', 6.25),
(5, 'Elderberry', 15.0)
""")

# 執行一個 SQL 查詢來計算總銷售額
result = con.execute("SELECT SUM(amount) AS total_sales FROM sales").fetchall()

# 顯示查詢結果
print(f'Total Sales: ${result[0][0]:.2f}')
```

▲ 程式語法 8-1 Python DuckDB

執行結果：

```
Total Sales: $52.50
```

⊃ DuckDB 搭配 AWS Lambda 做為查詢引擎

以下是一個範例的查詢引擎實作[62]：

1. 將結構化或半結構化的資料儲存在 AWS S3 中。DuckDB 支援多種文件格式，包括 CSV、JSON 或是 Parquet，而分析型的應用，通常是以 Parquet 的效能較好。

2. 使用 AWS Lambda 來運行 DuckDB。AWS Lambda 支援了多種程式語言，例如 Python、Node.js 或 Java，而這些語言也都有對應的 DuckDB 函式庫可以使用。

3. 在 AWS Lambda 中，使用 DuckDB 從 AWS S3 讀取資料。

4. 在 AWS Lambda 中，使用 DuckDB 執行 SQL 查詢以完成資料轉換。

---

62 https://github.com/tobilg/serverless-duckdb。

◯ 為什麼會想到要這樣子組合？ DuckDB 搭配雲端儲存（Cloud Storage）

讀者如果上網查資料的話，會發現將 DuckDB 搭配雲端儲存的文章相當多，這時可能心裡冒了一個大問號：「為什麼這麼多人都想到要這樣子來組合軟體？」這個組合方式反映了近代資料工程的一個重要設計概念：解耦（Decoupling）。

這邊從解耦的角度來解釋：DuckDB + 雲端儲存的組合本質上是將「計算（Compute）」與「儲存（Storage）」進一步解耦，這樣的架構選擇符合現代的資料處理趨勢，並且與許多傳統 SQL 資料庫的內部設計相呼應。

先考慮傳統 SQL 資料庫的內部架構。許多關聯式資料庫（如 MySQL、TiDB）內部本質上是「SQL 查詢層」+「KV 儲存層」的組合。例如：

- MySQL（InnoDB）：本質上是 B-Tree 的 KV 儲存引擎。

- TiDB（分散式 SQL）：底層使用 TiKV，將 SQL 層與儲存層解耦，使其具備分散式擴展能力。

接著，我們用另一種觀點來看「雲端儲存」，其實它也可以視為是一種 KV 儲存。

- 雲端儲存（如 AWS S3、Google Cloud Storage）可以被視為一種 KV 儲存，因為它提供基於路徑（Key）讀寫 object（Value）的能力。

最後來看 DuckDB 的角色：它提供了 SQL 能力。

- DuckDB 本身是一個內嵌式的 SQL 引擎，並不強制綁定特定的儲存層。

- DuckDB 可以透過無伺服器運算（Serverless）來執行。

- 當 DuckDB 直接讀取雲端儲存（例如 Parquet on S3），就像 SQL 查詢層直接操作 KV 儲存層一樣。

8　即時資料（Real Time Data）

　　這種計算與儲存的解耦，讓計算資源（CPU、Memory）與儲存資源（Storage）都可以獨立擴展，而不需要受限於傳統資料庫的垂直擴展模式。

▎本章小結

　　即時資料是進階的議題。

　　面對這類型的需求，我們很容易在最初時找到複雜的解決方案，然而，複雜的解決方案常常會導致又要安裝新的軟體、導入不同的運算架構、因而讓既有系統的複雜性大幅上昇。

　　在做出技術決策之前，投資足夠的時間來分析需求，則相對有機會找到簡單的解決方案，而解決方案愈簡單，除了實作會快上許多之外，日後的維護成本也會隨之降低。

9

將複雜度往下移動

有一回,客戶的工程師需要在開發 SQL 片段程式碼,功能是:

1. 要把特定型式的字串轉換成時間。比方說,1900-10-01,轉換成日期。

2. 如果無法轉換,則傳回當天的日期。

由於客戶的資料倉儲是 Oracle,而我對 Oracle SQL 不算熟練,我就先用 DuckDB SQL 寫了如下的版本,然後,丟給生成式 AI,請它幫我翻譯成 Oracle SQL。

```
SELECT
  id,
  coalesce(try_strptime(t,'%Y-%m-%d'),current_date())
FROM
  table_name;
```

9 將複雜度往下移動

而生成式 AI 幫我翻譯成以下語法。這個翻譯出來的結果不能用，因為 DuckDB 的 `try_strptime` 遇到無法轉變為時間型別的字串，比方說傳入錯誤的日期「2024-02-31」，它不會丟出異常、只會傳回 NULL。然而，Oracle 的 TO_DATE 則會丟出異常。

```
SELECT
  id,
  CASE
    WHEN TO_DATE(t,'YYYY-MM-DD') IS NOT NULL
      THEN TO_DATE(t,'YYYY-MM-DD')
      ELSE SYSDATE
  END AS t,
FROM table_name;
```

我對生成式 AI 提出抱怨，說程式碼會丟出異常而非 NULL 值，所以無法順利執行。生成式 AI 則提出另一個解決方案，方案是設計一個資料倉儲**自訂函數**（**User Defined Function**）。

```
CREATE OR REPLACE FUNCTION try_strptime(t IN VARCHAR2) RETURN DATE IS
  parsed_date DATE;
BEGIN
  BEGIN
    parsed_date := TO_DATE(t,'YYYY-MM-DD');
  EXCEPTION
    WHEN OTHERS THEN
      parsed_date := SYSDATE;
  END;
  RETURN parsed_date;
END;
```

不過，實際上，我查找了 Stack Overflow 之後，發現可以把 Oracle 的 TO_DATE 改成傳回 NULL 而非丟出異常。換言之，有不使用自訂函數的解決方案：

```
TO_DATE(t default NULL on conversion error,'YYYY-MM-DD')
```

前述的故事，我通常用來解釋《A Philosophy of Software Design》一書[63]談到的指導原則：**將複雜度往下移動**（**Pull Complexity Downwards**）。

---

[63] A Philosophy of Software Design by John K. Ousterhout 一書談論了許多的指導原則，然而，多數的指導原則也都可以視為是首要原則的不同表述方式。首要原則是：「模塊應該是深的」。

當 Oracle 的 `TO_DATE` 提供了 `default xxx on conversion error` 這樣子的語法時，`TO_DATE` 這個函數的實作就會更加複雜，但是，這個複雜度是藏在 Oracle 的內部（下層），使用者幾乎不會感受到；同時，使用者有感的部分是：「不用再為了這種情況而去寫自訂函數，真是簡單多了。」**（上層）**

在現代資料棧的許多應用情境裡，也有類似的現象，如果下層的資料倉儲有某些強大的功能時，上層的 dbt 與 SQL 就可以大幅地簡化。

以下會就幾種常見的應用情境來做討論，這些情境的共同點是：「如果往下層移動複雜度，解決方案就可以簡化。」

1. 機敏資料。

2. 隨著時間而變動的資料。

3. 即時資料的查詢延遲。

機敏資料

許多的組織因為業務需求而向個人（客戶、潛在客戶、合作夥伴、員工等）收集的機密資訊都屬於敏感資料，常見的類型包括：

1. 信用卡卡號

2. 住址和生日等**個人身分可識別資訊（PII，Personally Identifiable Inforamtion）**

3. 身分證字號（SSN，Social Security Number）

4. 受保護的醫療資訊（PHI，Protected Health Information）

機敏資料如果存放在營運資料庫時，由於營運資料庫有相對嚴格的權限管理，只有少數的員工可以被授權接觸營運資料庫的資料，機敏資料的管理議題還不會突顯出來。一旦企業開始將資料從營運資料庫同步到資料倉儲，並且企

9 將複雜度往下移動

圖積極地使用資料時，如何對機敏資料的存取設計嚴謹的授權機制，就成為了重要的議題。

⊃ 機敏資料的遮罩

機敏資料的遮罩有兩種常見的作法：

- **ETL 遮罩**：在資料進入資料倉儲時，在 ETL 的時候先將機敏資料加密或是過濾。

- **資料倉儲內建遮罩機制**：資料倉儲內建機敏資料管理機制。當機敏資料被查詢時，查詢（Query）會依照遮罩政策（Masking Policy）將機敏資料欄位加以遮蔽。

ETL 遮罩的作法顯然相對耗工、缺乏彈性、且複雜：

- 遮罩措施必須在 ETL 中完成，這讓原本單純的 EL 流程，變成了 ETL 流程。

- 如果日後需要更改加密或過濾策略，可能需要重新設計 ETL 流程，這增加了日後的維護工作。

- 加密後的資料在分析和操作時可能需要解密，則增加了複雜性。

第二種作法依賴於下層的資料倉儲提供遮罩機制，於是上層對機敏資料實施的權限控管即可大幅簡化，有可能只是調整一下設置就可以達成。換言之，這是一個「將複雜度往下移動」的案例。

▍隨著時間而變動的資料

在營運資料庫裡，資料依照「是否會隨時間變化」會有兩種儲存方式：

1. 可變（Mutable）

2. 不可變（Immutable）

可變方式適合記錄資料實體（Data Entity）最新的狀態。而不可變方式記錄的，則是所有發生的事件（Event）。

以銷售管理系統來舉例的話，客戶資料往往是用「可變」的方式來記錄，比方說，客戶的電話修改了，就直接修改到客戶資料表裡，所以查詢客戶資料表總是可以得到最新的客戶資料。

而訂單資料因為每一筆訂單是一個又一個獨立的事件，則適合用「不可變」的方式來記錄，於是在訂單的資料表裡，每一筆新的訂單就是一筆新的記錄，就算有修改原始的訂單，也要另外準備一個「訂單修改的資料表」，並且另外再產生一筆新的訂單修改記錄。

上述用可變方式記錄的資料，又稱之為**緩時變維度（SCD，Slowly Changing Dimension）**，這些資料通常會緩慢但不可預測地變化。當緩時變維度這類型的資料同步到資料倉儲之後，因為使用方式會發生改變（改成用來生成報表），它可以被修改的特性，甚至有機會破壞**「引用完整性（Referential Integrity）」**。比方說，七月時，某客戶的住址是在台北，而到了八月時，該客戶修改了地址改到了高雄，在這種情況之下，如果我們跑分析報表呈現每個城市的總營收，同一個報表，它在七月時跑跟在八月時跑，跑出來的結果居然會不相同。

⊃ 解法 (1)-dbt Snapshot

我們可以利用 dbt 來建立快照（Snapshot），以記錄資料在不同時刻的狀態。這種方法常用於實現 SCD Type 2，即保存所有歷史記錄，並在資料發生變化時生成新的版本。

dbt Snapshot 主要透過以下步驟來實現 SCD Type 2：

1. 建立一個新的快照表格來儲存快照資料，該快照表格包含了所有的歷史記錄。

2. 每次執行快照時，對比當前資料和上一個快照的資料。

3. 如果發現變化，插入一條新紀錄，並標記有效時間範圍。

dbt Snapshot 會在快照表格裡多生成下列幾個重要的欄位：

欄位名	欄位定義	如何應用
dbt_valid_from	此快照列首次插入的時間戳	此欄位可用於對記錄的不同「版本」進行排序。
dbt_valid_to	此快照列變得無效的時間戳	最新的快照記錄的 dbt_valid_to 將設為 NULL。
dbt_scd_id	為每個快照記錄生成的唯一鍵	這是由 dbt 內部使用的
dbt_updated_at	當此快照列插入時，來源記錄的 updated_at 時間戳	這是由 dbt 內部使用的

▲ 表格 9-1 dbt Snapshot 自動產生的欄位

一旦有了**快照表（Snapshot Table）**，如果說，我們要從 `my_table_snapshot` 這張表查出 2023 年 1 月 1 日的資料，我們可以用以下的查詢來做：

```sql
SELECT *
FROM my_table_snapshot
WHERE
    dbt_valid_from <= '2023-01-01 23:59:59'
    AND (dbt_valid_to IS NULL OR dbt_valid_to > '2023-01-01 23:59:59');
```

⊃ 解法 (2) - 可做時間旅行的資料倉儲

現代資料倉儲如 Snowflake 提供了內建的時間旅行功能，可以簡化緩時變維度資料的處理。時間旅行查詢（Time Travel Query）是一種 SQL 查詢語法，它的語意是：「可以接受一個過去的時間點做為參數，並且將被查詢的資料庫的時間，做時間旅行，回到過去的時間點。」

如果說，我們要從 `my_table` 這張表查出 2023 年 1 月 1 日的資料，我們可以用以下的查詢來做：

```
SELECT *
FROM my_table
AT (TIMESTAMP => '2023-01-01 00:00:00');
```

⊃ 討論

第二種作法依賴於下層的資料倉儲提供時間旅行查詢機制，於是上層對緩時變維度資料實施的許多操作可以大幅簡化，即可以不用做 dbt snapshot，查詢也更加容易寫、容易讀。換言之，這也是一個「將複雜度往下移動」的案例。

值得留意的一點是，由於 Snowflake 的時間旅行查詢，最久遠的旅行時間是 90 天。如果有長時間保存報表的需求，dbt Snapshot 的作法仍然有其必要性。

即時資料的查詢延遲

在第八章，我們有提到在處理即時資料時有一個限制條件：「部分的查詢會結合歷史資料與即時資料，而這些查詢的查詢延遲必須滿足以分鐘為單位的延時。」

⊃ 解法 (1)- 資料倉儲內的 Lambda 視圖

資料倉儲內的 Lambda 視圖是來自 dbt 論壇的作法，如圖 9-1。

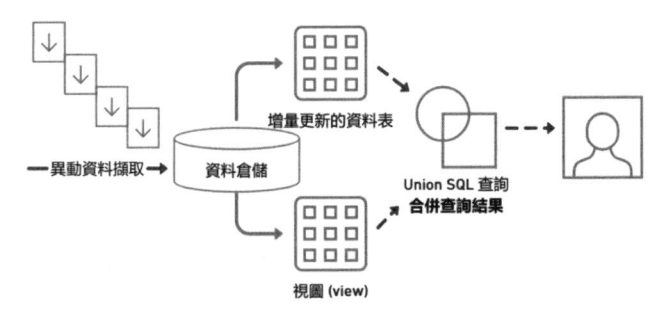

▲ 圖 9-1 Lambda 架構實作於資料倉儲

在這個 Lambda 視圖裡，光是「增量更新的資料表」對應的 dbt Model 就需要比較特別的寫法：

```
{{config(materialized='incremental')}}

select *, my_slow_function(my_column)
from raw_app_data.events

{% if is_incremental() %}
  --this filter will only be applied on an incremental run
  where event_time > (select max(event_time) from {{ this }})
{% endif %}
```

如果要結合「增量更新的資料表」與「視圖」，還需要寫 SQL Union 合併查詢結果。此外，由於複雜的資料轉換邏輯會在「增量更新的資料表」與「視圖」各自重寫一次，很有可能需要把複雜的資料轉換邏輯都加以模組化。

⊃ 解法 (2)- 使用 RisingWave 做為資料倉儲

RisingWave[64] 是專門用來做流式計算（Streaming Processing）的資料倉儲。如果是用 RisingWave 來做結合歷史資料與即時資料的查詢的話，查詢會非常簡單，一個查詢就已經取代了解法 (1) 的 Lamba 視圖解法。

```
{{config(materialized='materialized_view')}}

select *, my_slow_function(my_column)
from raw_app_data.events;
```

這個作法依賴於下層的資料倉儲提供流式資料查詢機制，於是上層對即時資料的查詢延遲所做的許多最佳化都可以省略，即可以省略 Lambda 視圖的設計，查詢也更加容易寫、容易讀。換言之，這也是一個「將複雜度往下移動」的案例。

---

64 RisingWave 的使用範例：https://risingwave.com/blog/streaming-dbt-the-right-way-to-unlock-stream-processing-with-risingwave/。

本章小結

眼尖的讀者可能有發現，我在談論現代資料棧時，順便推薦了許多我覺得還滿好用的解決方案：

- View Layer 推薦了 Metabase。
- Transformation Layer 推薦了 dbt。
- EL tool 推薦了 Meltano 與 dlt。
- 資料可靠性議題，推薦了 Elementary 與 Recce。
- 簡易資料湖，推薦了 DuckDB 與 AWS S3。

那最關鍵的資料倉儲呢？

資料倉儲決定了 SQL，而複雜度可以往下移動，移動到 SQL 之下的資料倉儲裡。所以，選擇資料倉儲是需要認真分析需求之後才能做的關鍵決定。

MEMO

10

資料工程的挑戰

我第一次寫 ETL 的時候,並不知道有 ETL 這個詞彙。想了一想,問了一下座位旁邊的前輩,這種類型的需求有沒有什麼專有名詞可以描述,不然不知道怎麼查 Stack Overflow。前輩跟我說:「啊,這就是『轉檔』啊,這很常見。」可惜,我依然不知道該如何查資料。

在為 L 社開發報表軟體時,我再次遇到類似的情況。我不知道自己正在處理資料工程問題,更不知道這種問題有機會去活用現代資料棧,也因此用了數倍的時間卻也只是勉強達陣而已。

當我開始服務企業客戶時,有機會我也提問有在寫 ETL 的工程師,大約七成有認知到自己是在做資料工程的工作,然而,十之八九都沒有聽過「搬移程式到資料端(Move Code to Data)」這一句話。

10 資料工程的挑戰

在我看來，任何生成或使用資料的工作都不可避免地會遇到資料工程的挑戰，而容易遭遇的資料工程挑戰大致可分成三類：

1. 資料工程的思考。
2. 隱而不現的資料工程問題。
3. 採用新技術時的準備。

▌資料工程的思考：搬移程式到資料端

對許多的軟體工程師來講，算是常識的事情是：CPU 的速度 >> IO 的速度，差距可以高達百萬倍以上。正因如此，程式運行的總時間中，IO 通常佔據極大的比例。例如，網銀轉帳時，遠端資料庫的查詢、以及將結果返回給客戶端所耗費的時間，都是典型的 IO 時間。

由於 IO 對於程式運行的效率影響甚鉅，如果可以減少 IO 的時間，對於效能的提昇會有極大的改進。這也是快取機制、網路協定和資料壓縮等技術不斷創新的一大原因。

然而，一旦當資料的量，動不動就是以幾百 G（Gigabytes）為單位在計算時，傳統的作法，即從資料庫搬移資料到程式端，運算完之後再寫回資料庫的 Move Data to Code 作法，就非常地不適用了。在資料量極大的前提之下，如果還是用 Move Data to Code 的作法來做，IO 的時間遠超過 CPU 運算時間的現象會非常明顯，此外，效能也會差到無法忍受。

這時，不妨讓我們來回顧一個哲學層次的問題：「什麼是運算可以在機器上發生的前提條件？」。運算（Computation），比方說，1 + 2 = 3，這樣子的運算要可以發生在機器上，它有一個隱而不現的前提：資料與程式碼必須在同一台機器上。以上述的例子來，程式碼是 + 的部分，而資料是 1 和 2 的部分。

要滿足前提的話，除了傳統的作法之外，還有另一種可行的程式設計方式，那就是「搬移程式到資料端」（Move Code to Data）。其實，這種作法至少已經有兩種算是常見的案例了：

- 在大數據的 Hadoop 應用，寫 MapReduce，就是一種搬移程式到資料端。
- 在傳統的資料倉儲應用，寫複雜的 SQL 來生成報表，也是一種搬移程式到資料端。

在 AI 領域，**資料庫內資料分析（In-database Analytics）**也運用了「搬移程式到資料端」的概念。與其將大量資料從資料庫中拉取後再用 R 或 Python 進行運算，不如透過擴展 SQL 語法，在資料庫內直接實現迴歸運算和機器學習，以減少 IO 時間。

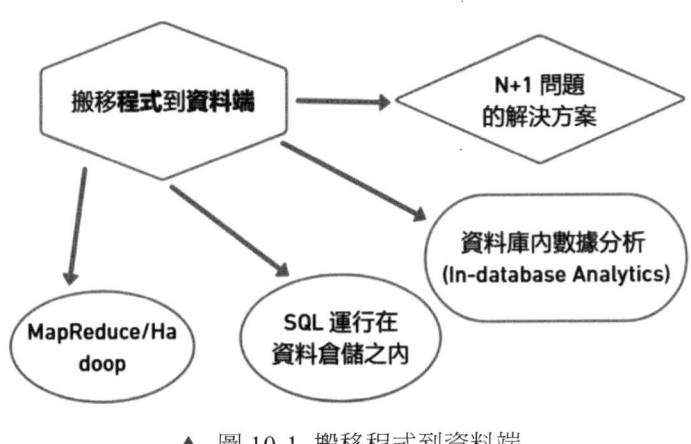

▲ 圖 10-1 搬移程式到資料端

⊃ 案例：N+1 問題

對於應用軟體工程師而言，「搬移程式到資料端」並不常見，但在解決「N+1 問題」時卻很重要。

什麼是 N+1 問題呢？應用軟體工程師若使用 Ruby on Rails 之類的開發框架來輔助產生 SQL 來取代手刻 SQL，由於 SQL 是由 Ruby on Rails 自動生成的，它預設不會刻意去做效能的最佳化，這時就會發生「N+1 問題」。舉例來講，如果要做的操作是從學校（school）這個資料庫裡，取出某個班級（class）的所有學生（student）的資料，並且對每個學生的數學成績做開根號乘以十。自動生成的 SQL 有可能會是這樣子做：

10　資料工程的挑戰

1. 產生一個 SQL 查詢去取得某班所有的學生的資料，假設得到 N 筆學生的資料。

2. 產生 N 個 SQL 查詢去取得每個學生的數學成績。

一旦考慮到 IO 非常慢的這個事實之後，上述自動生成的 N+1 個 SQL 自然是相當地低效率。更有效率的作法，則是只產生一個 SQL 查詢，它內含了 Join，所以可以只用一個 SQL 查詢，就做完步驟 1 與步驟 2 的工作，即只用一個 SQL 查詢就取回所有學生的數學成績。

綜合以上，即使是應用軟體工程師，也會在某些時刻會撞上典型的資料工程問題。

◯ 案例：資料部門的教育訓練

曾經有客戶告訴我，「我們資料部門每年都有教育訓練的預算，但是，之前有幾年送同仁去上課，學了 Python 程式設計之類的課，上完課之後，學到的東西幾乎都沒有用上。」

我給客戶的建議是：「不妨考慮採用『搬移程式到資料端』作為資料工程的判定標準。送同仁去接受的教育訓練，若有內含這種思考的，那就是將來很有機會用得上的。」

▎資料工程的思考：簡單與可擴展性的並存之道

在第一章的故事裡，我有提到過：

> 而當系統上線之後，系統設計裡沒有考慮效能的部分，立刻充分地展現出來。這個系統有多慢呢？那時跟公司要了 32G Memory 的機器，跑一份報表還可以花四個小時才跑完。

資料工程的思考：簡單與可擴展性的並存之道

　　由於昔日 L 社提供的企業內部雲端主機，記憶體的上限是 32G，所以我一度開始認真思考，要是資料量日後又大幅增加，該怎麼辦呢？難道要設法把現在的解決方案從單體架構（Monolithic Arch）設法改成分散式架構（Distributed Arch），以充分利用硬體資源嗎？

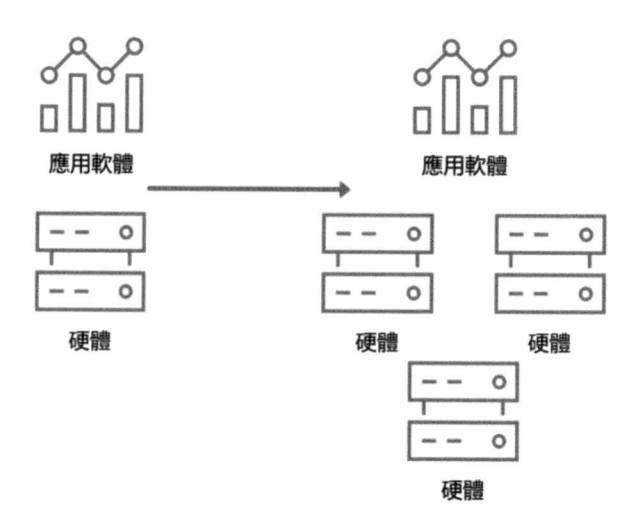

▲ 圖 10-2　單體架構改為分散式架構

　　由於這個修改為分散式架構的解法相當困難，於是我就停下了，並沒有著手實施。後來，我才明白，我遇到的問題，早就有無數的前人遇到過了，而且通用的解決方案就是將資料庫拆分，拆成營運資料庫與資料倉儲，如圖 10-3。

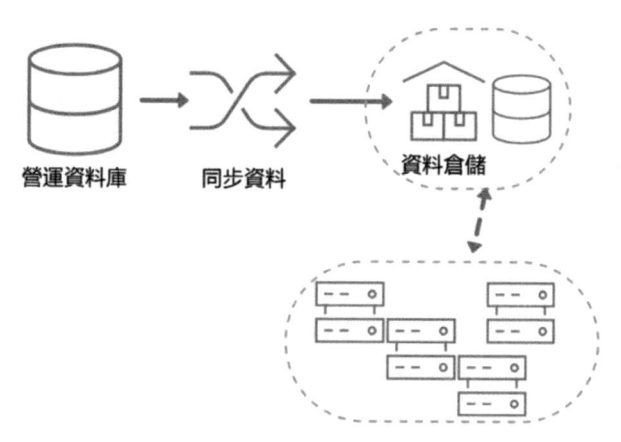

▲ 圖 10-3　同步營運資料與分析資料

10-5

10 資料工程的挑戰

現在很常聽到的雲端資料倉儲，它的重點在於，資料倉儲內部的實作是分散式架構。也許各家實作的方式有所不同，追求的目標是一致的：可擴展性（Scalable）。此外，像 L 社這樣子的大公司也一定會有某個雲端資料倉儲可以使用。

換言之，要大幅提高效能並且讓系統變成有可擴展性，我該做的事情只有兩個步驟：

1. 寫 EL 程式，將營運資料庫的所有的資料同步到雲端資料倉儲裡。

2. 將在本來的營運資料庫裡產生報表的資料庫查詢（Database Query），改成雲端資料倉儲的版本。

將資料庫查詢從一種查詢語言翻譯到另一種查詢語言，通常是浩大工程，但是，這部分可以利用大型語言模型（Large Language Model）來輔助，翻譯的精確度大概有個 87 分，畢竟這類型的工作已經是大型語言模型非常適合的工作了。

⊃ 高階介面的重要性

長久以來，我一直對於分散式架構、微服務之類的設計，都抱持一種敬而遠之的觀點。因為我曾經開發、部署、維護過分散式系統，那段時間的經驗讓我學到，將單體架構改成分散式架構，往往會大幅地增加系統的複雜度，隨著複雜度的增加，開發速度會下降、除錯的難度也會大幅提高。

矛盾的點在於，高可用、可擴展性等特性，不用分散式架構就難以實現。

然而，至少在資料工程的領域，分散式架構與簡單易維護的系統是可以並存的，而並存之道就是：「**分散式架構不在我直接管理的那層抽象層裡，而是隱藏在操作資料的高階介面之下**」。

以應用雲端資料倉儲來增加可擴展性為例，儘管雲端資料倉儲本身是分散式架構的設計，這件事並不會顯著地影響整個系統的複雜度，因為對使用雲端

資料倉儲的我來說,我操作資料的介面就是 SQL,至於 SQL 到底是怎麼運作的,在一台機器上跑還是在一百台機器上跑,我不需要去在意。

在資料工程的領域,在資料操作的高階介面之下,巧妙地利用了成熟的分散式設計來替代傳統不可擴展的設計,讓簡單與可擴展性可以並存,是個常見的模式。比方說:

- 以資料倉儲來講,各家雲端資料倉儲的實作都是分散式架構。也因此使用雲端資料倉儲來取代傳統單機版的資料倉儲之後,資料倉儲的使用者幾乎不用再去擔心可擴展性或是效能的問題。以雲端資料倉儲為例,這就是將 SQL 視為資料操作的高階介面,並在 SQL 之下搞定分散式架構。

- 以檔案來講,公有雲服務的物件儲存(Object Storage)可以視為是一種傳統硬碟檔案的分散式解決方案。WarpStream 將 Kafka 實作在物件儲存之上,並宣稱可以提供比一般的 Kafka 便宜十倍的價格。以 WrapStream 為例,這就是將 Kafka 視為資料操作的高階介面,並在 Kafka 之下搞定分散式架構。

綜合上述,當認知到系統的本質是資料工程問題且有可擴展的需求時,將分散式架構的難題塞到資料操作的高階介面之下,問題就解決一大半了。

隱而不現的資料工程問題

有一回,客戶請我協助開發軟體。客戶從事金融業,他要開發一個軟體去自動化他的工作,軟體功能規格如下:

1. 軟體需要接收比特幣、乙太幣等虛擬貨幣的交易資料。

2. 軟體需要套用會計存貨的先進先出法(FIFO)[65],來算出不同幣別的存貨成本。

---

65 先進先出法是指公司按照商品購買的先後順序來計算銷貨成本和期末存貨成本。先買進的商品會先賣出去,因此銷貨成本(呈現於損益表)是較早期的買入成本,期末存貨(呈現於資產負債表)是較後期的買入成本。

10　資料工程的挑戰

我一時好奇，詢問了客戶：「既然這套軟體還沒有開發出來，但是，你應該現在就得套用先進先出法來計算存貨成本吧，你現在是怎麼做的？」

於是，客戶拿出了一份可以計算先進先出法的 Excel 給我看。

同時，客戶還告訴我，他公司的軟體工程師，為了這個存貨成本的題目，已經寫了 500 多行的 Node.js 了，但是，一時還無法順利地把軟體開發出來。工程師覺得卡關的地方在於，不知道該如何設計軟體，才可以確保效能、日後容易除錯等議題。

看了一下客戶的工程師所開發的程式，顯然工程師並沒有辨別出這是一個資料工程的問題。

我用了約 50 行的 SQL（搭配了 Window Function）實作出了先進先出法計算存貨成本[66]。此外，這個「搬移程式到資料端」的解法由於省去了大量的 IO，效能相當地好。至於，除錯方面，由於中間計算的階段成果，可以用資料庫視圖來加以呈現，可以說是跟 Excel 一樣，高度可視化且容易驗證。[67]

參考**實作先進先出於資料倉儲圖**，我所做的設計是位於右邊的虛線橢圓圈之內，橢圓圈之內的就是典型的資料工程。讀者可能會想問：「**該如何判斷一個問題是不是屬於資料工程的問題呢？**」

這邊有個啟發法（Heuristic）：凡是已經先被 Excel 做出第一版解決方案的問題，都很有可能是資料工程的問題。

---

[66] LIFO-FIFO Inventory 其實是經典的 SQL 問題，在 Joe Celko 的著作《Joe Celko's SQL Puzzles and Answers》就有提到過。只是 Joe Celko 並非使用 Window Function 來作答，似乎因為該書撰寫於 Window Function 還不普及的年代。

[67] 對我寫的 FIFO inventory SQL 實作有興趣的讀者，可以參考這邊。https://github.com/humorless/orangesky/blob/main/fifo.sql。

10-8

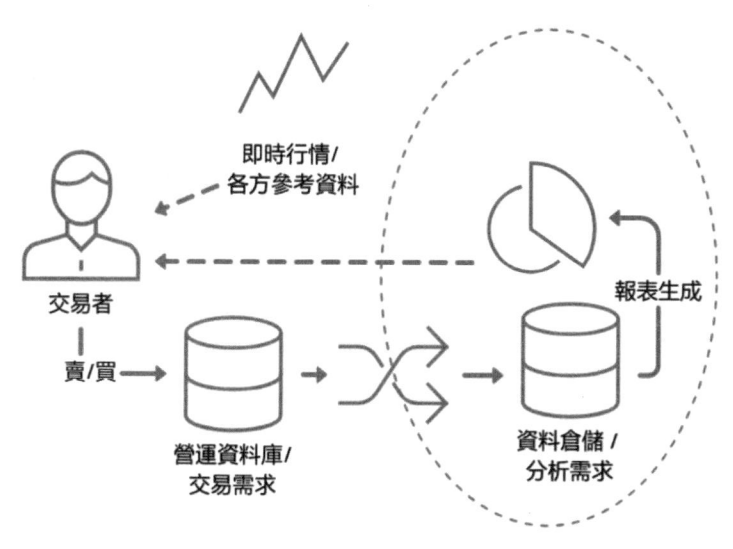

▲ 圖 10-4 實作先進先出於資料倉儲

採用新技術時的準備

　　有些人很喜歡新技術，因為導入新技術之後，就有機會日後在公司內部做發表，對於職涯可能很有幫助。與之相對的是，也有些人對於新技術，採取能不碰就不碰的態度，因為每一次的新技術導入，都會帶來一定的風險。無論是哪一種態度，都不應該做為採用新技術的主要決策基準。對於新技術應該抱持開放的態度，擁抱創新的可能性，同時也必須做嚴謹的研究與分析，確保自己真的了解新技術帶來的成本與效益。

　　採用新技術時，應考慮將新技術與替代方案做成**決策矩陣**形式的比較表，以確保對於新技術帶來的優缺點有充分的理解。以下以指標的組合爆炸（Combinational Explosion）問題為例，示範決策矩陣的用法。

　　資料團隊有時會面臨超大量報表生成的需求，比方說，需要針對多個不同的度量（Measure）依不同的維度（Dimension）生成大量的指標（Metric）。

10-9

常見的一種維度是時間，比方說：

- 每週（Weekly）。
- 每月（Monthly）。
- 每年（Yearly）。

這些指標的 SQL 查詢結構相似，僅在時間範圍上有所差異。然而，儘管 SQL 結構大致相同，仍需頻繁編寫和調整查詢程式碼，這會導致工作量顯著增加。這類維度、度量組合所帶來的 SQL 查詢數量急劇增加的現象，又可稱之為指標的組合爆炸。

面對這種問題，常見的解決方案有兩種：

1. 應用 dbt 的 MetricFlow（即 Semantic Layer 的功能）。
2. 將資料建模層的最後一層，即包含直接讓下游使用的度量與維度資料，做成 One Big Table（OBT，大表）的形式。

無論是哪一種，核心的思考都是設法讓企業裡不會寫 SQL 的一般員工，可以透過更加簡單的方式自助式地取得指標。然而，這邊的兩種作法有個關鍵差異：第一種作法會採用新技術；第二種作法則是應用已知技術。

於是，我們可以將兩種作法做成決策矩陣，並且審視兩種作法最適合的情境再作選擇，而不是總是刻意選擇新技術，又或是總是刻意迴避新技術。

特性	MetricFlow	OBT（One Big Table）
自動化生成 SQL 查詢	分析工程師通過 YAML 配置自動生成 SQL。	無法自動生成查詢，但一般使用者仍可以透過 Metabase 等 View Layer 工具來生成 SQL，且不再需要思考困難的 SQL Join。
配置與維護	配置一次即可多次重用，不同時間範圍的查詢可通過參數化設定自動生成。	生成 OBT 後，不同查詢共用相同表結構，但需定期更新 OBT。

（續上表）

特性	MetricFlow	OBT（One Big Table）
指標透明度	分析師和開發人員配置後，查詢可自動生成。然而，對於業務人員要理解指標的對應實作有一定的技術門檻。	業務人員可以直接查詢 OBT，並且直接理解指標的對應實作。
擴展性	支援動態更新和多資料源整合，可靈活地處理變動。	擴展性有限。新需求可能導致 OBT 結構的更新，並可能影響現有查詢。
適合情境	多元的維度組合或需求變動頻繁、且不需提供高指標透明度。	固定的維度組合或需求不常變動，且需要提供高指標透明度。

▲ 表格 10-1　MetricFlow 及 OBT（One Big Table）

⊃ 案例：技術棧轉型的困難

有一回，客戶請我去協助導入現代資料棧。由於該客戶的資料團隊已經有既有的資料工程作法並非從零開始，這是一個技術棧（Technical Stack）轉型的專案。

在我開始著手進行工作之前，就有聽說專案的時程有點延遲了，而我看了系統的架構設計之後，很快地就發現有兩處很奇怪：

1. 架構設計裡有 Airflow。但是，該公司既有的系統裡，已經有一套 IBM Tivoli Workload Scheduler 可以做跟 Airflow 類似的事，比方說，基於「依賴關係」的排程。

2. 架構的設計裡，用來執行 dbt 的伺服器是跑在 Kubernetes 之上，而非一般的虛擬機。但是，在現代資料棧裡，最大的效能瓶頸會是在資料倉儲，並不是在運行 dbt 的機器。

總之，我開始詢問，為什麼要使用 Airflow 呢？回答是，它有很漂亮的使用者介面，可以順便用來管理錯誤訊息。為什麼要使用 Kubernetes 呢？回答是，據說這個可以更有效地發揮機器的效能。

10 資料工程的挑戰

更有趣的事情是，上述的答案都不是最真實的答案。上述設計的源起是，該公司有一個單位小規模地導入了現代資料棧，取得了成功。於是，當成功的單位想推薦另一組大得多的部門也導入時，就將原先的設計順手加上了幾筆。[68]

後來，我把這兩處我覺得怪的地方都改掉了，而專案也順利地準時交付。

很多組織的軟體系統，都有臃腫與虛胖的現象。比方說，明明只是需要一個使用者介面功能，就將一個巨大的 Airflow 加入系統裡。又或是說，另一種相對比較不明顯形式，加入一個很大的模組的同時，並沒有付出合理的時間去閱讀文件，於是，該模組真正會被有效應用的，只有其中的一兩項功能。

解決之道是什麼呢？

當採用新技術時，開發人員應該要投資足夠的時間於研讀文件、甚至是先做一些小規模的實驗，以確保對於系統有足夠的理解。這種投資表面上看起來並沒有直接的產出，但是，它的回報會以將來的系統穩定度、除錯速度、長期的開發速度來呈現。

本章小結

並不是資料工程師才會遭遇資料工程的問題，有在應用資料的人都有可能會遇上。更何況，也有很多公司並沒有雇用專職的資料工程師。

那麼，要優雅地處理資料工程的問題，需要那些條件呢？要具備資料工程的思考、要學會辨別資料工程問題、要對新技術抱持開放的態度且對其投資合理時間做研究而不是盲目地模仿別人的作法。

---

[68] 這個現象又稱之為第二系統效應（Second-system Syndrome）。在完成一個小型、優雅而成功的系統之後，人們傾向於對下一個計畫有過度的期待，可能因此建造出一個巨大、有各種特色的怪獸系統。第二系統效應可能造成軟體專案計畫過度設計，產生太多變數，過度複雜，無法達成期待，並因而失敗。

第二部
資料分析

11

ChatGPT 作為一種資料分析工具

有一回我去協助客戶導入現代資料棧，在客戶的辦公室借用廁所時，我發現了免治馬桶。另一件觀察到的小小不尋常是，客戶的員工之間使用比方說「課長」之類的職稱來稱呼彼此。發現了這兩個事實之後，心中一寒：「不妙，這該不會是一間深受日式文化影響的企業？是的話，會不會之後有開不完的會議？」

哈佛商業評論的一篇文章《在布魯塞爾、波士頓、北京當老闆大不同》[69]，深入闡述文化如何影響工作模式。該文使用兩個維度「權威」和「決策」來比較多種不同的文化。權威一端是平等主義、另一端是階層分明；決策的一端是由下而上，另一端是由上而下。美式文化是落在平等且決策由上而下的象限，而日式文化則是落在階層分明且決策由下而上的象限，剛好與美式文化相對。也因此，當日本人到美國公司工作時，他們會覺得直呼其名在表面上比較平等，骨子裡在做決策時卻專制到不行，很難適應。

1　Being the Boss in Brussels, Boston, and Beijing 作者 Erin Meyer
　　https://hbr.org/2017/07/being-the-boss-in-brussels-boston-and-beijing。

11 ChatGPT 作為一種資料分析工具

　　我的猜想後來印證了。真的開始著手進行專案時，會議的時間長度往往是其它客戶的三倍長。會議開不完，一方面是因為該公司對於細節與文件都非常地講究；更重要的理由是，由於該專案牽涉到許多的利害關係人，在會議上，利害關係人都一再地提出問題，讓我與合作夥伴疲於奔命地回答，因為每回答一個問題，利害關係人往往就會根據我給出的答案裡的某個關鍵詞再繼續往下追問。

　　以下的內容擷取自會議對話的一部分：

> 客戶：「dbt 做資料轉換時，如果有多線程，且兩個線程會共用到同一張表，是否這一張表有可能會被改到壞掉？」
>
> 我：「不會，因為 dbt 有使用 Transaction。」
>
> 客戶又再追問關鍵詞：「你講的 Transaction 是什麼意思？」（客戶從事金融業，所以他們聽到 Transaction 一詞，第一個想到的是匯款。）

　　起初，專案進展地十分艱難。為改善情況，我重新安排執行順序，將原本規劃於後期的教育訓練提前進行，並邀請多位利害關係人參與。在教育訓練裡，表面上講解技術，骨子裡的重點則是，請利害關係人把想問的技術問題、受到的影響等等，全都問個痛快，並且就實務上可能的解決方案進行討論。爾後，會議就變得順利無比。

　　回顧整體過程，提前實施教育訓練的策略，可視為日式文化中「根わし」概念的應用。根わし一詞最初是園藝用語，指的是「在將盆栽移植之前，事先把植物的根部修短，使其容易長出新根」。之後普遍用於日本人的工作中，意思是：「為使談判、會議等順利進行，事前向利害關係人進行交涉，以建立共識。」既然我貫徹了根わし，利害關係人即使嘴巴上說只是勉強有信心，卻也不再提出任何質疑。

　　為「資料分析」一詞下一個正式的定義：

> 資料分析是指透過系統化地檢視、清理、轉換和建模資料，以發掘有用資訊、得出結論並輔助決策的過程。此過程涉及應用電腦與統計來解釋原始資料，辨別模式、趨勢或關聯性，並將其轉化為具有意義的見解。在理論層面，資料分析使用的統計學可淺可深，從簡單的描述性統計到複雜的預測模型。在實務應用面，資料分析廣泛應用於不同的領域，可以提供見解、指導行動或是評估成果。

在前面導入現代資料棧的故事裡，「發現免治馬桶、推斷為日本文化，並且採取根わし的方式來應對日本文化」可以視為是資料分析裡的「發掘有用資訊、得出結論並輔助決策的過程」，儘管我完全只靠人腦來完成所有的工作，並且大量依賴過去我在日語補習班學到的特殊知識。

當觀察到「免治馬桶」與「同事之間稱呼彼此的用法」兩個資訊之後，一般人也可以透過資料分析而得到類似的推斷嗎？

打開 ChatGPT，並且提問：

> 某 IT 顧問到了一家新的客戶的公司，去上廁所時，發現有免治馬桶，同時，發現客戶員工之間使用「課長」之類的職稱來稱呼彼此。可以推斷該客戶公司的文化有可能是哪一國的文化？

ChatGPT 會回答：

> 根據免治馬桶和使用「課長」等職稱來稱呼同事的習慣，這些特徵可以推測該公司具有**日本文化**的可能性較高。
>
> 免治馬桶（即多功能電子馬桶）在日本非常普及，並且常見於辦公場所和公共設施。「課長」等職稱在日本企業中經常使用，以明確表示員工的職位和職責。此外，日本企業文化中非常重視上下關係和階級分明，稱呼同事時常以職稱為主，而不是直呼名字。這兩個細節顯示出公司可能受到了日本企業文化的影響，或公司本身是日資企業，或受日本文化影響深遠。

11 ChatGPT 作為一種資料分析工具

顯然，ChatGPT[70]可以根據我提供的關鍵資訊做出結論。而這種可以直接處理語意資料的特性更是大幅地降低資料分析的門檻，不僅讓許多本來不易分析的資料變得可以分析，更讓一般對統計學不熟悉的人也可以輕易地上手資料分析了。

看到這邊，相信部分讀者會心想：「咦，你說可以應用 ChatGPT 來輔助資料分析。你說的很簡單，我的感覺則並非如此。如果無法判斷什麼是關鍵的資訊，自然也不會知道該怎麼提問 ChatGPT？還有，我應用 ChatGPT 的感覺是，它相當的不穩定，有時候會胡說八道，它給的答案真的可靠嗎？怎麼知道哪些情況下可以依賴 ChatGPT 呢？」

為了解答這些疑問，接下來，我會先對資料分析與 ChatGPT 分別做個概括性的介紹，然後再討論如何把這兩者加以結合，以得到一加一大於二的綜效。

▎什麼是資料分析？

在本書的第十章曾經討論過「隱而不現的資料工程問題」：許多人在著手處理的問題，它的本質是資料工程，可惜資料工程問題的模式並沒有被識別出來，也因此不會被有效地處理。第十章也提出了一個啟發法加以識別：「凡是已經先被用 Excel 做出第一版解決方案的問題，都很有可能是資料工程的問題。」

資料分析也有類似的現象：「有些工作流程很適合用資料分析來輔助，然而這個可能性如果沒有被探索，資料分析就不會應用在工作流程之中。」

這類具升級潛力的流程通常具備以下特徵：

1. 決策高度依賴經驗與直覺。

---

70 本書雖然用 ChatGPT 來舉例，但是所談論的用法與原理並不只侷限於 ChatGPT，不同的大型語言模型（LLM）也可以通用。如果讀者已經用習慣了其它的 LLM，也不用特別更換一個。之所以選擇用 ChatGPT 來做為 LLM 的代表，主要是因為本書所介紹的技巧，全都是以「聊天」（Chat）為基礎，因為這就是最泛用的用法。在某些段落我會用 LLM 來取代 ChatGPT 一詞，因為某些段落比較偏向運作原理的解釋，用 LLM 似乎比較通順。

2. 缺乏量化指標，且反覆的問題討論耗時冗長。

之前正式的定義有太多專業術語，容易讓非專業人士難以理解，這邊提出一個簡化版的定義：**「資料分析是透過蒐集資訊，並加以處理與解釋，以輔助決策並減少不必要的主觀性之工作流程。」**

再看一些生活化的資料分析案例：

- 追蹤健身進展：記錄每日步數、運動時間、體重變化等，然後觀察趨勢或進步情況。這是對健康資訊的資料分析，可以協助我們保持運動習慣，並且確認是否體重的變化有在期待的軌跡上。

- 計算家庭開銷：記錄並分類每月家庭支出，如餐飲、交通、娛樂、教育等等，然後檢視各類別的花費佔比和趨勢，並設法找出潛在的節約空間。這是對生活費用的資料分析，通常有助於控制預算與預測將來的支出。

- 規劃旅行行程：收集各景點、餐廳、旅館的評價、營業時間、費用等資訊，並根據旅途的路線來規劃最佳行程。這是對旅行資訊的資料分析，分析的資料主要由「評價、時間、費用」三種資訊構成，通常可以讓旅程的時間與金錢運用更有效率、進而提高旅行的滿意度。

● 案例：資料分析應用於未婚聯誼

以下是我朋友的故事。

> 我是透過快速約會認識現在的先生。
>
> 我去參加快速約會時，約了四位姊妹淘一起去參加。每次參加完快速約會，我們就交換彼此的情報。如果一位男性約了我們之中超過兩位，那我們就判定這位男性並不清楚他想要什麼，又或是他可能是在亂槍打鳥。所以，我們會將他列為不考慮。
>
> 透過這個簡單有效的方式，我們五個人都刪去了不少的選項，也因此在相對短的時間之內，抵達了終點。

11 ChatGPT 作為一種資料分析工具

從上述的例子來看，許多中產階級的婦女都很有可能曾經透過應用資料分析來解決生活問題。換言之，跟許多人認知的相反，要應用資料分析，最關鍵的並非數理能力，比如統計學基礎或是軟體應用能力。許多的應用情境，基本的 Excel 能力搭配上網查資料就已足以做出相當的分析結果。

個人要應用資料分析似乎門檻不特別高，那組織呢？以台灣為例，許多企業要開始積極利用資料時，數位轉型、資料驅動決策等等的詞彙就開始出現，彷彿是件很困難的事一樣？為了釐清這點，這邊要來討論組織要應用資料分析時必須設法跨過的兩道門檻：結合領域知識與取得關鍵資料。

◯ 結合領域知識

許多企業雖然有成立資料團隊，但也就停留在生成報表（Reporting）階段，除此之外再也沒有更進一步提供其它洞見（Insights）來輔助決策。已經有報表了，卻難以提出輔助決策的洞見，常見的原因是：「領域知識沒有與資料結合」。

一般而言，資料分析在輔助決策方面可以提供四種價值：

- 描述性（Descriptive），瞭解現狀。

- 預測性（Predictive），對未來做預測。

- 診斷性（Diagnostic），推斷現象的因果關係。

- 指示性（Prescriptive），提供行動選項。

四種價值如果套用在之前導入現代資料棧的故事的話：發現客戶的公司是日本文化可以視為是瞭解現狀、猜想會有開不完的會議是預測、對會議開不完的原因解釋為日本文化常見的由下而上決策模式是診斷、而採取根わし的行動來加以應對是指示。除了第一種描述性的價值之外，其他三種價值——預測、診斷、指示——都可以視為洞見，而洞見則高度依賴於領域知識（Domain Knowledge）。

◯ 案例：紙上談兵的大數據

與大家分享一個案例：

> 台灣的醫院長期有病床不足的現象這是常態。遇到這種現象，如果醫院的領導階層可以針對病床不足的現象做出因果分析，並設法提昇病床的利用率，醫院的經營成效自然可以得到改進。
>
> 而在台北市的某家大型醫院，一日院長在聽取報告時，聽到病床不足之後，他下達了一個指示：「對這個病床使用率做個大數據分析吧，了解一下。」這個指示下達之後，過了很久很久，病床不足的問題還是沒有得到任何的改善。

上述的案例並非是個案，而是很常見的情況。這並不是因為資料分析不管用，而是資料分析沒有結合領域知識。

首先，該指示的語意本來就有解釋的空間，比方說，資訊室用 SQL 查詢，從資料庫撈出歷年的病床使用率，這就是一種大數據分析。此外，該醫院並沒有一個專門做資料分析的權責單位，可以將醫院經營的領域知識，去跟資訊室提供的資料加以結合。一般而言，醫院資訊室的員工是會寫程式的工程師，但是工程師並不會有經營醫院的領域知識，比如，哪種病需要住院、哪類型的病人會不想出院、病人不想出院的原因、院內感染需要通報等。在這種權責不清的情況之下，就算既有的資料根本不夠，通常也不會有人提出討論，當然依然還是會產出大數據分析的結果，可惜不會有可用的見解。

因此，即使病床不足的解決方案日後被提出，也可能是基於其他經驗或判斷，而非充分結合現有資料的分析結果。換言之，雖然已經有報表，關鍵的決策還是與資料脫節。

11 ChatGPT 作為一種資料分析工具

⊃ 取得關鍵資料

照理來說,既然企業已經要做資料分析了,資料本身應該不會成為門檻之一。然而,一旦考慮到真實企業運作的情境,特別是在傳統的大公司,由於組織架構與分工合作的關係,當關鍵資料的取得需要跨團隊合作、又或是需要徵詢多位主管的同意時,資料取得就很容成為資料分析的門檻。

我曾經訪談過幾位資料分析師,並且提出一個問題:「當手上的資料並不足以回答你想問的問題時,該怎麼辦?」

遇到這種問題,有的資料分析師會主動開始構思種種取得資料的創意手法,比如實驗設計、調查設計等,但是,也有的資料分析師會回答:「那就只能跟老闆說抱歉了。」有趣的事情是,在我訪談的樣本裡,小公司的資料分析師比較傾向回答取得資料的創意手法,而大公司的資料分析師傾向會回答「跟老闆說抱歉。」

這種現象的背後原因,顯然不會是人到了大公司就會自動變笨,又或是大公司特別喜歡雇用「用道歉解決問題」的員工,而是大公司組織架構的設計未能充分考慮資料分析工作的特殊需求,因而造成當資料取得有困難時,資料分析師會優先選擇道歉而非積極提出各種創意。

綜合上述,資料分析是透過蒐集資訊,並加以處理與解釋,以輔助決策並減少不必要的主觀性之工作流程。該流程在個人的生活之中,或多或少都有成功應用的例子,因為個人只需要基本的 Excel 能力就已足以做出相當的分析結果。然而,當資料分析要在企業的運作之中落實時,卻會在領域知識無法與資料結合、又或是組織的運作方式有效地妨礙了關鍵資料取得的情境之下,專業人士反而無法靠資料分析提出種種的見解,最後還是只能停留在報表的階段,造就了紙上談兵的大數據應用。

到這邊為止,企業應用資料分析的常見兩種困境已經做了討論,那我們還可以做些什麼?我們可以考慮善用 ChatGPT 來突破困境,先做出一些有效的資料分析成果,再逐步爭取組織內部對資料分析的支持。

ChatGPT 可以扮演以下三種角色，因而可以讓我們快速地踏出第一步，如圖 11-1：

1. 領域知識輔助：缺乏領域知識的讀者，ChatGPT 可以協助你快速地瞭解特定產業的背景知識，或協助建構一個有效的提問框架。

2. 數理知識輔助：缺乏統計專業、軟體專業背景的讀者，ChatGPT 可以充當你的統計學家、又或是幫你寫一些程式，讓你的資料分析不會被工具所妨礙。

3. 數值推估輔助：在缺乏關鍵資料時，ChatGPT 可以基於「大量的預訓練資料」與「推理能力」而做出數值推估。

當然，要讓 ChatGPT 扮演好上述的角色，我們需要給予有效的 Prompt。在深入 Prompt 之前，先對 ChatGPT 做個介紹。

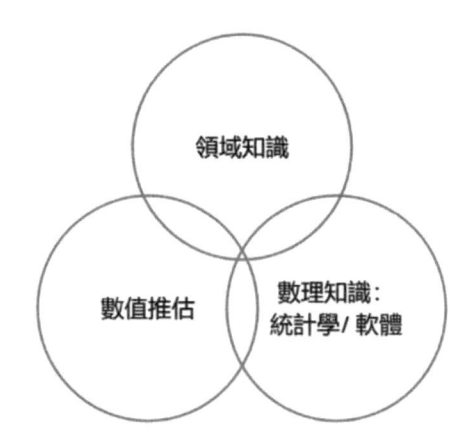

▲ 圖 11-1 大型語言模型（LLM）的三種角色

什麼是 ChatGPT？

不知道讀者有沒有用過 Dropbox 或是 Google Drive 或是微軟的 Box 服務？如果有的話，最早可能在 2008 年開始使用。然而，Dropbox 的底層技術之一是 Linux 指令 rsync，rsync 出現的時間則早上許多，1996 年就出現了。基於這點，

11 ChatGPT 作為一種資料分析工具

也有許多軟體技術人會講，Dropbox 有什麼了不起的？這個東西我早就用 Linux rsync 做出類似的替代方案了。然而，對於普羅大眾來講，Dropbox 是第一個將 Linux rsync 的功能帶給大眾的解決方案。

ChatGPT 通常都被視為是「人工智慧」，而主流媒體很喜歡討論「通用人工智慧」何時會出現，彷彿魔鬼終結者（Terminator）電影裡的天網隨時會出現一樣。我則認為 ChatGPT 就是軟體，而且這種軟體的底層技術早就存在了，只是剛好在近期突破了某個臨界點，就像 Linux rsync 昇級變成了 Dropbox，於是變成了一般人也可以使用了。

雖說如此，ChatGPT 做為一種軟體，還是有一些特性與一般常見的軟體截然不同，也因此，它註定成為最重要的軟體之一。

➲ 從需求面來看：邏輯自動化 vs 不確定性管理

在傳統軟體設計中，需求通常被定義為一組明確的業務規則或邏輯，比如「如果客戶購買了商品，庫存數量就減少 1」。這種方式反映了一種「邏輯自動化」的思想，其目標是讓軟體按照固定的規則運行，完成特定的任務。

然而，在需要處理不確定性和多變性的情境下，這種邏輯自動化的方式顯得捉襟見肘。以自然語言處理為例，使用者的提問可能具有高度的模糊性，甚至帶有多層次的上下文依賴。如果我們試圖用傳統的軟體設計來解決這類問題，可能需要編寫大量的規則來處理每一種可能性。這不僅費時費力，而且往往無法覆蓋所有情境。

ChatGPT 的特殊價值在於它提供了一種新的處理不確定性的解法。它基於機率統計模型，學習了大量的語言模式，因此能夠在模糊的需求下給出合理的回應。這使得 ChatGPT 能夠適應開放性問題和多樣化場景，而無需依賴人工設計的固定規則。

關鍵對比：

- 邏輯自動化的需求特徵：

- 固定規則，可預測輸出。
- 適合處理結構化、重複性高的問題。
- 需求定義清晰，軟體行為易於驗證。

- 不確定性管理的需求特徵：
  - 輸入和需求可能模糊或多義。
  - 輸出基於上下文推測，具有一定的靈活性。
  - 適合處理非結構化、開放性問題。

因此，從需求的角度來看，ChatGPT 的出現填補了傳統軟體在應對不確定性方面的不足，使得它可以處理許多過去無法解決的問題。

➲ 從實作面來看：「規則驅動、顯性設計」vs「模式驅動、隱性學習」

在傳統的計算模型中，資料和程式是可以分離的，而這點分離允許開發者在不同的層次上進行開發、維護和重構，比方說：

- 程式與資料分離：應用程式（例如業務邏輯）與資料層（例如資料庫）是分開管理的。這使得資料可以被不同的應用程式所共享，而應用程式本身則可以根據需求進行更新或替換，無需對資料進行大規模的改動。

- 函式與模組化設計：傳統的程式設計強調模組化（Modularization）和解耦（Decoupling），這使得程式的不同部分可以獨立開發、測試和重構。例如，開發者可以將業務邏輯分為數個小函數，每個函數處理一個特定的任務，並且可以在不同的專案中重複使用這些函數。

相比之下，ChatGPT 則展示了一種不同的運作方式：

- 資料與程式的融合：ChatGPT 本質上是基於一個巨大的訓練資料集進行學習的，其模型本身包含了資料和程式的集成。也就是說，當使用者與 ChatGPT 互動時，它並不是在像傳統程式那樣從獨立的資料庫查詢資料

11 ChatGPT 作為一種資料分析工具

或依據事先定義好的邏輯規則返回結果,而是基於訓練時的資料和模式生成回應。這意味著它的行為無法與資料完全分離,訓練資料的品質和範圍直接影響到它的輸出。

- 函式和邏輯的模糊性:不像傳統程式可以清晰地定義每個函數的功能和邏輯,ChatGPT 的「程式」是隱含在模型的參數中,這些參數在訓練過程中通過大量的資料進行優化,且其運作過程並非透明的。這使得 ChatGPT 難以像傳統程式那樣清楚地拆分成獨立的模組或函數來開發和重寫。換句話說,模型本身不是由可獨立開發的功能模組組成,而是依賴於訓練資料和學習而成的統計模式。

- 非確定性與隨機性:傳統程式的行為通常是確定的,即給定相同的輸入會產生相同的輸出。而 ChatGPT 的回應具有一定的隨機性,這是由於模型的訓練依賴於機率推斷和隨機初始化的參數,導致相同的問題可能會有不同的答案。這一點與傳統的程式設計有很大區別,傳統的程式通常都被認為是確定的輸出。

因此,從實作的角度來看,傳統的程式設計與基於語言模型的系統代表了兩種完全不同的開發方法。前者關注於系統結構、解耦和可維護性,可以稱之為「規則驅動、顯性設計」;後者則更多依賴於學習型系統來處理資料和生成結果,可以稱之為「模式驅動、隱性學習」。這樣的差異使得 ChatGPT 更像是一個全新的應用範式(Paradigm),挑戰了傳統程式設計的一些基本假設。它更像是一個學習型的工具,而非傳統的程式邏輯機器。而且它能處理的範疇並不限於設計者所能預料的範圍,這也是它與傳統軟體的根本差異。

⬤ 從使用者介面來看:隨時代演進卻永不過時的使用者介面

軟體的使用介面一直在進步。例如,早期的 UNIX 系統採用命令行介面,讓使用者能夠下指令控制電腦;現代的圖形使用者介面(GUI)則使操作更為直觀。然而,這些介面設計常隨時代而改變,導致許多舊系統在介面過時後就被淘汰。這也是為何 UNIX 的設計哲學特別強調政策(Policy)與機制(Mechanism)

的分離：就算使用者介面（政策的部分）過時，由於功能（機制的部分）可獨立於介面，仍然可以有再次被利用的機會。[71]

這邊多解釋一下 UNIX 的設計哲學：

政策（Policy）指的是業務邏輯層面的規則或決策，決定「要做什麼」。例如：

- 使用者界面的設計：按鈕的位置、配色方案、人機互動的流程。
- 文件處理系統中，應該如何排序或顯示檔案。

機制（Mechanism）指的是實現政策的技術手段或方法，處理「如何做到」。例如：

- 光柵（Raster）操作與合成的程式碼。
- 實現文件系統排序功能的演算法，如快速排序或合併排序。

一般而言，政策隨時間變化的速度往往比機制快得多，也因此使用者介面過時有時會導致軟體過時。少數的軟體是例外，如 Excel，其介面設計因為滿足了廣泛且穩定的需求而幾乎永不過時。考慮到 ChatGPT 的介面採用了人類的自然語言——一個隨時代演進但永不過時的使用者介面，這使得 ChatGPT 天生具備了超越大多數軟體的普遍性與持久性。這邊有一點值得特別注意，ChatGPT 內部的類神經網路是用整個網際網路的資料來做訓練，而網際網路的資料是不停地變動的，換言之，ChatGPT 本質上就是不停地在改變，如同自然語言一樣。

綜合上述，ChatGPT 是一種從需求、實作到使用者介面都超越傳統框架的軟體。它能應對模糊與不確定性，內部的實作是一種隱性學習的機制，而且以自然語言作為介面，讓一般人不需要專業訓練就可以直接使用。這些特性不僅讓它超越了許多傳統的程式，也讓它在未來軟體發展史上註定佔有一席之地。

對 ChatGPT 有了初步的了解之後，接下來的重點自然是如何有效地應用它。

---

[71] The Art of UNIX Programming 作者 Eric S. Raymond https://www.tenlong.com.tw/products/9787121176654。

11 ChatGPT 作為一種資料分析工具

▍應用 ChatGPT 的後設技巧（Meta-skill）

ChatGPT 的一大優點之一，就是入門門檻低，一般人就算沒有經過任何專業訓練，也可以開始應用。也正因如此，其實我主張一般人不妨先憑感覺跟 ChatGPT 亂聊試試，聊過一陣子之後，比方說聊過 30 個問答，再來研究該怎麼有效地應用。說不定讀者光是憑感覺發揮，就已經可以靠著 ChatGPT 做出相當的成果了。

起始的應用，建議先選擇讀者熟悉的領域，例如，如果讀者自己善長產品管理，就先多問產品管理相關的問題。這會有幾個好處，由於該領域本來自己就熟悉，所以比較能夠抓到如何在提問裡給予足夠的上下文，還有當 ChatGPT 生成幻覺時，也會比較容易察覺到，因而日後會對 ChatGPT 給予的幻覺（錯誤答案）帶有一定的警覺。

在掌握了應給予足夠的上下文、還有要對幻覺有警覺這兩項基礎之後，不妨開始思考，「如何有效地應用 ChatGPT？」一些常見的任務，很有可能早就有前人設計過相當有效的 Prompt 了，然而，對於想要在工作之中積極利用 ChatGPT 的人來講，只是知道一些有效的應用案例似乎還不太夠，我們需要一個應用的指導框架。

➲ 工作流程拆解圖

在製造業想要讓生產可以高度自動化的秘訣是要將「生產」拆解成一道又一道簡單的工續，如此才能讓機械手臂與工人一同協同生產。需要拆解生產，是因為機械手臂有其設計的限制，每一種機械手臂只能為一種工序而做最佳化，換言之，每一道工續對應的最佳機械手臂會是不同的設計。而 LLM 也有與機械手臂相似之處，針對不同的工作，我們也一樣需要去設計不同的 Prompt 才能達到最佳效果。表面上我們應用的是同一個軟體，實際上，LLM 接收不同的 Prompt 之後，表現出來的行為就像是不同的軟體一般。

如果學習製造業的流水生產線，並將其應用在知識工作的話，我們可以得到下方的工作流程拆解圖：虛線的左邊是雛型構思階段，虛線的右邊是實作階段。生成型任務的目標是加快產出或是增加創意，而總結型任務則主要用於檢查錯誤並且提昇品質。

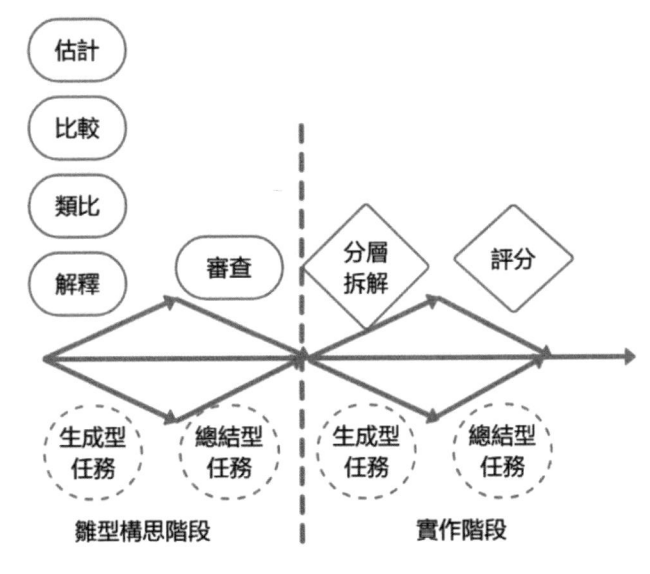

▲ 圖 11-2　工作流程拆解圖

⇨ 雛型構思階段

在這個階段，我們的目標是快速產出一些初步的想法，這些想法可以是問題的解決方向、策略的草案，或者是現有知識的重新組織。在這裡，生成型任務主要是「估計」、「比較」、「類比」以及「解釋」，而總結型任務則是「審查」。

- **估計**：用於快速得到粗略的答案或範圍，例如「某個技術的實作時間需要多久？」或者「這種行銷策略的可能影響力如何？」

- **比較**：適合用來分析多個選項之間的差異與優勢，例如「A 與 B 這兩種框架哪個更適合中小企業？」

11-15

11 ChatGPT 作為一種資料分析工具

- **類比**：利用已知的抽象概念在陌生的知識領域中尋找答案，例如「如果最生活化的資料工程是用 Excel 來整理資料，那最生活化的資料分析是什麼？」「Java 之於 SDKMAN! 相當於 Python 之於什麼？」。

- **解釋**：可以用來更深入了解一個領域的專業知識，或用簡化的方式與他人交流。

總結型任務的「審查」則可以作為這些生成的構思的驗證工具。審查的目的在於確認生成內容是否有盲點或錯誤，並檢視其合理性與完整性。例如，對於 ChatGPT 生成的估算，可以要求它詳細解釋其假設與推論過程，以便我們進一步確認其可信度。又或是讓 ChatGPT 對我們新想出來的表述方式做個嚴謹性的檢查。

⊃ 案例：審查「統計學的表述方式」

我通常用「**可以這樣子說嗎？**」之類的句子，來讓 ChatGPT 做審查正確性。

提問：

> 我可以這樣子解釋「貝氏定理」嗎？
>
> 對於想要預測發生的事物，先從已經發生的樣本之中找出一個常見的特徵。之後如果看到這個特徵，就可以提高發生事件的肯定性。這個特徵愈罕見，預測力愈強。

ChatGPT 回答如下：

> 你的解釋可以幫助初學者快速抓住貝氏定理的基本精神，但為了更準確地表達其數學邏輯，可以稍微補充一下背景和條件。以下是改進後的版本：
>
> 貝氏定理是一種根據已知資訊更新事件可能性的方法。簡單來說，如果想要預測某件事情是否會發生，我們可以先分析已知樣本中的共同特徵，特別是這些特徵與事件相關聯的程度。當在未來觀察到這些特徵時，我們可以利用它們來更新我們對該事件發生機率的信心。特徵越罕見且越與事件強相關，則它對預測的影響越大。

應用 ChatGPT 的後設技巧（Meta-skill）

> 這樣的描述能更準確地反映貝氏定理的核心：根據條件概率和更新信念，特別是當有新的觀測資訊時。你可以再結合公式或具體範例（例如醫學診斷或 Spam 分類）來幫助更好地說明。

上述的審查回答有效地指出了提問裡忽略的盲點，補足了「與事件強相關」這個關鍵成分。

⊃ 實作階段

當進入實作階段，工作的重點從「構思」轉為「執行」，這時生成型任務與總結型任務的角色也有所變化。

分層拆解是實作階段中生成型任務的關鍵技巧。我們可以將策略與執行拆分成兩個不同的任務，分別下達 Prompt，例如：

1. **策略層**：讓 ChatGPT 產生整體執行計畫的框架。例如「為這個行銷活動設計一個多階段的推廣策略」。
2. **執行層**：將策略層的結果分解為具體的操作步驟，例如「根據策略中的第一階段，列出一份需要完成的具體任務清單」。

這種拆解方式不僅提高了生成內容的品質，也讓每一階段的輸出更容易由人類進行審核與修正。

在總結型任務上，實作階段的核心是「評分」，即對已經完成的工作或生成內容進行評估。例如，我們可以請 ChatGPT 根據一套標準對文案或方案進行評分，並提出改進建議。許多的文字工作者都患有「完美主義」情節，總覺得自己的作品還不夠好，即使作品的水準已經到了相當高的水準了，還是反覆地做著不理性的編修，一旦可以透過 ChatGPT 取得評分，則相對容易放下執著許多。

11　ChatGPT 作為一種資料分析工具

⊃ 案例：對文案進行評分

我通常用以下的 Prompt，來做寫作評分。（評分的文本並不限於英文，也可以拿中文的寫作去給 ChatGPT 評分。）

> 對以下文本做寫作能力評分，並使用 IELTS 做為標準尺度。…

ChatGPT 改完之後的結果，會得到四個維度，每個維度的評級分數最高為 9 分，最低為 1 分。

1. 任務完成度（Task Achievement）

2. 連貫性與凝聚力（Coherence and Cohesion）

3. 詞彙運用（Lexical Resource）

4. 語法範疇與準確性（Grammatical Range and Accuracy）

這個提示相當地有效，很有可能是因為 IELTS 一詞引用了一個有系統的上下文（Context），且該上下文為「評分」這個詞彙做出了明確的定義。由於這種評分往往給我許多有用的回饋，後來我也為其它的應用設計了多個正交維度的評分標準，應用包含：商業提案、程式碼、履歷等等。（多數時候，我都只設計四到五個正交維度。）

該怎麼解釋這種「正交維度評分」應用方式的潛在泛用性呢？這邊不妨將「正交維度評分」與向量嵌入（Vector Embeddings）做個比較，並且觀察兩種不同應用方式的相似之處，如表格 11-1。

我們可以想成，「向量嵌入」之於機器學習應用猶如「正交維度評分」之於人機協作，因為「正交維度評分」與「向量嵌入」在各自的應用情境中，都扮演了關鍵的**橋接角色**，將高維度的資訊壓縮為易於處理的形式，並在量化能力與可解釋性之間找到了恰好的平衡。

比較維度	正交維度評分	向量嵌入
使用目標	處理非結構化的自然語言或程式碼，藉由分析其結構、語意等特徵來提供定量的評估。	從各種非結構化資料（文字、圖片、影片）中提取語義特徵，轉化為向量表示以進一步分析。
依賴的特性	依賴 LLM 對文本或程式碼的深層語意理解。	依賴 LLM 對各種非結構化資料的深層語意理解。
提高效率	提供量化評分，可以引導**人類**做後續的最佳化，輔助決策。	提供結構化的表示，可以協助**機器**做之後的相似性檢測或分類。
輸入處理需設計清晰的 Prompt	需要設計合適的 Prompt，Prompt 的重點在於「評價基準」。	需要設計合適的 Prompt，Prompt 的重點在於「保留語意」。

▲ 表格 11-1 正交維度評分與向量嵌入

⊃ 心理功能的增幅器

前述的工作流程拆解框架，適合應用於最終結果會產出報告、文章、程式碼之類的知識工作。如果是相對偶發性的活動，則可以考慮利用**心理功能的增幅觀點**來想像可能的 ChatGPT 應用方式。

《心理類型》（Psychological Types）的作者榮格（Carl Gustav Jung）在書中提出了**心理功能（Psychological Functions）**理論。他認為人的心理運作方式可以分為四種基本功能：

- 感覺（S，Sensation）：透過具體感官感知世界。

- 直覺（N，Intuition）：透過模式、抽象的關聯來理解世界。

- 思考（T，Thinking）：透過邏輯分析與客觀原則來做決策。

- 情感（F，Feeling）：透過價值觀與人際關係來做決策。

這四種功能又可以分為內向（I，Introverted）與外向（E，Extraverted）兩種態度，形成八種不同的運作方式，即：

ChatGPT 作為一種資料分析工具

- 內向感覺（Si，Introverted Sensing），相當於：「什麼經過驗證是可靠的？」
- 外向感覺（Se，Extraverted Sensing），相當於：「現在正在發生什麼？」
- 內向直覺（Ni，Introverted Intuition），相當於：「潛在的真相是什麼？」
- 外向直覺（Ne，Extraverted Intuition），相當於：「還有什麼可能性？」
- 內向思考（Ti，Introverted Thinking），相當於：「什麼是有道理的？」
- 外向思考（Te，Extraverted Thinking），相當於：「什麼最有效？」
- 內向情感（Fi，Introverted Feeling），相當於：「什麼對我來說真正重要？」
- 外向情感（Fe，Extraverted Feeling），相當於：「什麼能讓人與人之間和諧？」

榮格認為，所謂的性格有很大的一部分就是由不同心理功能的相對強度所決定。

像之前舉例的類比問題：「Java 之於 SDKMAN! 相當於 Python 之於什麼？」，如果套用上述心理功能的框架來分析的話，這個 Prompt 它可以視為是增幅了 Ne 和 Ti 的心理功能：即 Ne 負責類比與發散──透過探索不同概念間的關聯，幫助發現新的視角。同時，Ti 負責整理與推理──透過邏輯推導與分類，使類比的結論更加嚴謹與合理。

我曾經將自己常用的 20 組 Prompt 透過心理功能的框架加以分類，超過一半以上，都是 Ne/Ti 與 Ni/Te 類型的，這可以解釋成在我的八種心理功能的強度相當不平均地分布，又或是解釋成我的工作主要應用固定的幾種心理功能。

依照榮格的理論，八種心理功能的不平均分布是常態，每個人的心理功能總是有善長、尚可、極不善長。也因此，我們若將自己最善長與尚可的心理功能，轉化為 Prompt，就可以將人腦的思考負載轉移到 ChatGPT 上，ChatGPT 因此而成為了心理功能的增幅器。

應用 ChatGPT 的後設技巧（Meta-skill）

讀者可能會想問，「難道不是應該把極不善長的心理功能交給 ChatGPT，以補足自己觀點的不足嗎？」不瞞各位說，我曾經試過，得到的答案我都無法執行。

◯ LLM 應用的原則

在從事知識工作時，不論是在雛型構思還是實作階段，有兩個原則對於提昇 LLM 的穩定性很有幫助：

1. **縮減任務**：將分配給 LLM 的任務縮減為整體工作範疇中的小部分。這樣可以避免過度依賴機器，並保留人類判斷的空間。任務越具體，LLM 產出的穩定性越高。

2. **優先使用總結型任務**：優先讓 LLM 處理總結型任務，例如將大量資料濃縮為簡潔的表達又或是正交維度評分。這類任務在給予充分上下文的情況下，可以達到相當高的準確度，幾乎不輸給真人來做的成果，而生成型任務則更容易受到幻覺的影響。由於總結型任務往往可以給予人類相當程度有用的反饋，對於提高工作品質相當地有幫助。

若將 LLM 視為心理功能的增幅器時，轉移思考負載的原則是：

- 優先轉移自己善長的心理功能。

綜合以上，有效的 LLM 的應用就像是一條知識工作的流水線，需要透過拆解工作流程來充分發揮其效能——從雛型構思到實作階段，每一個環節都需要因應 LLM 的特性精心設計 Prompt，並且分配恰到好處的任務。LLM 也可以視為是心理功能的增幅器，我們可以將自己的思考負載轉交給 LLM，因而想得更快更好。透過掌握這些後設技巧，我們在應用 LLM 完成任務的同時，除了產量可以提昇之外，甚至也有機會改善產出的創意、品質與精確度。

面對未知的新問題時，ChatGPT 的後設技巧會相當有用，因為它提供了一個探索 Prompt 的指導框架。另一方面，對於資料分析的應用，直接參考一些針對這類應用而設計的 Prompt 或是應用案例，則有助於快速起步。

11 ChatGPT 作為一種資料分析工具

資料分析活用 ChatGPT

由於我最熟悉的產業就是顧問業，以下兩個資料分析的應用案例都以顧問業來舉例：

● 案例：領域知識輔助

在我從事顧問工作之後，有時候也會遇到一些資深的白領考慮轉型成為顧問，當他們找我聊聊時，第一個我想與他們討論的問題是：

> 你要如何定義出一個利基市場，可以讓你有機會在努力一段時間後，成為該市場的領導者？

這是一個商業策略的問題，問題雖然重要，但是剛起步的人很容易卡住。自從有了 ChatGPT 之後，我通常用這種 Prompt 來協助思考：

> 考慮某人有 { 某項專業 }、在 { 某個領域 } 的經驗，當他想要在 { 某地理位置 } 轉型成為顧問，有哪些種類的顧問工作，他可能容易有優勢？請用表格的方式來比較各種可能的轉型選項：
>
> 表格在比較時，包含：
>
> 1. 顧問類型
> 2. 高價格低勞動密集度
> 3. 轉型難度
> 4. 潛在買主是誰？（產業 && 職稱）
> 5. 轉型成功的關鍵要素
>
> 輸出時，先用「高價格低勞動密集度」由高到低排序，再用「轉型難度」由低到高排序。

這個 Prompt 有幾個隱含的邏輯：

1. 高價格低勞動密集度的未必很難；而轉型難度愈高的，未必利潤好。

2. 潛在買主是誰，這跟行銷策略直接相關。

3. 轉型成功的關鍵要素是在詢問：「需要怎樣的創新，才容易在該市場站穩腳跟？」

套用在我自己的話，得到的結果如表格 11-2。

顧問類型	高價低勞動密集度	轉型難度	潛在買主（產業 && 職稱）	轉型成功的關鍵要素
策略顧問	高	中低	大型企業 / 跨國企業 CEO、C 級高管	知識深度、提供高影響力洞察，建立可信度與業界聲望，強有力的案例或成功故事佐證
資料分析顧問	高	中高	科技 / 金融 / 製造業務主管、資料負責人	深入的資料分析技術能力，解決高價值業務問題的能力，具體的價值衡量方法
管理顧問	中高	中	中型企業 CEO、部門主管	適應客戶需求的靈活方案設計能力，專注流程優化與組織效率提升，實地成功案例積累
企業轉型顧問	中高	高	傳產 / 服務業高管、變革領導者	對產業現狀與趨勢的深刻理解，卓越的跨部門協作能力，有效處理人員阻力的能力
技術顧問	中	中低	科技 / 金融 IT 部門主管、架構師	擅長解決特定技術問題（如系統架構、資料庫性能），擁有強大的技術品牌
內容行銷顧問	中	中低	專業服務業的市場行銷部門主管	有效創造專業內容與提高轉化率的策略能力，快速適應市場趨勢的靈敏度

▲ 表格 11-2

11　ChatGPT 作為一種資料分析工具

當然，ChatGPT 的結果很容易受到英語世界資料的影響，所以不能盲目採用，要謹慎對待答案。另一方面，當我這樣提問之後，確實立刻發現，「原來有一些還不錯的選項，被我忽略了。」

⊃ 案例：統計學與程式輔助

有一回我在 Taipei dbt Meetup 對講者提問時，提問了講者：「可以談談，你們公司的銷售預測怎麼做嗎？」

富有政治敏感度的講者先是暫停了錄影，「嗯，不好意思，這段麻煩不錄。」，然後說了老實話：「我待過的每家公司，要做下個年度的銷售預測時，都是把去年的業績增加個 5%。」

聽到這樣子的答案，我不由得心道：「這樣子也算是資料分析嗎？」

後來，我總算在經過一段時間後，找到一個合理的銷售預測做法：

1. 由公司歷史經營資料，先歸納出「關鍵營收影響因子」。

2. 利用「關鍵營收影響因子」來做預測。

舉例來說，IT 顧問公司由歷史經營資料歸納，可以發現「主動對外拜訪次數」及「主動找上門的客戶數」皆和接案的數量高度相關，故可利用這些「關鍵營收影響因子」建立統計模型，預測未來一段時間內的接案數量。

根據上述概念，我設計了以下的 Prompt，假設相關變數服從泊松分布（Poisson Distribution）[72]，並運用蒙地卡羅法（Monte Carlo Method）[73] 進行銷售預測模擬：

---

[72] 一種統計分布，用來描述在固定時間或空間範圍內，某事件發生的次數，假設事件獨立且平均發生率固定。

[73] 透過大量隨機模擬來估計數學問題或系統行為的統計方法，常用於不確定性分析與預測模型。

資料分析活用 ChatGPT

已知某 IT 顧問公司每年接案的數量與以下兩個因素高度相關，且兩個因子都是泊松分布。

- 主動的對外拜訪（Active Visiting Prospects）
- 主動找上門的客戶數（Inbound Leads）

試著用蒙地卡羅法建立一個簡單的模型，並示範蒙地卡羅法來推估接案數量。

ChatGPT 在回答與統計學、預測模型的問題時，似乎回答特別完善。於是，它直接生成了一段可以直接執行的 Python 語法給我，如程式語法 11-1。

這段程式碼模擬了接案數量的機率分布情況。假設每年主動對外拜訪平均 20 次，且每年平均有 5 位客戶主動找上門。每一次主動拜訪平均能促成 0.3 次成功接案，而每位主動找上門的客戶則平均能促成 0.5 次成功接案。利用蒙地卡羅方法進行 10,000 次模擬後，可以得到接案數量的分布圖（圖 11-3）以及相關的統計數據（圖 11-4），幫助了解接案結果的變異範圍與期望值。

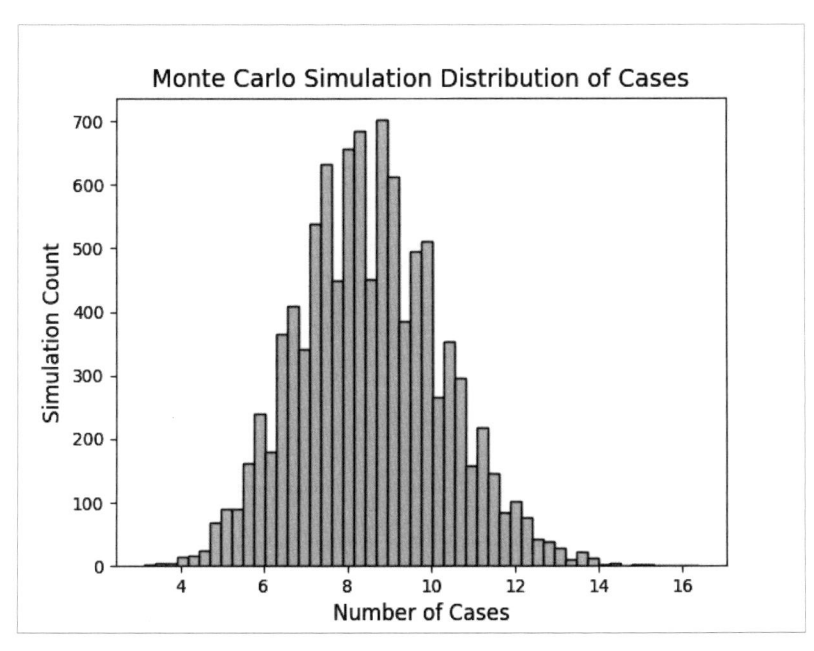

▲ 圖 11-3 接案數量分布圖

11-25

ChatGPT 作為一種資料分析工具

```
平均接案數量： 8.52353
接案數量標準差： 1.7373886551661375
接案數量範圍（95%信賴區間）：[ 5.3 12.1]
```

▲ 圖 11-4

```python
import numpy as np
import matplotlib.pyplot as plt

# 假設參數
lambda_visits = 20    # 主動拜訪次數的均值
lambda_leads = 5      # 主動找上門的客戶數均值
alpha = 0.3           # 主動拜訪轉換率
beta = 0.5            # 主動找上門轉換率

# 蒙地卡羅模擬
num_simulations = 10000
simulated_cases = []

for _ in range(num_simulations):
    # 模擬泊松分布的拜訪和詢問數量
    active_visits = np.random.poisson(lambda_visits)
    in_bounds = np.random.poisson(lambda_leads)

    # 計算接案數量
    N = alpha * active_visits + beta * in_bounds
    simulated_cases.append(N)

# 繪製模擬結果分佈
plt.hist(simulated_cases,bins=50,color='skyblue',edgecolor='black')
plt.xlabel('Number of Cases')
plt.ylabel('Simulation Count')
plt.title('Monte Carlo Simulation Distribution of Cases')
plt.show()

# 顯示模擬結果的統計資訊
print(" 平均接案數量 :",np.mean(simulated_cases))
print(" 接案數量標準差 :",np.std(simulated_cases))
print(" 接案數量範圍 (95% 信賴區間 ):",np.percentile(simulated_cases,[2.5,97.5]))
```

▲ 程式語法 11-1 Python Monte Carlo Method

進階議題：形式語言學的應用

在之前探討 LLM 時，我們反覆討論過穩定性議題，並且建議要把交給 LLM 的任務縮減，以避免幻覺。然而，一旦需要將 LLM 做為軟體服務的一部分時，人類就很可能無法即時介入，這時就得考慮其它方式來提昇 LLM 的穩定性。

LLM 處理文字的方式是將文字視為是一種非結構化資料（Unstructured Data）來處理。然而，其實人類的語言是帶有內在結構的，我們也可以將文字先轉換為結構化資料（Structured Data）之後，再交給 LLM 處理。

以這句話為例：

> 我是在浪費我的時間。

如果是直接交給 LLM 在處理時，由於它是基於機器學習，主要透過統計模式與語境推理來處理語言，它並不會產生明確的語法結構來解析這句話，而是根據上下文推斷其可能的含義，然後生成適當的回應。推斷的方式，則是透過大量的預訓練文本來學習這句話的常見結構。例如，它可能會學到「我是在…」、「浪費時間」等詞組在語言使用中的出現機率，並且利用這些機率來推斷語意。

相對的，形式語言學 [74]（Formal Linguistics）則利用語法樹來解析這句話的結構，同樣的一句話，可以變成語法樹的結構化資料如下：

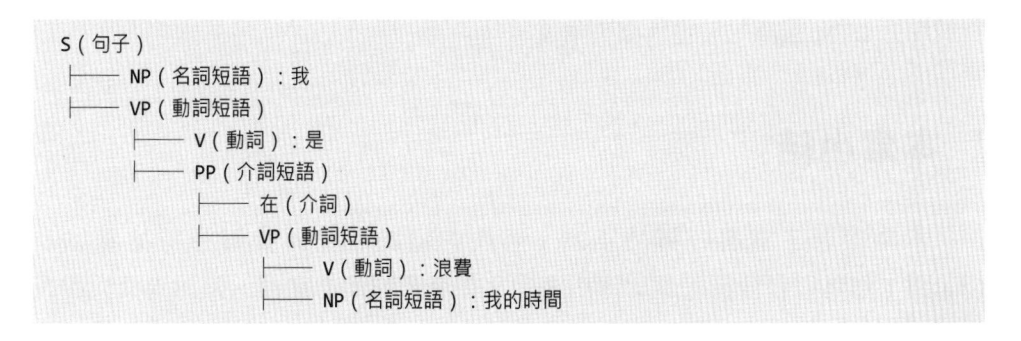

```
S（句子）
├── NP（名詞短語）：我
├── VP（動詞短語）
    ├── V（動詞）：是
    ├── PP（介詞短語）
        ├── 在（介詞）
        ├── VP（動詞短語）
            ├── V（動詞）：浪費
            ├── NP（名詞短語）：我的時間
```

---

[74] https://edge.aif.tw/droidtown-linguistics-for-the-age-of-ai/。

這樣的語法樹能夠清楚地表達句子的結構，從詞法單位（如動詞、名詞）到短語層級（如動詞短語、名詞短語）的關係。這種形式化的表示法，若進一步結合語義角色標註（SRL，Semantic Role Labeling），作為 LLM 的輸入時，就可讓 LLM 理解更深層的語言結構。

這邊若讀者覺得還是難以理解，不妨用個簡單的類比：同樣的商品資料，用文章的形式呈現，這是非結構化資料；改用 JSON 的形式呈現，就變成了結構化資料。而在許多的情況，結構化資料都可以有效地減少 LLM 的誤解。

在應用層面，我們可以利用形式語言技術來輔助 LLM，提升其語言處理能力。例如，在語意解析領域，我們可以先使用語法分析器（Parser）將輸入文本轉換為語法樹，然後再讓 LLM 在這些結構化資訊的基礎上進行語義分析與推理。這種方法可以減少 LLM 依賴機率模型做語境推測時可能產生的歧義，使其在生成回應時更加精確。

例如，在應用 LLM 於自動化客服時，若使用 LLM 直接回應用戶問題，在特殊的情況下，它可能會根據統計機率產生某些不確定的回應。但如果先將問題轉換為結構化的語法樹，並利用語意解析方法萃取關鍵資訊，則可以讓 LLM 生成更精確且符合語法邏輯的回答。

這種結合方式不僅能夠增強 LLM 在語言理解上的準確性，還能夠提高其在語言推理與知識表示上的表現，使其能更有效地處理需要嚴格語法分析的應用場景。例如，在法律文本處理、醫療摘要生成等應用情境中，這種結構輔助能有效提升 LLM 回應的可控性與可信度。

本章小結

本章探討了資料分析的定義、個人與組織層面的資料分析挑戰以及 ChatGPT 作為資料分析工具的應用潛力。在章節開頭的案例，免治馬桶與課長職稱這兩個細節，有效地預測了客戶的文化特性，這是一個結合領域知識與資料洞察的實例。而透過 ChatGPT，我們可以在資料分析的過程中更輕鬆地蒐集、解釋語意資料，甚至對定性的資料進行推理。

本章小結

關於如何有效應用 ChatGPT，我們談到了「工作流程拆解圖」的概念與增幅心理功能的觀點。

要將資料分析應用於組織實務，領域知識的結合與關鍵資料的取得是無法迴避的核心問題。這說明了，資料分析不僅僅是技術能力的挑戰，更是一場涉及組織內部合作、文化調適與系統整合的長期變革。由於 ChatGPT 可以提供領域知識、數理知識、數值推估輔助，這有助於讓資料分析快速踏出落地應用的第一步。

在接下來的章節，我們將進一步探討資料分析的另一項關鍵工具：統計學。此外，我們還會試圖回答一個更具挑戰性的問題：當面對從來沒有見過的問題類型時，應該如何開始分析？從何處尋找靈感？

11 ChatGPT 作為一種資料分析工具

MEMO

12

管理與統計

有一回,我推薦了一位想多認識資料分析的朋友一本書《文科生也看得懂的工作用統計學》。不料後來友人告訴我,他努力了一番但是實在讀不下去那本書。有鑑於友人恰好是位主管,所以我換了一個方式介紹統計:先跟他談談管理上常見的問題,詢問他會如何解決之後,再從解法討論應用統計的可能性。

管理實務

以下是我跟友人討論出五個常見的管理實務,都跟統計有關:

1. 尋找核心客群。
2. 績效考核。
3. 做計畫應對不確定性。
4. 基於主觀意見做決策。
5. 定位錯誤。

12　管理與統計

⊃ 尋找核心客群

　　管理者在制定行銷策略或資源分配時，通常需要找出哪些客群是業務開發的核心目標。然而，直接理解某些客群為什麼容易成交往往頗為困難，特別是在缺乏清晰因果關係的情況下。不過，即使不了解其中的原因，我們仍然可以透過資料分析和特徵觀察來提升預測的準確度。

　　具體的解法包括以下幾個步驟：

1. **識別相關特徵**：尋找那些與成交高度相關的特徵。例如，觀察歷史資料中是否有某些模式，像是特定行業、企業文化、或區域特徵，經常與成交的案例重疊。

2. **分析罕見特徵**：罕見且相關的特徵往往具有更強的預測能力。這些特徵可能提供更明確的訊號，有助於精準定位核心客群。

3. **進行假設驗證**：針對發現的特徵，設計小規模測試，以驗證其對成交的實際影響，並藉此最佳化日後的資源投入。

　　以某 2B 企業為例，其希望篩選出最值得投入的潛在客戶。透過分析，他們發現過去的主要客戶中，具備「日商文化」的企業顯著地較容易成交，而該特徵同時符合罕見性與相關性。即使無法完全解釋為何「日商文化」對成交有影響，該特徵仍然能夠作為一個有效的決策依據，用於最佳化銷售資源的分配。

　　透過上述方法，管理者能夠在不確定因果關係的前提下，發展預測工具，並且做出有效決策。

⊃ 績效考核

　　許多管理者在績效考核時，把焦點放在表現低於平均的下屬身上，認為這些下屬的成效落後，需要提點。而對於表現高於平均的下屬則不聞不問。很可惜，上述符合直覺的作法並不符合管理學的最佳實踐。

如果發現下屬的成效表現特別優秀時，應該考慮：

- 當成效突出的程度，仍屬於「正常波動」範圍，誇獎幾句是適當的，但不需要進一步行動。
- 如果成效突出的程度，明顯遠超過平均，也就意味著表現異常優秀，除了獎勵之外，值得花時間深入研究這名下屬的思考或行為模式，看看是否可能擴大其成功模式，讓其他團隊成員也受益。

⮕ 做計畫應對不確定性

管理者經常需要在資訊不充分的情況下做計畫。計畫初期掌握的資訊可能只是粗略的估計，並沒有準確的答案，例如，雇用員工時需要了解特定職位的薪資、做軟體專案的估時等，往往都是到了計畫執行時，才能得到準確的資訊。

在這種充滿不確定性的情況下，管理者可以利用「上下界」的概念來輔助規劃。具體來說，就是當得到了一個估計值之後，再進一步思考、推算估計值的「最樂觀可能」和「最悲觀可能」。

- 最樂觀的情境：如果事情進展順利，結果會是如何？
- 最悲觀的情境：如果事情不如預期，結果又會是什麼？

在推行某個計畫之前，應該針對這兩種情境設計對應的方案：

- 樂觀情境：有哪些作法有機會促成好的結果？如何充分利用好的結果？
- 悲觀情境：有什麼預防措施可以減少風險？有什麼應變計畫可以減少損害？

這樣的思考方式不僅有助於全面評估計畫的可行性，也能在事情發展出乎預料時更靈活地應對[75]。

---

[75] The New Rational Manager by Charles Kepner, Benjamin Tregoe 該書的 Planning 章節介紹了一種規畫方法論，它包含了一系列提問，會引導讀者思考樂觀與悲觀情境、原因與結果。

12 管理與統計

⇨ 基於主觀意見做決策

科技總是日新月異,而管理者很有可能無法追得上最新科技,也因此與科技相關的決策需要依賴下屬提供的主觀意見。然而,如何整合主觀意見,則是一項挑戰。

在科技業有一句俗諺「沒有人會因為購買 IBM 而被解僱」,充分解釋了缺乏有效整合機制時的現象。該諺語背後的含義是,在決策中選擇一個廣為接受且聲譽良好的大品牌,比如 IBM,即使結果不盡如人意,也不太可能受到責備或處罰,因為這被認為是一個「安全」的選擇。如果事情出了問題,選擇大品牌的決策者可以用「這是行業標準」來辯護,而不用承擔完全的責任。

一旦缺乏有效整合機制,當面對有風險、或是不確定性高的決策時,管理者往往傾向捨棄人的判斷、選擇訴諸大品牌。

另一方面,如果想要避免一味選擇過於保守的「安全選項」,可以借助決策矩陣來做主觀意見的整合。決策矩陣提供了一種結構化的方法來整合意見,提升決策的透明度與可信度。

以下是具體步驟:

1. 界定決策標準

首先,與團隊共同明確影響該決策的核心標準,例如「成本效益」、「技術適配度」、「風險程度」以及「未來擴展性」。這一步驟能確保討論的焦點集中在具體而客觀的層面。

2. 量化主觀意見

要求相關團隊成員根據每個標準對候選方案進行評分。為了確保可比較性,應使用統一的評分尺度(例如 1 到 5 分),並記錄每位成員的意見。

3. 計算加權分數

為每個標準分配權重，根據決策的重要性調整權重值（例如，對於快速部署的需求，可賦予「技術適配度」較高的權重）。計算每個方案的加權分數，生成最終的排序。

4. 討論分歧與優化方案

對於評分分歧較大的項目，進行團隊討論，找出觀點分歧的原因，並針對分歧優化方案。這能幫助管理者更全面地考慮不同的觀點。

通過這一系統化的流程，決策矩陣不僅能有效整合多方的主觀意見，還能減少「安全選項」對決策的過度影響。更重要的是，團隊成員也往往因此而更積極地表達專業意見，因為專業的意見可以透過結構而透明的方式影響決策，進而提昇員工對工作的滿意度與參與度[76]。

⊃ 定位錯誤

中階管理者往往被上級期待要有解決問題的能力，而這個期待常常難以溝通清楚。「解決問題」其實是相當模糊的概念，只要是「現實」與「理想」有差距都可以稱之為問題，所以這個期待通常不會被明文要求。

然而，如果將問題分成兩大類：第一類是組織從來不曾做成功的事；第二類是組織曾經做成功的事，卻因為某些不明原因而造成了成效不如預期。由於第二類問題的難度往往比第一類低了非常多，組織要求中階管理者有解決第二類問題的能力算是合理的期待。

如果我們將組織的運作視為是系統的話，第二類問題可視為是系統出現了錯誤，例如，本來認真工作的員工怠工了、本來正確運作的軟體突然丟出異常

---

[76] The New Rational Manager by Charles Kepner, Benjamin Tregoe. 該書的 Decision 章節介紹了一種決策方法論，它會引導讀者用結構化的方式來做決策，使決策可以有更好的廣度與深度，同時還可以整合多人的主觀意見。

了、本來正常運作的機器漏油了。換言之,只要定位了錯誤,第二類問題就解決一大半了。

定位錯誤從圍繞問題的周遭情境開始分析,並且據此提出根本原因的假設是一種有效的作法,而表格 12-1 的提問可用來分析周遭情境,以加速找出線索。

透過這些提問得到的資訊一方面可以用來引導定位錯誤的假設、另一方面可用於與領域專家溝通。下一步要做出錯誤假設時,也可以利用這些資訊預先排除不可能的假設,以加快收斂的速度[77]。

分類	焦點	提問	反向提問
客體	事物	是什麼(人、機器、流程)出問題?	還有什麼可能也出問題卻又沒有?
客體	問題	這是個什麼樣子的問題?	還有可能產生什麼其它問題卻又沒有發生?
地點	絕對位置	這個問題發生哪裡(絕對地理位置而言)?	它還有可能也發生在哪裡卻又沒有?
地點	相對位置	這個問題發生哪裡(相對位置而言)?	它還有可能也發生在哪裡卻又沒有?
時間	絕對時間	這個問題何時第一次發生(日期、時間)?	它還有可能也發生在什麼時間卻又沒有?
時間	相對時間	這個問題發生該物件的生命週期的哪個時間?	它還有可能也發生在什麼時間卻又沒有?
變化	範疇	這個問題的範疇有多大?	它還有可能是怎樣的範疇(更大?更小?)卻又不是?
變化	時間	這個問題正在愈來愈嚴重?還是愈來愈緩和?又或是持平不變?	

▲ 表格 12-1 周遭情境分析提問

---

[77] Problem solving chapter of The New Rational Manager by Charles Kepner, Benjamin Tregoe. 該書的 Problem Solving 章節介紹了一種問題解決方法論,它會引導讀者對問題發生當下的周遭環境做有系統的一系列提問,以找出盡可能多的線索。

量化與統計學的連結

上述五個管理實務都有機會進一步地量化並且進行計算,因為它們都可以連結到統計學:

- 尋找核心客群可連結**貝氏定理**。
- 績效考核可連結 **Z 檢定**。
- 做計畫應對不確定性可連結**費米估算**、**信賴區間**、與**蒙地卡羅法**。
- 基於主觀意見做決策可連結**線性模型**(**Linear Model**)。
- 定位錯誤可連結**探索式資料分析**(**Exploratory Data Analysis**)。

量化對於管理非常重要,許多有效的管理實務無法落地,就是因為缺乏量化指導。

◯ 案例:內容行銷與量化指導

絕大多數從事行銷工作的人都會同意,內容行銷(Content marketing)對於品牌的建立至關重要。但是,內容行銷怎麼做呢?很多公司都建立了網站、建立了 Blog、也自認為自己做了內容行銷,然而一方面沒有察覺到任何可感知的成效,另一方面也不知道該怎麼刻意量測成效。要讓內容行銷真正落地,在開始之初就需要具體的定量指導,沒有定量指導的話,行銷人員有可能連續發表了五到十篇的 Blog,但是距離最低的有效強度還差得很遠,卻以為自己做錯了方向。

以下是顧問業可參考內容行銷的定量指導:

- 最小有效劑量為一週更新一次。
- 效果通常會延遲發生,所以至少要堅持 8~12 個月,才容易看出成效。
- 容易被轉錄的文章是長篇文章,而長篇文章是指介於 4000~10000 字左右的長文。

考慮到管理實務的落地需要定量指導，當管理與統計結合時，無論是管理或是統計的價值都會更加顯著。管理實務可以設定應用範疇，讓資料團隊可以容易聚焦。統計學則提供了一種系統化的工具來檢驗假設、量化風險、評估成效以及尋找最佳解等，還可以隨著資料量增加，逐步提昇準確度。統計學又可稱為決策科學，因為它能在不確定性中為管理者提供更清晰的視角。統計並不能取代經驗，但它能提供補充與驗證的框架，使管理者在面對複雜問題時能更有信心地制定對策。

相信讀者對統計學可以如何應用已經有了初步的答案，接下來，我們將會逐項介紹連結到的統計學概念。

貝氏定理（Bayesian Theorem）

在本章開頭「尋找核心客群」的例子裡有提到，為了有效預測，我們可以先尋找**相關**且**罕見**的**特徵**，並且利用這種特徵來預測成交率。那相關性、罕見性、還有成交率可以量化嗎？可以的，只要使用貝氏定理就可以量化了，換言之，如果找出了幾個不同的特徵，我們還可以先透過貝氏定理來計算哪個特徵的成交率最高，再選用該特徵。

貝氏定理的形式如下：

$$P\left(\frac{H}{e}\right) = \frac{P(H) \times P\left(\frac{e}{H}\right)}{P(e)}$$

也就是：

$$後驗機率 = \frac{先驗機率 \times 似然函數}{邊際機率}$$

由於這邊開始出現了複雜的統計學公式，先放慢腳步來一步一步理解。

第一步，先簡化公式，用 X 取代 $\dfrac{P\left(\frac{e}{H}\right)}{P(e)}$，從簡化版的公式開始：

貝氏定理（Bayesian Theorem）

$$P\left(\frac{H}{e}\right) = P(H) \times X$$

$P(H)$ 是原始我們認知 H 事件發生的機率，$P\left(\frac{H}{e}\right)$ 則是「當 e 事件發生時，H 事件發生的機率」。

接下來，以台灣軟體業招募軟體工程師常見的學歷主義——即招募單位認為擁有 CS/EE 學歷的應徵者較可能通過面試——來舉例：

- H 代表「應徵者通過面試的事件」
- e 代表「應徵者有 CS/EE 學歷的事件」。以預測來講，事件 e 就是我們使用的特徵。
- $P(H)$ 代表「應徵者通過面試的機率」
- $P\left(\frac{H}{e}\right)$ 代表「當應徵者有 CS/EE 學歷時，他通過面試的機率」

照一般常識，尤其是在「初階軟體開發者」這個職缺，擁有 CS/EE 學歷的應徵者顯然通過面試的機率大幅提高，所以 $P\left(\frac{H}{e}\right) > P(H)$，換言之，$X$ 是一個大於 1 的數字，即事件 e 這個特徵是有預測力的。

這邊讓我們先故意把問題改一下，如果應徵的職缺改成是「中華職棒啦啦隊隊員」，其它的條件不變，那 X 應該會是小於等於 1 的數字。即如果要應徵的職缺是啦啦隊隊員，那無論應徵者是否擁有 CS/EE 學歷，通過面試的機率都不會上昇，甚至還有可能下降。

⊃ 貝氏定理讓我們的直覺可以量化

貝氏定理告訴我們什麼事呢？它讓我們對特徵預測力的直覺可以量化，讓上頭公式裡的神秘的 X，不再是個黑箱。

根據貝氏定理，可以推得：

$$X = \frac{P\left(\frac{e}{H}\right)}{P(e)}$$

其中：

- $P\left(\dfrac{e}{H}\right)$ 代表「當應徵者通過時，他擁有 CS/EE 學歷的機率」，也可以理解成特徵的**相關性**。

- $P(e)$ 代表「應徵者有 CS/EE 學歷的機率」，其中，$\dfrac{1}{P(e)}$ 也可以理解成特徵的**罕見性**。

如果 X 是大於 1 的數字的話，則 $P\left(\dfrac{e}{H}\right) > P(e)$，即特徵有預測力，這在招募「初階軟體開發者」的情況很常見。如果 X 是小於 1 的數字的話，則 $P\left(\dfrac{e}{H}\right) < P(e)$，即特徵沒有預測力。

貝氏定理在實務工作中是否可以輕易地使用取決於我們是否可以簡單地取得 $P\left(\dfrac{e}{H}\right)$、$P(e)$ 這兩個機率。幸運的是，這兩個機率多數情況下都可以簡單地得到估計值：

- $P\left(\dfrac{e}{H}\right)$ 是我們容易觀察到的條件機率，在軟體公司的情況，我們可以考慮直接統計，公司既有軟體工程師裡哪些人有 EE/CS 學歷，由此來推估 $P\left(\dfrac{e}{H}\right)$。

- $P(e)$ 這一類的數字，我們往往也可以從公開統計資料來抓出一個估計值。

進一步地仔細觀察公式，還可以做出兩個推論：

1. 什麼時候，X 的效果會超大？定性來講，愈是相關且罕見，預測力愈好；定量來講，當 $P\left(\dfrac{e}{H}\right)$ 的數值大、$P(e)$ 的數值小的時候。若該公司已經錄取的員工幾乎都有 EE/CS 學歷，這就是 $P\left(\dfrac{e}{H}\right)$ 的數值大。若 EE/CS 學歷還又是名校，那 $P(e)$ 的數值小也滿足了。

2. 什麼時候，就算 X 的數字很大，也不保證成功呢？當 $P(H)$ 的數字很小的時候，就算 X 很大，$P\left(\dfrac{H}{e}\right)$ 往往也還是離 1 很遠。這種特殊的情況常見於 Covid 快篩，所以就算快篩為陽性，還是要再做進一步的檢查。

貝氏定理（Bayesian Theorem）

◯ 簡易貝氏估算

在教導不同的友人貝氏定理多次之後，我認知到一個現實，機率的入門門檻確實有點高。所以我設計了一個**簡易貝氏估算**，由三條規則構成：

1. 對想預測的事件時，先判斷發生的機率。此處的機率數值可以由經驗取得或是由外部資訊而來，並且粗略分成三類：30%、10%、1%~3%。

2. 有預測力的特徵必須同時滿足兩個條件：與想預測的事件相關且是罕見特徵。

3. 當事件還不確定是否發生，但是發現了某個有預測力的特徵已經出現時，就將事件發生的機率乘以 3。

◯ 案例：應用簡易貝氏估算年齡範圍

我在銀行排隊開戶而隊伍很長。遠遠看去，看不到櫃台行員的臉、只看得到行員的名牌：「X 淑華」。已知行員的年齡通常介於 20~70 歲之間，所以本來就有約 30% 的機率遇上 55 歲到 70 歲的阿姨行員，再加上已經觀測到了姓名這種「有預測力的特徵」，所以我估計 90% 的機率會遇到一位阿姨行員幫我開戶。機率的估算：30% × 3 = 90%。

◯ 討論：三次出現法（Rule of 3）與貝氏更新

有一種經驗法則：「**一次出現是偶然、二次出現是巧合、三次出現意味著模式存在。**」這種法則在許多領域被廣泛應用，雖然沒有嚴格的數學證明，但在實務上有助於降低錯誤決策的風險。

比方說，在軟體開發時，相似的程式碼應該要等到它們重複出現 3 次，再將它們改寫並提取共用的部分；在創業的領域，產品的成交應該要等待它們重複出現 3 次之後，才能視為產品與市場契合（Product Market Fit）。下表整理了更多的一些例子：

領域	三次出現法的應用	避免的風險
軟體開發	3 次重複後再提取共用、做成函數	過早抽象化，錯誤的抽象
市場驗證	3 次成交後才視為產品與市場契合	偶然成交，導致誤判市場需求
UX 設計	3 位使用者遇到相同問題才修改	針對個案改動 UX
廣告投放	3 個平台成功才擴大廣告預算	單一平台成功但並不適合目標受眾

▲ 表格 12-2 三次出現法的應用

這種「三次以上的出現，才視為模式」的經驗法則，是一種風險管理思維，確保決策有足夠的資料點做依據，而不是因為一次偶然的事件就大幅更改，進而導致不成熟的最佳化。

該怎麼解釋「三次出現法」的跨領域地應用呢？我們可以將其視為是一種**貝氏更新（Bayesian Updating）**的應用形式，以下是用貝氏更新模型來解釋「三次出現法」。

- H 代表「該事件發生是因為某種真實的模式（而非隨機）存在」。

- Ei 代表「我們觀察到事件 e 在第 i 次出現」。

- $P(H)$ 代表「H 為真的機率」，這邊假定為 50% 表示沒有認定模式存在與否的預設立場。

- $P\left(\dfrac{e}{H}\right)$ 代表「當 H 為真時，e 事件發生的機率」。在有特定模式的前提下，依常理推斷 e 事件發生的機率會提高，假定為 60%。

- $P\left(\dfrac{e}{\sim H}\right)$ 代表「當 H 不為真時，e 事件發生的機率」，將 $P\left(\dfrac{e}{\sim H}\right)$ 的機率假定為 40% 表示在沒有特定模式的前提之下，e 事件發生的機率。

當我們觀察到 3 次事件出現之後，應用貝氏更新，可以推導公式為：

$$P\left(\dfrac{H}{E1,E2,E3}\right) = \dfrac{P(H) * P\left(\dfrac{E1,E2,E3}{H}\right)}{P(E1,E2,E3)}$$

其中，$P(E1,E2,E3)$ 可以進一步地拆解。

$$P(E1,E2,E3) = P\left(\frac{E1,E2,E3}{H}\right) * P(H) + P\left(\frac{E1,E2,E3}{\sim H}\right) * P(\sim H)$$

再加上一個常見的機率假設：「$E1,E2,E3$ 三個事件獨立發生」，則：

$$P\left(\frac{E1,E2,E3}{H}\right) = P\left(\frac{e}{H}\right) * P\left(\frac{e}{H}\right) * P\left(\frac{e}{H}\right) = 0.6^3 = 0.216$$

$$P\left(\frac{E1,E2,E3}{\sim H}\right) = P\left(\frac{e}{\sim H}\right) * P\left(\frac{e}{\sim H}\right) * P\left(\frac{e}{\sim H}\right) = 0.4^3 = 0.064$$

$$P(\frac{H}{E1,E2,E3}) = \frac{0.216 \times 0.5}{(0.216 \times 0.5) + (0.064) \times 0.5}$$

$$= \frac{0.108}{0.108 + 0.032} = \frac{0.108}{0.14} \approx 0.771$$

於是，我們可以推得 $P\left(\frac{H}{E1,E2,E3}\right)$ 約為 77%。這意謂著模式的存在即使只是微小地提高事件發生的機率，在事件出現 3 次之後，我們還是可以有相當信心地推斷：「模式很有可能存在。」

Z 檢定

在本章開頭「績效考核」例子裡，想要應用該管理實務的管理者會遭遇到以下兩個困難：

1. 怎樣的波動算是正常範圍？
2. 怎樣算是明顯遠超過平均呢？

一旦應用了 Z 檢定，上述兩個問題都可以得到量化的答案：

1. 小於等於**兩個標準差**的波動，都視為是正常範圍。

2. 超過**兩個標準差**的表現，視為是明顯超過平均，所以合理懷疑該下屬有不平凡的工作策略。

到這邊為止，讀者也許心裡出現了不少困惑：

1. 不需要考慮母體的分布資訊嗎？

2. 為什麼是兩個標準差，而不是一個或是三個標準差呢？

3. Z 檢定的 Z 是指什麼呢？

以下用圖解的方式來一步一步解釋 Z 檢定。

◯ 圖解 Z 檢定

圖 12-1 中央極限定理（CLT，Central Limit Theorem）的意思是無論原始的分布是什麼，抽樣次數愈多的話，觀察者觀察到的抽樣結果平均值，將會愈來愈趨近常態分布（Normal Distribution）。實務上，抽樣次數超過 30 次之後，觀察者觀察到的分布已經與常態分布幾乎無異。由於有了中央極限定理，在樣本數夠多的情況，我們可以忽略原始資料的分布，一律用常態分布來考慮。

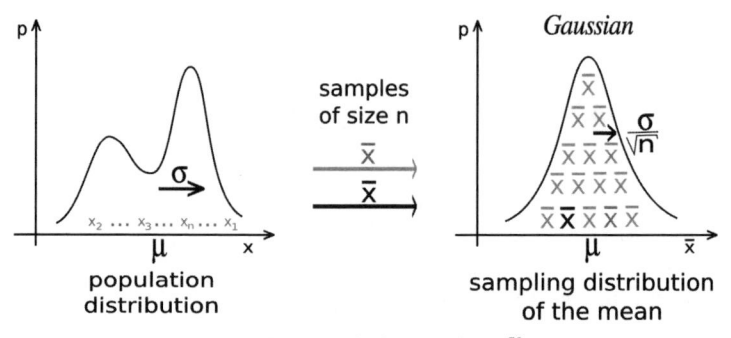

▲ 圖 12-1 中央極限定理 [78]

---

78 By Mathieu ROUAUD-Own work,CC BY-SA 4.0,https://commons.wikimedia.org/w/index.php?curid=60066898。

Z 檢定

　　圖 12-2 常態分布則可以給我們一些對機率的直覺：離平均值愈遠，出現的機率就愈小。其中，中央的深色區域是距平均值小於一個標準差之內的數值範圍，在常態分布中，此範圍所佔機率為全部數值之 68%；根據常態分布，兩個標準差之內的機率合起來 95%；三個標準差之內的機率合起來為 99.7%。

　　實務上，通常使用兩個標準差做為區別正常波動的定量標準，因為小於 5% 的出現機率，已經可以視為幾乎不會遇到。

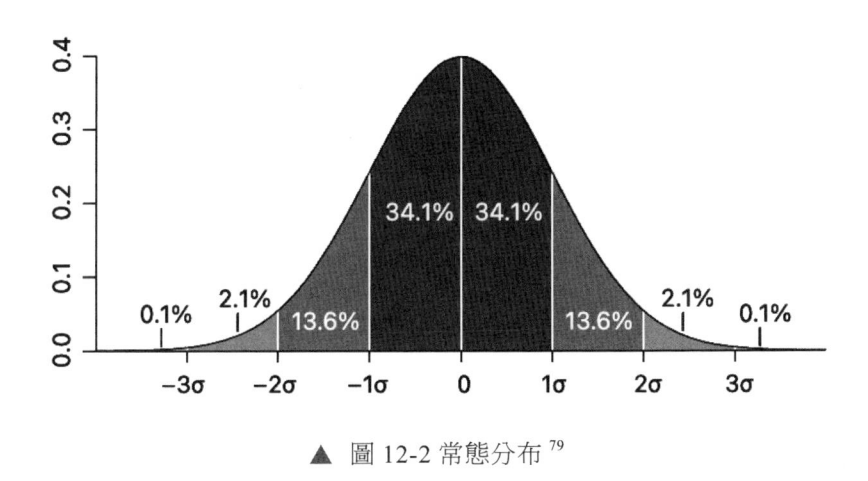

▲ 圖 12-2 常態分布 [79]

Z 檢定的 Z 是指**標準分數（Z Score）**，其計算公式為：

$$Z = \frac{(x - \mu)}{\sigma}$$

其中：

- x 是樣本的觀測值。

- μ 是母體的平均值。

- σ 是母體的標準差。

---

[79] By M.W.Toews,CC BY 2.5,https://commons.wikimedia.org/wiki/File:Standard_deviation_diagram.svg。

12　管理與統計

標準分數的數學意義是：該觀測值 x 與母體平均值 μ 的距離，按照標準差 σ 的單位進行標準化。通過計算 Z Score，任何觀測值在其原始分布中的位置可以被映射到「平均值為 0，標準差為 1」的標準常態分布框架中，便於比較和解釋。

算出了標準分數之後，由於兩個標準差的距離在標準常態分布裡就是對應到數值 2，所以即使不查表、只依賴標準分數，我們也可以大概推斷現在的情況是否為正常範圍的波動了。圖 12-3 呈現了常態分布與標準分數之間的對應關係。

實務上在應用 Z 檢定還有許多的技術細節，例如，何時需要考慮母體的分布資訊？缺乏母體統計資訊時，該怎麼修改公式？抽樣樣本數太少該怎麼處理？哪些情況要考慮使用三個標準差來做檢定？這些細節已經超出本書的範疇，然而讀者在應用 Z 檢定時需要小心處理這些細節，特別是應用 Z 檢定來發表論文的情況。

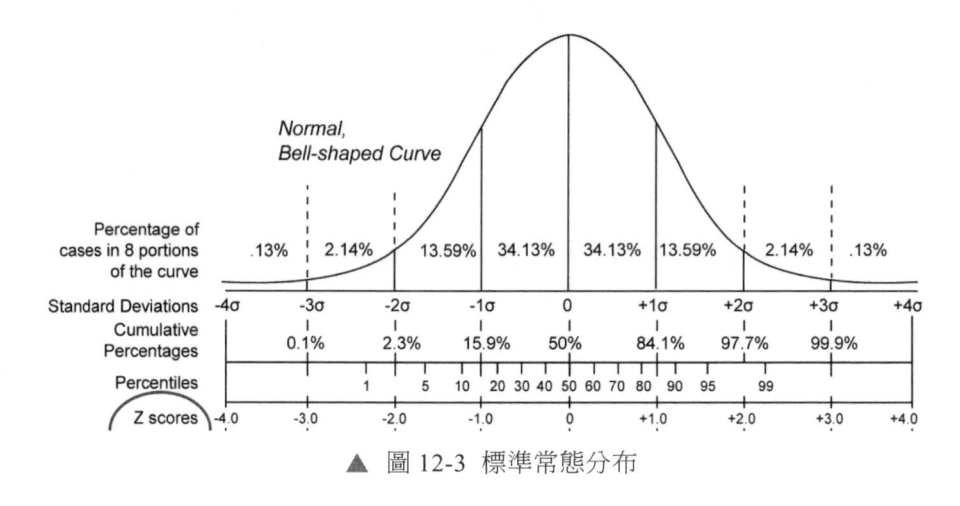

▲ 圖 12-3 標準常態分布

▌費米估算（Fermi Estimation）

在管理實務之中，資料常常不是一開始就存在的，而是在我們主動去蒐集量測之後才會取得。換言之，往往是我們先設想需要哪些資料，去蒐集量測，之後才會有資料可用。

費米估算（Fermi Estimation）

那有沒有什麼方法可以在還沒有開始去蒐集資料之前，就取得一個有用的估計值呢？這就是應用費米估算的好時機了。費米估算是一種透過簡化假設及粗略計算，快速估算數量級的方法，旨在應對缺乏詳細資料的情況。

費米估算的具體作法是將一個大問題分解為多個小問題，然後估算或是猜測每個小問題對應的答案，最後將這些答案相乘或相加以得到最終結果。也可以換一個方式來陳述費米估算：「先利用既有的常識推估出模型，之後根據模型去推估資料以計算最終的結果。」

這邊讓我們使用費米估算來推估台灣每年消費的手搖飲料數量：

- 台灣人口：約 2,300 萬人。

- 每人每月喝手搖飲料的次數：基於主觀經驗，假設每人每月平均喝 2 次手搖飲料。

每年喝手搖飲料的次數：每人每年平均喝。

$$2 \text{ 次}/\text{月} \times 12 \text{ 個月} = 24 \text{ 次}$$

估算可得台灣每年消費的珍珠奶茶總數：

$$2,300 \text{ 萬人} \times 24 \text{ 次}/\text{年} = 5.52 \text{ 億杯}$$

上述的估算數字只有數量級是正確的。因為引述財政部統計顯示，近年全國手搖飲料店達近 2 萬家，飲料店銷售額總計為 550 億元，若以每杯飲料均價 50 元推算，臺灣每人一年約喝掉 11 億杯手搖飲。

在商業上，費米估算除了可以用於推估不易直接取得的數字之外，另一種應用則是先透過費米估算去將問題拆解（即推估出模型），之後就可以利用模型來做未來的預測。例如：

1. 利潤 = (售價 − 變動成本) × 銷售數量 − 固定成本

2. 利潤 = (顧客平均營收 − 顧客平均獲取成本 − 顧客平均服務成本) × 顧客人數

3. 營收 = 業務人員總拜訪數 × 平均轉換率 x 平均成交價格

信賴區間

在本章開頭「做計畫應對不確定性」例子裡，管理者在得到了一個估計值之後，會再進一步思考、推算估計值的「最樂觀可能」和「最悲觀可能」。此處的「最樂觀可能」與「最悲觀可能」恰好對應到統計學上的信賴區間概念，一旦應用了信賴區間，上界與下界就有了量化的方法。

信賴區間（Confidence Interval）是一個統計工具，用來估計某個母體參數可能落在的一個範圍內，並附上對應的信心水準。例如，假設我們想知道某城市居民的平均月薪，但無法逐一訪查每位居民。我們可以透過抽樣調查，計算樣本的平均值，並推算一個範圍（例如「95% 信心水準下，平均月薪介於 5 萬至 6 萬元之間」）。這範圍反映了不確定性，也為決策者提供了參考依據。

做計畫時，信賴區間可以協助管理者處理不確定性。例如，若某專案估計的完成時間為 3 個月，信賴區間顯示「90% 的可能性完成時間落在 2.5 至 3.5 個月之間」，在這種情況之下，信賴區間這種範圍可以幫助計畫管理者快速地掌握或是溝通上界與下界。

◯ 透過抽樣調查計算信賴區間

要計算信賴區間，首先需要取得樣本的統計資料，然後應用相關公式推算母體參數的可能範圍。以下是計算信賴區間的步驟：

1. 抽樣調查：從母體中隨機抽取樣本，記錄樣本數 n、樣本平均值 x、樣本標準差 s。

2. 選擇信心水準：根據需求選擇適合的信心水準，例如 90%、95%、99%，並查表獲得對應的臨界值 Z。例如，信心水準 =95%，則對應 Z = 1.96。

3. 計算標準誤差 SE。標準誤差有兩種算法。
   ○ 如果已知母體標準差 σ 的話，則 $SE = \dfrac{\sigma}{\sqrt{n}}$

- 如果不知道母體標準差的話，則使用樣本標準差來取代母體標準差，則 $SE = \frac{s}{\sqrt{n}}$

4. 套用信賴區間公式：$CI = x \pm Z \times SE$

由觀察公式可以得知，抽樣次數愈多，信賴區間會愈加縮小。還有，樣本數增加到一定程度後，信賴區間的縮小幅度會逐漸變小。例如，從 $n = 100$ 增加到 $n = 200$ 對信賴區間的影響，比從 $n = 10$ 增加到 $n = 20$ 小得多。換言之，抽樣次數增加所帶來的新資訊會邊際效益遞減。

● 五次法則與資訊量

給定一個母體，當我們對它一無所知時，做一些抽樣調查，是讓我們可以得到重要資訊並且降低不確定性的方式。那要抽樣調查幾次，可以得到足夠的資訊呢？

沒有做過數學計算的話，可能以為這個數字很大，在《如何衡量萬事萬物：做好量化決策、分析的有效方法》一書[80]則指出，由於透過抽樣調查得到的資訊量，在最初的幾次最多，之後得到的資訊量會不斷地遞減。換言之，只透過少數的幾次抽樣，就足以快速累積到足以大幅減少不確定性的**可觀資訊量**。

五次法則（Rule of 5）是指，進行任何隨機的五次抽樣調查，約有 93.75% 的機率，調查母體的中位數會落在調查結果的最大與最小值之間。換句話說，假如我們因為實務的限制，沒有辦法大量抽樣調查，也可以考慮做少量的調查。

抽樣調查五次，於是我們得到了 93.75% 的信賴區間，區間範圍就是調查結果的最小值與最大值。用數學一點的方式來陳述的話：抽樣調查五次做出的信賴區間，該信賴區間的意義是：「93.75% 的可能性，中位數落在調查結果的最小值與最大值之間。」

---

[80] 《如何衡量萬事萬物 How to Measure Anything: Finding the Value of Intangibles in Business》作者 Douglas W. Hubbard。該書的第三章介紹了「五次法則」並有解釋如何推導該法則。

12 管理與統計

⊃ 案例：五次法則的應用

身為軟體工程師，不時就會發現新的命令列程式，而我對於這類軟體的第一個疑問是：「它值得我投資時間去研究如何使用嗎？投資報酬率如何？」

多數的時候，要看完軟體的快速起步（Quick Start）並不會真的非常久。但是，快速起步可以告訴用戶，「怎樣可以很快地開始使用」，然而，很快地開始用與評估投資報酬率依然是不同的兩件事。

後來，我想了一個 ChatGPT Prompt 來快速評估投資報酬率。

> 示範 5 個好用的 { 某命令列程式名稱 } 用法

這個作法等於是讓 ChatGPT 幫我抽樣五次，而五個範例裡如果有任何一個範例讓我覺得值得投資，我就會考慮花時間研究一下。如果五次抽樣裡，一個用法也沒有引起我的任何興趣，那很有可能，即使我花時間學習了該命令列程式，也只有在某個極端的情境之下才用得上，投資報酬率頗差。

▍蒙地卡羅法

考慮某企業進行新計畫，該計畫的成本與效益具有不確定性，分別以隨機變數表示。計畫的報酬可用以下公式計算：

$$報酬 = 效益 - 成本$$

此計畫的風險可定義為：「報酬為負值的機率」。然而，當成本與效益是隨機變數時，該機率難以透過解析法直接求解。此時，蒙地卡羅模擬提供了一種有效的解法：

1. 定義隨機變數與分布：為成本與效益設定機率分布，例如常態分布、泊松分布（Poisson Distribution）等。
2. 隨機生成樣本：從分布中取樣，模擬大量可能情境。

3. 計算與統計：計算每個樣本的報酬，統計負報酬的比例，即為風險概率。

蒙地卡羅模擬的核心在於利用大量隨機樣本來近似問題的數值解。

◯ 蒙地卡羅模擬的優點

1. 適用於複雜情境：無需解析計算即可處理多重條件、不規則的問題。

2. 靈活性：可自由定義隨機變數的分布及相關性。

3. 易於擴展：適用於多重不確定性，如市場波動或競爭影響。

透過蒙地卡羅法，我們再也不用擔心機率方程式解不開，因為根本不用去解。善用蒙地卡羅法，我們可以將各項重要參數以隨機變數的形式來呈現其完整的資訊，在做決策時也可以得到明確的機率數值做為重要參考依據。

線性模型

在本章開頭「基於主觀意見做決策」例子裡，利用決策矩陣來整合主觀意見已經可以視為是一種線性模型。搭配了統計學之後，該線性模型還有兩個方向可以進一步地改善：

1. 迴歸分析。

2. 非標準線性模型（Improper Linear Model）。

◯ 迴歸分析

如果決策是重複性的，例如對員工績效的評量，而非單一決策，就可以考慮用迴歸分析來改善。

以下是迴歸分析的步驟：

1. 組織評分委員

找到幾位願意參與的評分委員，這些人應該熟悉待評估事項，並具備相關經驗，以提供可靠的評分。

2. 確定影響因素

請評分委員指出影響待估計事項的相關因素。例如，若評估員工的昇遷可能性，相關因素可能包括「年資」、「過往績效評分」或「團隊合作能力」。相關因素不要超過十項。

3. 生成情境資料

根據步驟 2 所確定的每個因素，用數值組合生成一系列情境資料集。這些情境可以基於真實案例，也可以為純假設情境。建議為每位評分委員準備 30~50 套情境，確保資料涵蓋性足夠廣泛。

4. 收集評分資料

請評分委員為每個情境提供估計評分，將這些評分作為應變數 (Y)，而情境中的每項因素則作為自變數 (X)。

5. 進行迴歸分析

將收集到的資料輸入統計軟體，進行迴歸分析。分析結果將產生每項因素的權重，這些權重可用於後續的評分系統，取代純粹依賴人為主觀設置的方式。

透過迴歸分析，不僅能降低主觀偏見對決策結果的影響，還能透過量化的方式確保一致性，進一步提升決策的科學性。

◯ 非標準線性模型（Improper Linear Model）

另一種方法是不對權重做最佳化，而是將評分轉換成標準分數（Z Score）之後，再直接加總。

以下是非標準線性模型的步驟：

1. 收集每位評分委員對各個方案的原始評分。
2. 對每個評分進行標準化，計算 Z Score：$Z = \frac{(x - \mu)}{\sigma}$。其中：$x$ 是原始評分，μ 是該評分的平均值，σ 是標準差。
3. 使用標準化後的 Z Score 作為評分基準，將不同標準的評分統一到同一尺度下。然後進行加總，計算總分。

使用 Z Score 相比於既有的決策矩陣有以下的優點：

1. 減少極端值影響

當評分沒有轉換成 Z Score 時，由於人有主觀性，很有可能會不經意地給了某項因素過高的數值，結果改變了該項因素的權重。由於標準化過程會平衡各標準內的變異性，極端值的影響被自然地減弱。

2. 簡化權重設置

不再需要主觀地為每個標準設置權重，能降低人為偏見對決策結果的影響。

⊃ 案例：利用 LLM 來做高階技術決策。

我在做軟體開發時，常常遇到一個難題：「不知道該如何選擇軟體的函式庫（Library）？」例如，要讀取 Excel 檔，就有六個函式庫可以選，表面上看起來也差不多。實務上，往往要使用了一段時間之後，才能強烈地感受出哪個函式庫的設計是相當不錯的設計。

而很幸運的事情是，自從幾年前我開始為歐洲的 Gaiwan 公司工作開始，這件事就不再是問題，因為 Gaiwan 公司有一分內部文件，叫 Gaiwan Stack，上頭記錄了各式各樣的用途與對應的函式庫選擇，哪些要用、哪些不用，理由是什麼。

12 管理與統計

有一回，我負責一個專案，該專案需要去讀取 Excel 檔的內容，並且根據內容去生成 SQL 語句。那次專案，讀取 Excel 的函式庫是 Gaiwan 的負責人選的，選了一個叫做 Docjure 的函式庫。

在完成專案之後，我突發奇想，有沒有可能這一回 Docjure 這個選擇並非最佳選擇，我多試幾個其它的函式庫，說不定開發起來的感覺就會容易許多。因此，我嘗試了另外兩個函式庫，而最終根據實驗結果，我仍認為 Docjure 是最佳選擇。

實驗之後，我不禁思考：「如果利用 LLM 模擬 Gaiwan 負責人的隱性決策過程，是否也能做出正確的函式庫選擇？」

我把 Gaiwan Stack 的內容丟進 LLM，叫它做個總結，歸納出 Gaiwan 選擇函式庫的四項評分標準，然後，再叫 LLM 基於前述歸納出來的原則從六個不同的 Excel 函式庫裡去選，LLM 二話不說就選了 Docjure。

▋探索式資料分析（EDA, Exploratory Data Analysis）

在本章開頭「定位錯誤」例子裡，圍繞問題的周遭情境並且從不同的焦點去提問以取得資訊，刻意比較有發生、與沒有發生的作法，可以視為是一種簡化版的探索式資料分析。

對於大多數的資料分析師來講，探索式資料分析是最常應用的方法，它是透過多種統計方法和視覺化手段來深入了解資料的主要特徵和潛在模式。這個過程有助於揭露資料中的異常、缺失值和變數之間的關係，為後續的資料分析工作提供基礎[81]。

---

81 嚴謹的探索式資料分析，可以考慮使用 R 語言之類的軟體來做，上述專業統計軟體會提供很多的工具與函式庫。另一方面，而初學者或是想省事的話，也可以利用 Metabase 的自動分析來做。

探索式資料分析（EDA, Exploratory Data Analysis）

⊃ EDA 的主要步驟

- 鑑別變數（Variable Identification）
- 處理缺值（Missing Value Treatment）
- 處理異常值（Outlier Treatment）
- 單變數分析（Univariate Analysis）
- 成對變數分析（Bi-variate Analysis）

■ 鑑別變數（Variable Identification）

確定目標變數（Target Variable）和預測變數（Predictor Variables）。以表格 12-3 學生成績資料為例，如果目標是預測數學成績（Math Grade），那麼 Math grade 就是目標變數，其它變數如性別（Gender）、智商（IQ）等則是預測變數。

Student ID	Gender	Chinese grade	Math grade	IQ	Habit in sport
001	M	90	98	88	Yes
002	F	45	34	80	No
003	M	78	50	90	No

▲ 表格 12-3 學生成績資料

■ 處理缺值（Missing Value Treatment）

資料常常不是完整的，因此需要處理缺失值。常用的方法包括直接刪除有缺失值的資料列、使用插補法（如均值填補、插值法）。又或是更進階的方法如使用預測模型來填補缺失值。

12-25

- **處理異常值（Outlier Treatment）**

   極端值可能會顯著影響分析結果，因此需要識別和處理這些異常值。常用的方法是刪除這些極端值，以避免它們對統計指標（平均值）的過大影響。比方說，在討論收入資料的時候，首富的收入會是極端值，一旦納入平均計算之後，就會大大地拉高平均值。

- **單變數分析（Univariate Analysis）**

   對每個變數進行單獨分析，使用敘述性統計，比方說平均值、最大值、最小值、中位數、標準差等等，來概括資料的基本特徵。這有助於了解每個變數的分佈和特性。

- **成對變數分析（Bi-variate Analysis）**

   分析變數之間的關聯性，常分為以下兩種情況：

   - 連續變數與連續變數：使用相關係數來計算變數間的相關係數。

   - 類別變數與類別變數：使用卡方檢定檢測兩個類別變數是否相關。

⊃ 資料視覺化與資料轉換

視覺化也是 EDA 的重要部分，我們可以通過多種圖表來視覺化資料之後，透過觀察圖形來找出資料中的模式和趨勢。常見的視覺化方式有：

- 直方圖（Histogram）：用於展示單個連續變數的分佈。

- 箱形圖（Box Plot）：用於展示變數的偏態（Skewness）和異常值（Outliers）。

- XY 散佈圖（Scatter Plot）：用於展示兩個連續變數之間的關係。

- 折線圖（Line Chart）：用於展示時間序列資料的趨勢。

當某個變數具有明顯的偏態（Skewness），特別是呈現對數常態分佈（Log-normal Distribution）時，可以通過取對數這種資料轉換來使資料更接近常態分佈（Normal Distribution），而這樣子做之後，模式與趨勢會更容易透過圖表來顯現出來。

◯ 選擇合適的維度（Dimension）

探索式資料分析的核心在於透過不同的維度來探索和發現資料中的特徵與模式，這些的視角並不限於傳統的維度，完全可以根據問題與情境設計出新的維度。換言之，當資料有包含地理資訊時，就值得考慮使用地理資訊系統（Geographic Information System）來做視覺化，如圖 12-4。又或是當資料有圖學的特性時，就值得考慮使用圖學資料庫來將資料建模，並且利用圖學演算法來做圖學探索式資料分析（Graph EDA）。

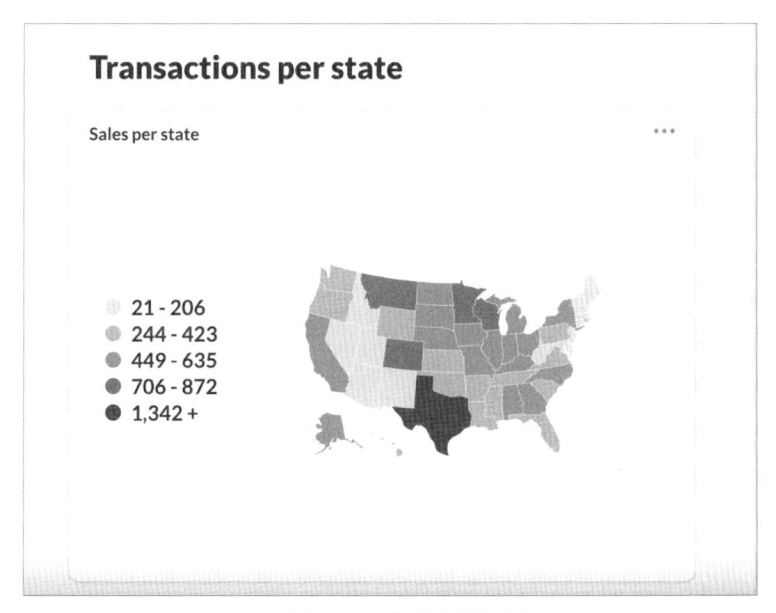

▲ 圖 12-4 地理資訊系統

12 管理與統計

▌ 本章小結

　　管理與統計的結合，一方面幫助管理者在不確定性中找到指引，另一方面也賦予統計更多實際應用的機會。在這本章，我們探討了從「尋找核心客群」到「定位錯誤」的五個常見管理實務，並闡述了如何透過統計學方法來強化管理決策。

　　有些人認為，做資料分析需要統計學很好、或是需要了解很複雜的演算法，覺得自己的強項不是數學，也因此不太敢投身進入這個部門。然而，根據利用 ChatGPT 做的評估，一般資料分析師所需要掌握的基礎與中階統計學概念，已經可被本章內容 70%~90% 覆蓋到。

　　這說明了，能否靈活地應用統計，重點並不在於具備特別高的數學能力，反而更依賴的是能否理解基本的邏輯與實務需求。就像本章的許多案例展示的，只要透過結構化的問題分析與適當的量化工具，即便在缺乏清晰因果關係的情境下，也能找到有效的解決方案。

13

各領域的資料分析

有一本書《百工裡的人類學家》，主要討論人類學的田野應用。書的前半部介紹人類學的方法論，比如說：田野調查、尊重多元文化等等；後半部則是主張人類學家並不限於學院內的研究者，凡是在生活實踐中體現人類學能力都可以算是，並且舉了各行各業裡的人類學家來加以佐證。

在書中一個有代表性的案例是：在東南亞的國家，為了減少營養不良，醫師建議民眾要在飲食裡加鐵。人類學家觀察了當地對「魚神」的信仰，就刻意去製做了鐵魚，讓家家戶戶可以在煮菜時使用，於是有效地達成了家家戶戶飲食之中添加鐵的目標。

此處我借用《百工裡的人類學家》一書的主張：「凡是在工作實踐中體現資料分析能力，就算不曾受過專業的資料分析訓練，也算是資料分析師。」在蒐集了一些案例之後，歸納出三個有代表性的類別：

- 引導決策的指標。
- 可信度。
- 編碼。

13 各領域的資料分析

▌引導決策的指標

決策者總是不停地要做出大大小小的決策，而少數決策的影響很大又充滿了不確定性，比方說，要投資什麼計畫、要刪除什麼項目、重要的事出錯了該如何修正。面對這類型的決策，如果有什麼指標可以提供關鍵資訊以減少不確定性，這對於決策者會有莫大的幫助。

⊃ 間接成本估算

主要銷售產品且產品附加的服務並不多的公司，套用一般的會計方法計算毛利率，就勉強足以區分哪些產品比較有市場競爭力。然而，今日的許多公司，銷售的並不只是產品，產品常常與服務一同銷售，甚至公司根本是服務型的公司。在這種公司，只使用傳統的會計方法做出的財務資料，就很難看出的哪個服務最有市場競爭力，因為大量的成本其實是以間接成本的形式而呈現。

在思考公司賣什麼服務、賣什麼產品可以真正創造利潤時，應該了解兩個幾乎總是成立的假設：

1. 營收的分布是 80/20 分布，往往是極少的種類的產品／服務（小於 20% 的品項），帶來了 80% 的營收。

2. 間接成本的分布則是隨著交易（Transaction）次數來分布。此處交易會隨著產業、公司的形態而有很大的不同，它可能單純地對應到每一張發票，也有可能是對應到每一次的客戶服務，又或是出貨。

在《成效管理》一書[82]中，提出了一個**利潤貢獻因子（Revenue Contribution Factor）** 計算法，可以有效地一併分析間接成本，並且看出任一產品/服務、通路、客戶，是否仍然有利可圖。

---

82 Managing for Results by Peter F. Drucker.
https://www.books.com.tw/products/0010154637。

舉例來解釋，某顧問公司營業項目為 IT 服務，雇用 2 名員工，其中：

- 年營收 200 萬台幣，所有間接成本為 160 萬，利潤 40 萬。（顧問公司沒有產品，所以成本幾乎都是間接成本。）

- 客戶有甲、乙、丙：甲客戶的年營收 90 萬，乙客戶的年營收 70 萬，丙客戶的年營收 40 萬。

- 甲客戶對應 12 次交易，乙客戶對應 1 次，丙客戶對應 1 次。

一般的會計觀點會直接計算營收貢獻，所以判定甲客戶為最大的營收來源。

在套用利潤貢獻因子計算法之後，首先，照交易來分攤間接成本

- 甲 -> 160 × 12 ÷ 14 = 137.14。

- 乙 -> 160 ÷ 14 = 11.4。

- 丙 -> 160 ÷ 14 = 11.4。

然後，每個客戶獲得的利潤，減去應分攤的間接成本之後，得到：

- 甲貢獻的利潤為 -47 萬。

- 乙貢獻的利潤為 59 萬。

- 丙貢獻的利潤為 29 萬。

由此觀點可得，甲客戶對該公司創造的實質利潤為負，應考慮漲價、改變服務方式以降低成本，又或是放棄此客戶。

綜合以上所述，當一間公司有許多產品時，只要設法定義出何謂交易，就可以利用「交易次數」來做為推估間接成本的關鍵指標。妥善地利用這個指標可以引導公司的產品決策，協助決策者捨棄不賺錢的產品並且讓企業的經營更加專注。

13 各領域的資料分析

⊃ 軟體重構投報率

在軟體開發的領域，由於人會犯錯、規格不夠明確等因素，軟體系統在設計時，總是會有設計不良的部分，而且這些不良部分會在日後導致軟體開發速度減慢。這些設計不良又稱之為技術債，暗喻著：「你不花時間去修正它們，你就得一直付出時間利息。」

許多軟體工程師都在職涯之中面對兩個難題：

1. 擔任工程師時，覺得難以說服上司，撥出足夠的時間，讓他們償還技術債。

2. 擔任主管時，覺得難以說服下屬，不要花費過多的時間，償還所有的技術債。

那有沒有什麼客觀的參考標準，可以做為投資時間來改善技術債的準則呢？《Your Code as a Crime Scene》一書[83]就提出了技術債相關的分析法。

根據作者 Adam Tornhill 的統計，很多的軟體專案，即使程式語言不同，程式碼還是會有相似的結構，參考圖 13-1。

- 把每個檔案標以一個數字放在 X 軸，把每個檔案對應的修改次數放在 Y 軸，並且把檔案依照修改次數排序就可以得到一個冪次分配（Power Law Distribution）

- 做出冪次分配圖之後，就可以很快地定位出，有少數的檔案，它們是極為重要的檔案（圖 13-2 左側藍底紅條紋的區塊），因為它們常常被修改。

- 而技術債如果位於重要檔案之上的話，通常只佔整個專案的 2%~4% 的程式碼，對它們做出改進之後，有相對很高的機率可以得到不錯的回報。

---

[83] Your Code as a Crime Scene by Adam Tornhill. https://www.amazon.com/Your-Code-Crime-Scene-Second-ebook/dp/B0D6WYJS74 該書的第一章到第七章介紹了一種活用 git repo 的 commit 歷史並搭配模組大小來定位技術債熱點的分析方法。

綜合以上所述，當軟體團隊考慮要投資時間來償還技術債，以提高將來的生產力時，可以利用「檔案的修改頻率」做為推估投報率的關鍵指標。妥善地利用這個指標可以引導團隊積極地重構，平時就積極地重構而不是等到程式碼已經快要無藥可救時才設法補救，將可以提高軟體專案的成功率。

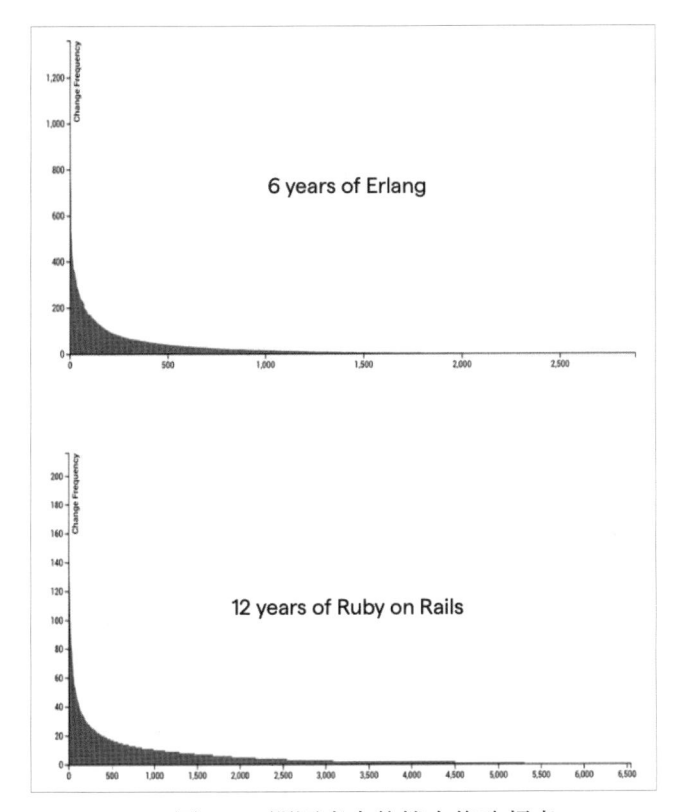

▲ 圖 13-1 開源專案的檔案修改頻率

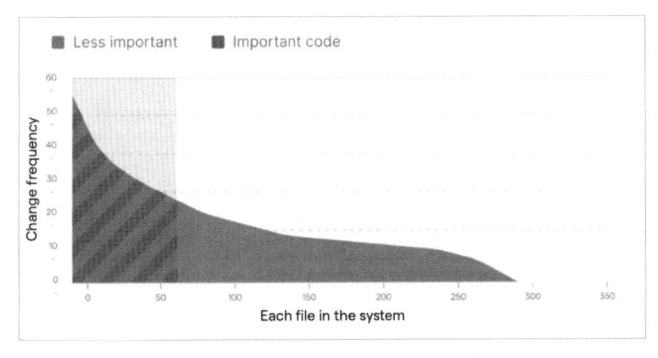

▲ 圖 13-2 高頻修改區域

數學補救教學

我有個朋友曾在美國留學過，在美國時念的學位是統計系，回台灣後，發現自己對於教學很有熱忱，就投入補習教育。一回，我們閒聊時，友人提到，他對於數學的補救教學有發展出一套獨門的方法，可以大幅提高教學效率。

他的教學獨門方法論，也有著濃厚的統計思想，以下引用他本人的話：

> 很多人的數學會學不好，是因為數學的知識有依賴關係，一旦某個關鍵環節的知識沒有學好，後面的知識因為都依賴該關鍵環節所以會全部學不好。也因此，解決的方法是，要先回溯去找出該學員沒有學好的環節，先把之前鬆動的基礎修好，才能再繼續往下教。沒有先回溯去找出之前的鬆動基礎的教法，都是浪費時間而已。
>
> 而我的數學教法的核心，在於應用「有向圖」去做數學能力的診斷，先做完診斷，再做治療。

圖 13-3 是我以國小數學的知識依賴關係為例畫出的有向圖。這張圖只是示意版本，每一個略為進階的數學概念都可以做有向圖的分解。

當發現小孩數學成績落後、因而在尋訪補習老師的專業協助時，不妨也觀察看看，該補習班師資的方法論裡，是否也有類似的診斷技巧。如果存在的話，那教起來應該很有機會事半功倍。

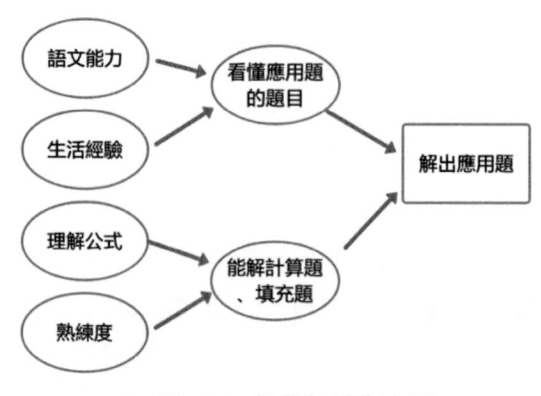

▲ 圖 13-3 數學知識有向圖

可信度

可信度是一種無形的事物，也對決策也極有影響力，但是由於可信度與人的情感因素、主觀認知有強烈的相關性，所以獨立成一類加以討論。

⊃ 可信度公式

在某些行業，例如：醫療、教育、顧問，第一線的人員非常需要得到客戶的信任，因為客戶託負的是身家性命又或是公司的前途。從某些角度來看，如果第一線的人員沒有辦法快速有效地展現出足夠的**可信度**，除了銷售不順利之外，日後如果有糾紛時，也容易衍生額外的風險。

幸運的是，即使是如此特殊的無形事物，一樣有前人對此做出研究。在《The Trusted Advisor》一書[84]，作者提出了可信度公式（見圖 13-4），可將抽象的可信度概念具體化，使一般人能夠更有系統地理解並應用。

$$\frac{Credibility + Reliability + Intimacy}{Self\text{-}Orientation}$$

▲ 圖 13-4 可信度公式

---

84 The Trusted Advisor 作者 David H. Maister, Charles H. Green, and Robert M. Galford https://www.amazon.com/Trusted-Advisor-20th-Anniversary/dp/1982157100 該書的第八章介紹了『可信度公式』。

這邊讓我們逐一拆解公式中的每個要素：

- 公信力（Credibility）：公信力指的是專業能力及提供資訊的真實性。例如，醫生的專業診斷或顧問的建議，如果充滿事實依據且清晰明瞭，就會讓客戶感受到公信力。公信力通常可以通過過去的經驗、專業證照或學術背景來強化。

- 可靠性（Reliability）：可靠性描述了一個人是否能兌現承諾。即便可信性高，但如果經常延誤交付或沒有實現承諾，信任感也會大打折扣。在商業關係中，這通常表現為守時、按計劃完成工作，以及提供穩定的服務。

- 親密性（Intimacy）：親密性是指與客戶建立深層次的人際信任。它反映了一個人在互動中能否讓客戶感到安全與被理解。坦誠的對話與積極傾聽是提升親密性的關鍵。例如，顧問在了解客戶需求時展現出同理心，往往能增強這種親密感。

- 自我導向（Self-orientation）：公式中的分母部分「自我導向」指的是一個人是否過於關注自己的利益，而非對方的需求。自我導向越高，信任感越低。例如，如果客戶感覺到醫生推薦某治療方法僅僅是為了盈利，而非基於患者最佳利益，那麼信任感就會減弱。

在顧問業，公式裡的公信力要素最被人所充分認知。也因此，許多顧問為了贏得客戶的信任，除了日復一日加強自己的專業之外，還會積極取得第三方認證、寫書、演講等方式來建立公眾知名度。然而，由於公式有四個要素，**親密性**這個要素最容易被顧問業的從業者忽略。在整個產業都容易忽略同一要素的前提之下，即使是新手顧問，如果積極地改善同理心，接受同理心訓練，往往也可以快速提昇可信度。

⊃ 採購前的評估

當 A 公司考慮採購特定的 B 服務，且 B 服務是複雜的服務，因而 A 廠商難以自行做出預期效益評估時，A 公司往往會陷入某種程度的決策瓶頸。而這時候，A 公司會考慮以下幾種作法來取得決策輔助資訊：

1. 尋找外部參考範例：例如，是否有相同產業的公司也採購了 B 服務，可能已經有具體可參考的效益。

2. 內部需求明確化：這個作法通常有兩個重要意義，一方面要確認是否 B 服務與內部的需求相合、另一方面則可以由內部需求推得若 B 服務的可能效益。

3. 小規模試行：許多的 SaaS 軟體提供訂閱制，又或是試用期，也因此小規模試行成為可行。小規模試行也可以看成是一種少量抽樣調查，投資成本很低，獲得的決策資訊價值則很高。

4. 要求供應商提供進一步的效益評估數字、並驗證其合理性：許多的供應商傾向誇大效益評估數字，但是也有少數的供應商願意揭露真實的數字。而真實的數字往往會有邊際效益遞減的曲線、又或是失敗的案例。這種主動揭露短處的行為，相當符合可信度公式裡的低自我導向，反而有機會提高可信度。

在上述的四種作法裡，第一與第二是基本款，大多的公司都會做。第三項與第四項是否可以成立，則跟服務的供應商高度相關。現代已經有不少的廠商，都願意在第三項與第四項投以相當的努力，這類努力也可以視為是為「可信度」而付出的努力。

當我在尋找語言學習教材時，通常會刻意尋找看看，廠商給出的效益評估數字有多全面。我曾經看過一間英語教材的廠商給出的效益評估數字，其畫出的曲線是邊際效益遞減的曲線，此外還揭露三組不同的成效：高分組、均分組、低分組。看到這樣充分揭露的曲線，僅管我多數的時候對於廠商的廣告總是高度質疑，也在那一回真的被廠商的效益評估數字說服了，因為邊際效益遞減與且高分組、均分組、低分組成效會有明顯差距，相當符合教育理論的預測。

13 各領域的資料分析

▎編碼

之前談論的兩種模式都偏重於「針對某個決策而發展某些特定的輔助決策指標，進而設法去取得資料、分析資料。」其實，方向也可以反過來。如果我們本來就知道某些資料，它是在實際的工作之中自動產生的——潛在價值特別高，那很有可能如果我們有辦法為這些資料設計特殊的編碼，日後，對於工作要如何改善的答案，就可以快速地從這些已經編碼後的資料裡取得見解。

什麼是工作之中自動產生的資料呢？金錢流動的資料就是一種例子。

如果我們要應用資料分析來輔助金錢的管理，編碼的技巧就非常地有用。編碼並不是什麼新的概念，已經幾百年了，會計學基礎的複式記帳法，就是一種把金錢加以編碼的記帳法。編碼的資料分析法其實有泛用性，除了金錢以外，也可以套用在生產製造甚至是知識工作之上。

應用的領域	方法論	被分析的資料	編碼的單位
財務會計	複式記帳	金錢交易	會計帳戶
生產製造	動素分析	作業人員的操作	動素
軟體開發	思緒分析	軟體開發人員的思緒流動	妨礙思緒流動的原因

▲ 表格 13-1 編碼

◯ 複式記帳

先讓我們利用一個簡單的例子來比較單式記帳法和複式記帳法[85]。

案例：假設某公司購買了一台價值一千元的辦公室設備，並用現金支付。

---

85 非會計背景的讀者，如果想要快速地理解複式記帳法，可以考慮下載一套 GnuCash 的軟體來玩看看，透過 GnuCash 記一次帳，做出一份財報，就可以體會到複式記帳法的先進之處。https://www.gnucash.org/。

在**單式記帳法**中，每一筆交易只在一個帳戶中記錄，且通常只記錄現金流動。

日期	說明	現金
2024-08-05	購買辦公設備	-1,000

▲ 表格 13-2 單式記帳法

在**複式記帳法**中，每一筆交易在兩個帳戶中記錄，即借方和貸方。

日期	說明	借方（辦公室設備帳戶）	貸方（現金帳戶）
2024-08-05	購買辦公設備	1,000	1,000

▲ 表格 13-3 複式記帳法

這邊做個簡單的比較：

1. 單式記帳法：只記錄現金的變動，忽略資產、負債等其他重要財務資訊，無法得知完整的財務狀況。除了說明之外，沒有任何其它欄位可以對一筆交易提供更細節的後設資訊（Meta Information）。

2. 複式記帳法：每筆交易都記錄在兩個帳戶中。帳戶本身可以用來做為描述交易的後設資訊，也因此，**帳戶**愈是細分，即對於財務資訊的**編碼**愈細，就愈可以捕捉到更精確的財務資訊。

值得一提的是，複式記帳法的應用不僅能夠提供更精細的財務資訊編碼，還能帶來許多其他面向的優點，例如：

1. 提供準確的財務記錄

2. 輔助財務分析與決策

3. 承載大規模商業活動

4. 法律與稅務合規

概括來講，複式記帳法不僅是會計學的核心概念，也是現代商業運作的基礎工具。應用複式記帳使得企業能夠更有效地經營、管理資源，並與外部利益相關者（如投資者、政府和貸款機構）建立信任關係。

⊃ 動素分析

我有一回因為好奇心驅使，追溯了一下管理顧問的歷史，有點驚訝地發現，早在麥肯錫之類的管理顧問公司成立之前，管理顧問就已經存在了。而第一代的管理顧問，他們所處的年代，生產製造工作遠比知識工作多得多，也因此，他們發展學說和理論時，也都圍繞著工廠作業人員的工作去研究。

第一代管理顧問最有名的是泰勒（Frederick Winslow Taylor），被稱為科學管理之父。他提出的時間研究法對提高生產效率具有重大意義。然而，與泰勒齊名的吉爾布雷斯夫婦（Frank Bunker Gilbreth 與 Lillian Moller Gilbreth），則以他們的動素理論和動作研究著稱。他們專注於分析工人的每一個動作，試圖找到更有效率、更省力的方法來完成工作。

圖 13-5 動素表中的**動素（Therblig）**是 Frank Bunker Gilbreth 在 1915 年首次提出，動素是作業人員完成一件工作所需的基本動作，最初只有 17 種，後人修訂後，增加為 18 種。

應用了**動素**來對作業人員的工作加以**編碼**之後，作業人員的動作就不再只是一連串的動作，而是一個接著一個的動素，研究人員可以對它輕易地進行分析。應用動素分析可以用來發現作業人員在動作上之浪費、簡化操作方法以及減少作業人員之疲勞，進而制訂標準操作方法。

例如，在工廠的組裝線上，透過動素分析，能夠找出作業人員在操作中多餘的伸手或轉身動作，並重新設計工作台配置，讓作業流程更流暢。同時，吉爾布雷斯夫婦還強調，標準化的操作方法不僅有助於提升效率，也能有效減少工作中潛在的職業傷害，改善工人的長期健康。這種以人為本的管理思維，也成為後來人因工程學的重要基石。

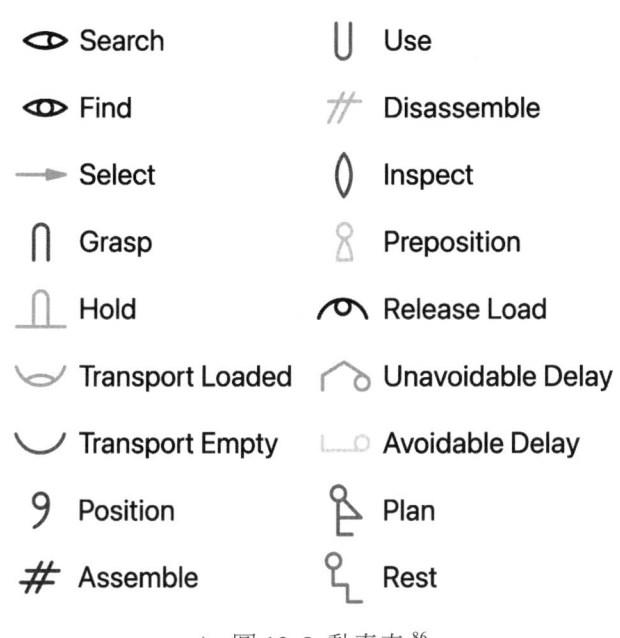

◉	Search	∪	Use
◉	Find	#	Disassemble
→	Select	( )	Inspect
∩	Grasp	8	Preposition
⊔	Hold	⌒	Release Load
⌣	Transport Loaded	⌒	Unavoidable Delay
⌣	Transport Empty	⌒	Avoidable Delay
9	Position	⚲	Plan
#	Assemble	⚱	Rest

▲ 圖 13-5 動素表 [86]

⊃ 思緒分析

我身為一位軟體開發人員，身邊的朋友也是軟體開發人員佔了約七成左右。與朋友談論到管理學時，朋友之中有一部分對於管理學持相當懷疑的態度。

「嘴炮的東西滿多，不太實用。」

朋友們的觀點有一定的道理，因為軟體開發這種知識工作存在的歷史有點太短，管理學還跟不太上，但是，也有例外。在《Idea Flow》一書[87]之中，作者將「限制理論」（Theory of Constraints）巧妙地套用在軟體開發之上，並且得到了相當實用的見解。

---

[86] Ninjatacoshell,CC BY-SA 3.0, https://commons.wikimedia.org/wiki/File:Therblig_(English).svg。

[87] Idea Flow，作者 Janelle Arty Starr. https://leanpub.com/ideaflow 該書的第五章介紹了開發人員痛苦。

13　各領域的資料分析

限制理論是從系統的角度切入來探討產出。系統由一連串的環節構成，而系統的產出速度用流速來定義。系統的最大生產速度由其瓶頸所決定，瓶頸是限制系統效能提升的關鍵環節，改善瓶頸就可以提昇系統的產出。

《Idea Flow》一書主張：「我們可以將軟體開發這項活動視為是軟體開發人員與電腦在不斷地溝通。思緒（Idea）有時候是從軟體開發人員流向電腦，有時候反過來從電腦流向開發人員。大量的思緒往往是在開發人員與電腦之間往返流動無數次之後，才會化為可用的軟體。」一旦有了上述的模型，限制理論就可以套用在改善軟體開發的產出，因為只要不斷地去改善思緒流動中的瓶頸，思緒的流動就可以加快，於是軟體開發的產出就可以提高。

那要如何識別與改善思緒流動的瓶頸呢？我們可以將開發人員在軟體開發過程之中遭遇到的種種痛苦，即**妨礙思緒流動的種種原因加以編碼**，並且加以統計。找出最大的瓶頸類別之後，就可以專注於此一痛苦類別投資時間來改善。

圖 13-6 痛苦的加總時間是作者 Janelle Arty Starr 所做的統計，橫軸是各種不同的開發人員痛苦，而縱軸是各種痛苦的處理時數。

如何提昇軟體開發人員的產出，一直是許多企業主心裡的大哉問。思緒分析的方法論是當代對這個議題最先進的研究之一，至少現在我們可以把焦點放到「妨礙思緒流動的原因」上，而不再毫無線索地猜測可能原因，然後最後只能配給每個開發人員雙螢幕，又或是四處尋找傳說中的 10x 工程師了。

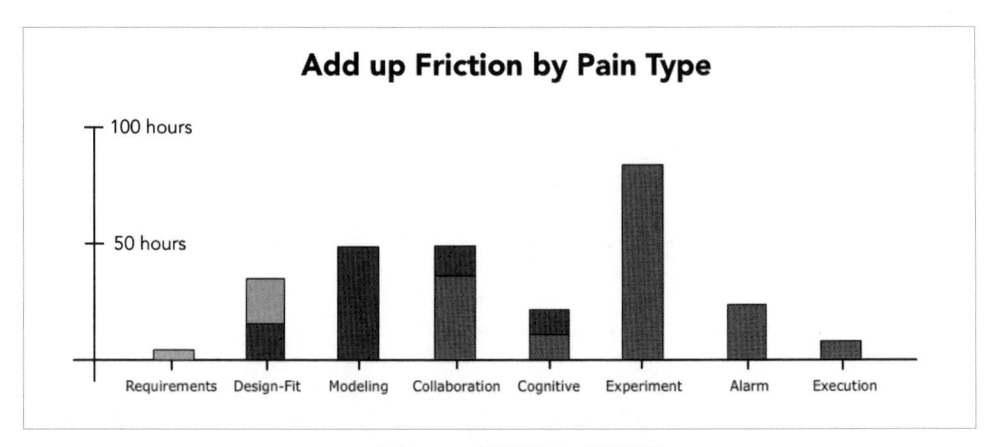

▲ 圖 13-6 痛苦的加總時間

本章小結

　　本章談論了一些有代表性的資料分析方法，並且分成三個類別加以討論。在引導決策的指標類別，我們介紹了間接成本估算、軟體重構投報率、數學補救教學的分析法；在可信度類別，我們討論了可信度公式與企業常見的採購前評估議題；在最後的編碼類別，我們討論了編碼的種種應用，可應用在財務、生產製造、甚至於知識工作之上。

　　即便未曾受過專業的資料分析訓練，一般人還是有機會在自己的領域中實踐資料分析。當讀者面對疑似可應用資料分析解決的挑戰時，第一步可以先從第十一章的 ChatGPT 開始解題、第二步可考慮結合第十二章的統計學以增加精確性，還是無法突破關卡時，就很適合來回顧一下本章提到的不同領域之資料分析方法，他山之石可以攻玉。

MEMO

第三部
管理實務

14

資料團隊

在第一章的故事裡，我以約聘雇的身分去 L 社業務部開發企業內部系統。最初在考慮是否要接下那份工作時，我心裡也冒了一個很大問號：「咦，L 社人才濟濟，工程部門的軟體工程師更是有上百人，怎麼會想到要找我？」

然而，由於我內心深處對於自己業界知名度，總是有著嚴重的錯誤認知：「想必是因為，桃李不言，下自成蹊吧！」這句自我陶醉，配合著滿滿的自我感覺良好在我腦中響起，於是，我就沒有再多想，接下了這份工作。

後來，我才得知，這個工作大概是如何產生的。在 L 社的慣例，企業內部系統，要交給海外團隊開發。由於 2019 年，L 社成長的力道相當強勁，L 社的海外團隊表示，「要開發這套軟體的話要排隊，而且同時還有太多的企業內部系統要開發，全部都在排隊。還有，你們的規格，一直都開得不夠清楚。」

一方面要承擔績效壓力，一方面又無法即時取得軟體工程團隊協助的主管事後表示，「該哭的人，都哭過一遍，該跪的人，也都跪過一遍了。」後來事情出現了轉機，要求該軟體務必要能準時交付的高層，設法給了我主管一個雇用人的名額（Head Count），所以我的那份工作就這樣子產生了。

14 資料團隊

在我完成該軟體之後，由於已經有了 1.0 版的實作，軟體的規格相對清楚許多，L 社的海外團隊就以此為基礎復刻了 2.0 版本。

如果仔細檢視前述企業內部系統的開發過程，可以發現兩件重要的事：

1. 組織架構不同、強項也不同。
2. 內隱知識的習得與保存。

首先，該軟體開發的 1.0 版與 2.0 版，是由不同的組織架構來達成的。開發 1.0 版的團隊是我與 J 同事，我們隸屬於廣告業務事業部；開發 2.0 版的團隊則是專門負責開發企業內部系統的海外工程團隊，他們隸屬於某個功能性部門。

不同的組織架構恰好有不同的強項：軟體開發團隊隸屬**事業部門**的話，與需求端的溝通會非常密切，容易摸索出正確的規格。還有，事業部的上級對於軟體是完全外行，也因此除了準時交付之外，很少過問其它技術細節，這又加速了技術團隊的決策速度。與之相對的，軟體開發團隊隸屬於軟體工程的**功能性部門**的話，團隊的技術分工會更加專業，比方說，使用者介面的設計，會有專人來負責，所以會更加精美；後端的功能也會與公司既有的 API 做到深入的整合，如此就容易完成 Single Sign-On 之類的功能。

至於內隱知識，對 L 社來講，如果某個軟體只有一名員工有辦法充分了解與維護，那該軟體不會被視為是已經學習到的內隱知識。原因是，一旦該位員工離職，該軟體對應的知識就很有可能丟失。有鑑於我開發的那套軟體有重要的輔助決策功能，L 社在安排海外團隊接手並完成功能更強的 2.0 版之後，該軟體就可以視為是該公司已經習得的內隱知識。

許多企業也面對類似的發展挑戰。他們在開始利用資料之初，初始的資料報表可能只是一份 Excel；初始的資料團隊可能只是一位員工。如何從這樣子的初始狀態逐步發展，讓企業一步又一步地取得關鍵的內隱知識，並在日後建立一個功能完整、分工明確的資料團隊呢？

要回答這樣子的問題，以下我們會先就組織架構的設計原則、可能的資料團隊組織架構做個討論。然後，我們會來檢視資料團隊常遭遇到的發展障礙，並對資料團隊的發展提出一些建言與處方。

結果優先 vs 流程優先

在管理學的理論裡，組織架構最基本的兩種方式是：

1. 事業部結構（Divisional Structure）。

2. 功能性結構（Functional Structure）。

儘管還有一些其它的分工方式，比方說，矩陣式結構（Matrix Structure）、團隊式結構（Team-based Structure）、網路式結構（Network Structure）等等，但，無論是哪一種分工方式，難以迴避的核心議題是：「選擇結果優先或是流程優先？」又或是，換個說法，「如何確保結果與流程都成功？」

「事業部結構」是結果優先的代表。在事業部結構，無論該事業是怎麼劃分的，可以是特定的產品、特定的客戶、特定的地理區域等等，結果就是連結到銷售的業績、獲得的利潤。也因此，在事業部，如果設定了什麼目標，在某個時限要設法達成，這個時限很有可能是沒有討論的空間，因為商機稍縱即逝。另一方面，時限沒有討論的空間，解決的方案則充滿了各種可能性。

「功能性結構」則是流程優先的代表。在功能性結構，無論該功能對應到什麼，財務、法務、人資等等，該功能往往是由一系列的流程所構成，而流程之中也整合各種不同的領域知識與專業。比方說，財務的流程裡，自然會複式簿記；人資的流程裡，就得確保公司符合勞動法令。在功能性結構，專業或是流程的重要性可以大於結果，因為來自上級的指令，就算完全達成了，公司也不一定會獲利，就算獲利也未必都可算成是該功能性結構的績效；而特定的流程如果違反了，錯誤或是失敗發生的機率往往極高，且日後修正錯誤的痛苦，幾乎是確定由該功能性結構來承擔。

複雜度轉換：往下層移動

首先，複雜度是可以轉換的，組織架構層次的複雜度，有時可以轉換成科技層次的複雜度。而理想的複雜度轉換方向，應該是往下層移動。此處所說的

14 資料團隊

下層，是相對比較隱而不現的層次，比方說，上層是系統操作的話，下層就是系統的內部設計。

舉個例子，在過去沒有電話的年代，公司如果在兩個不同的地理位置都設有分部，分部之間要即時溝通，就只能打電報。打電報要使用摩斯電碼與電報機，這絕對是需要專業訓練才能操控的工具。換言之，在那個年代，公司光是要即時溝通，就得設立輔助即時溝通的功能性結構。而今日，幾乎是任何員工都可以利用電話與千里之外的人溝通，完全不需要專門設置的功能性結構。功能性結構的複雜度，已經轉換為電話內部設計的複雜度了。

以本書的第一部分「現代資料棧」來講，現代資料棧一方面應用了 SQL 來開發資料轉換，另一方面大量應用了各種軟體組件：資料呈現軟體、EL 軟體、工作流編排軟體等。這兩個特色都可以某種程度地大幅減少組織架構的複雜度，因為都轉化到下層去了。

SQL 是非常高階的語言，它可以讓複雜度往下層移動。本來用其它語言開發資料轉換，程式碼往往相對冗長，換成用 SQL 開發之後，會變得極其精簡，這就是把複雜度轉換到 SQL 的執行環境裡，也就是資料倉儲的內部設計裡。資料呈現工作，使用 Metabase 來生成圖表，也絕對比起靠徒手寫前端程式碼來開發使用者介面來得省事許多。

三種常見的資料團隊組織架構

為了討論方便，這邊將三種常見的資料團隊組織架構做個命名：

1. 資料基礎建設

2. 分散式架構

3. 資料產品團隊

◗ 資料基礎建設

資料基礎建設這種組織架構裡，唯一的職務是分析工程師（Analytics Engineer），而且很多時候人並不多，甚至真的就只有一個人，他同時負責了資料轉換與資料分析。仔細看資料基礎建設組織圖，分析工程師與資料上游（Upstream）的溝通略少，只有資料抽取與資料載入而已；分析工程師與資料下游（Downstream）的溝通也不多，只有分析結論與報表。然而，分析工程師負責的兩項工作：資料轉換與資料分析，卻緊密相依，需要頻繁密集的溝通。

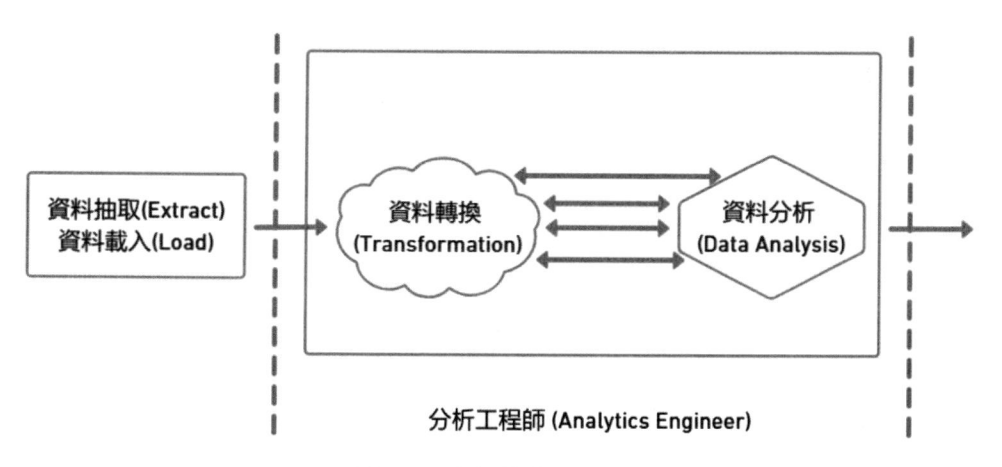

▲ 圖 14-1 資料基礎建設組織圖

讀者可能會想問，「只有一個人的話，也可以算是企業內部的組織嗎？」當然可以，組織存在的目的在於它的產出，人數少又可以達成目的，意謂著既有效又省錢。只有一個人的時候，那表示組織內部的溝通可以用超高的頻寬溝通。

中小企業通常很適合資料基礎建設團隊。中小企業的資料複雜度有限，可以只靠一位分析工程師就足以完成資料基礎建設。在這種情況下，流程正確性可以由現代資料棧來達成，分析工程師可以與事業部緊密溝通，來確保資料團隊的成效與公司的目標一致。

14 資料團隊

人數少的團隊有一些顯著的特色。強項自然是溝通，如果想讓這個團隊與其它部門緊密溝通，還可以考慮把團隊的座位整個搬過去。另一方面，設定資料團隊負責的任務範疇時，應該儘量不要超出本書所涵蓋的知識範圍，保守一點的話，儘量不要包含資料抽取與資料載入，因為這類任務比較適合交給軟體工程師或是資料工程師來負責。

採用這種組織架構時，資料團隊的負責人應該要思考，當公司的資料需求日益複雜時，該如何演進組織架構。

資料基礎建設這種團隊有什麼最適合的規模嗎？可參考 dbt Labs 2024 年的 State of Analytics Engineering 報告 [88]，在 100 人以下的中小企業裡，負責資料基礎建設的團隊規模，0~1 人加上 2~5 人這兩種就佔了八成以上。

⤴ 分散式架構

在大型企業又或是資料應用密集度很高的公司，各個不同的事業部應用資料的方式差異極大，可能會需要許多客製化，也因此會雇用各自的資料分析師。這種時候，適合整間企業統一處理的部分，只有在資料基礎建設上。

相對於「資料基礎建設」的組織架構，分散式架構將資料分析工作移動到各個事業部這點，可視為更加偏向結果優先。

在分散式架構裡，中央資料部門的編制裡通常有分析工程師與資料工程師，負責相對更廣的任務範疇，比方說，納入資料抽取與資料載入。當資料的應用有一定的複雜度之後，流式資料處理（Streaming Data Processing）之類的需求很容易就會產生，這種需求已經超出了一般軟體工程師能夠處理的問題了，適合交由專職的資料工程師來處理。

---

[88] dbt Labs, 2024 State of Analytics Engineering, https://www.getdbt.com/resources/reports/state-of-analytics-engineering-2024。

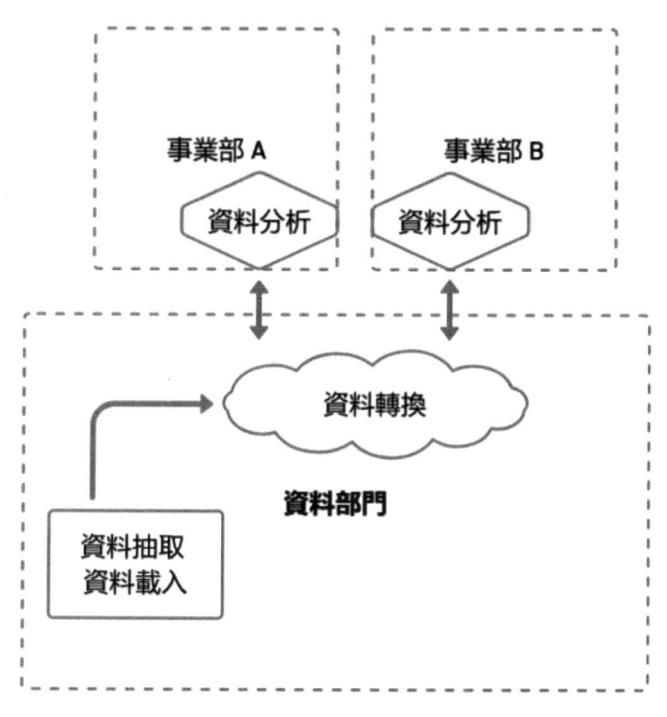

▲ 圖 14-2 分散式架構組織圖

在分散式架構之下，有幾個議題值得管理階層多加注意：

- **資料處理流程的一致化**—當事業部 A 與事業部 B 的資料分析師，他們做的事情有重複時，兩位分析師很有可能是完全不會察覺的，因為他們兩人並不在同一個部門一起工作。這種時候就會造成同樣的事情要重複做兩遍。

- **資料處理流程的與自動化**—當隸屬於事業部的資料分析師處理的資料分析需求，是經久不變固定的需求時，應該要考慮做自動化。然而，此處的資料分析師很有可能只擅長使用試算表之類的工具，並沒有自動化工作流程的思維。加上他們並沒有與分析工程師一起工作時，這時很有可能會錯失自動化工作流程的機會。

14-7

14 資料團隊

- **事業部資料分析師的職涯**—資料分析師隸屬於特定的事業部，比方說，銷售部門，而銷售部門安排的員工訓練活動可能是：「請講師來談問題的分析與解決，在課程結尾時，講師會帶領著業務部門大喊口號：『業績、業績、業績，一定達標！』」當資料分析師在這樣子的環境中工作時，他有可能在享用業務部吃多樣點心機會的同時，也順手分析各家點心的 C/P 值。然而，他也很有可能會錯失了與專業人士交流的機會，因而沒有與時俱進更新自己的專業知識。

⇨ 資料產品團隊

資料產品團隊的特色是「高內聚、低耦合」。高內聚是指，團隊內部有緊密相依、頻繁密集的溝通。低耦合則是指，使用資料產品的部門，可以相對輕易地選擇要使用、或是不要使用、而且導入資料產品所需要的時間與各種成本，整體而言，會比起要雇用一位部門專屬的資料分析師低得多。

相對於「分散式架構」的組織架構，在資料產品團隊裡，每一個事業部不需要雇用各自的分析師這點，可以視為是把組織架構的複雜度轉換成資料產品的複雜度。

這種組織架構還有一個突出的優點，有時候，他們打造的資料產品，甚至可以直接給公司的客戶使用、或是整合進入公司產品的一部分。在這種情況之下，我們可以說，資料產品團隊本身也可以視為是一個事業部。

由於要打造產品，資料產品團隊的成員通常是三種組織架構裡最多元的。比方說，可能還會有資料產品經理（Data Product Manager）、軟體工程師、資料工程師、負責產品智慧（Product Intelligence）的分析師等等。

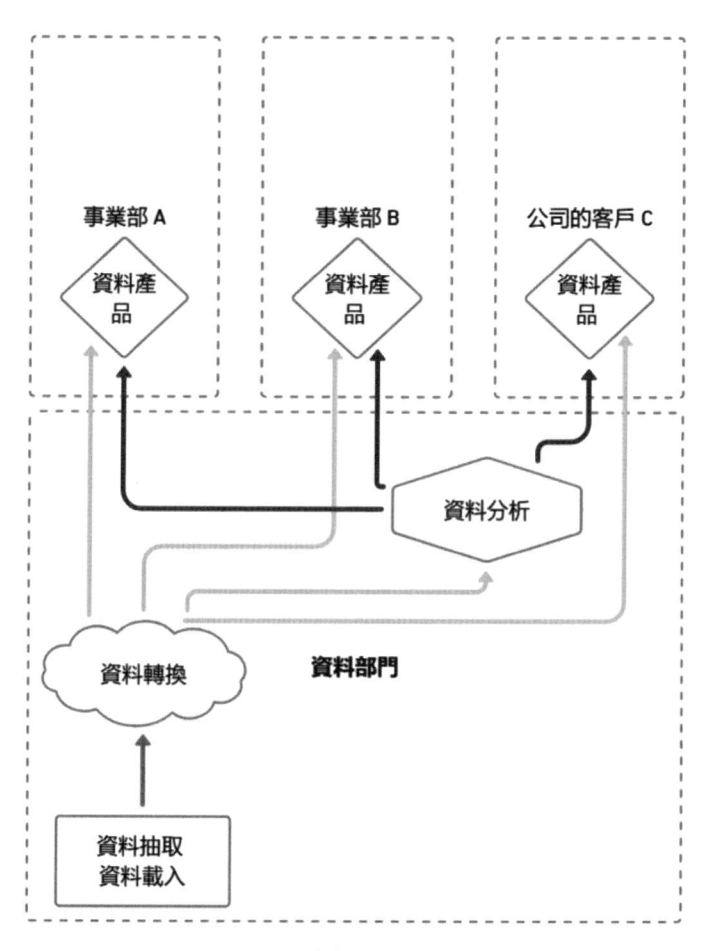

▲ 圖 14-3 資料產品團隊組織圖

資料團隊的發展

　　我在台灣長期舉辦 Taipei dbt Meetup，該 Meetup 是一個資料專業人士的交流活動，通常邀請有使用 dbt 的公司來分享，主題很多元，包含：資料工程、資料分析與資料科學、資料與商業。在 Meetup 的聚會裡，除了技術的問題之外，非技術的問題也常有人提問。如果做個歸納的話，多數的非技術問題都跟資料團隊發展過程之中遭遇的障礙有關，例如：

14 資料團隊

1. 資料部門對上級的效益並不清楚,該怎麼溝通呢?
2. 敝公司沒有獨立的資料團隊、資料只是 IT 團隊的功能之一,有辦法轉型成獨立的資料團隊嗎?
3. 有獨立的資料團隊,但是一直只停留在生成報表,該怎麼進一步地提供洞見呢?
4. 要如何推動整個組織,使之轉型成資料驅動的企業呢?
5. 如何做好資料治理呢?

這些發展障礙還有一個共同的現象:管理的問題常常與技術同時綑綁在一起。這造成了許多專業人士的強烈困惑:不知道是應該要先用力推動技術的前進?還是要把重點放在取得同事的支持?又或是專注於遊說上級,以設法取得資源?

我認為,由於每位專業人士既有的強項不一致,上述三個角度都可以做為起步時切入的角度。另一方面,如果在推動公司的資料團隊發展時,留心一些長期專案與組織運作的基本原則,則很有可能事半功倍。

▎**資訊的價值**

絕大多數的資料從業者並沒有對「資訊的價值」一事做過透徹地思考。彷彿只因為多數的分析報告、產業媒體都不停地強調資料的重要性、資料是新時代的石油等等的論述,隨手蒐集的資料就會自動變成有價值一樣。然而,企業也有許多沒有價值的資料,而且就算用了 AI 去加以處理,它們還是不會產生任何價值。

有個老生常談的故事:

> 某人請了一位修理專家來修理一台複雜的機器。專家檢查了一下，然後用榔頭敲了一個特定的地方，機器立刻恢復運作。當他送上帳單時，金額是$1,000。客戶抱怨：「你只敲了一下，怎麼會值這麼多錢？」專家便分項列出：
>
> 敲擊：$1
>
> 知道要敲哪裡：$999

這故事的寓意通常有兩種解釋：

1. 解決問題的核心在於專業技能和知識，而不僅僅是執行的動作本身。

2. 專業人士在短時間內完成一項工作的報酬，並非支付給那幾分鐘，而是支付他過去十年、二十年的努力與積累。

故事中的「知道要敲哪裡」是一種**有用的資訊**。然而，「知道要敲哪裡」的價值，若只從專業人士的訓練時間來衡量，未免太過單一。更重要的應該是，機器迅速恢復運作所帶來的風險降低的價值。

假設業主沒有請專家修理，而是自己嘗試亂敲。根據過往經驗，敲三天總是能讓機器恢復運作。然而，延遲三天可能導致的各種損失，例如出貨延遲、違約風險、商譽損失，甚至因亂敲而縮短機器壽命的情況，各式風險經過期望值計算後，便可得出一個預期的損失金額（風險）。

換言之，對業主而言，面對機器故障時，他購買專家服務實際上是在購買**有價值的資訊**，而這資訊的價值便是**風險降低的價值**。[89]

一旦有了資訊價值的定義之後，接下來探討兩個資訊價值的特性：

1. 不確定性愈高時，資訊的取得成本相對低、取得資訊的價值相對高。

2. 許多的資訊，無法降低任何風險，其資訊價值為零。

關於第一點，我們可以先用第十二章的信賴區間為例子，抽樣的次數少的時候，得到的信賴區間較大，而抽樣次數愈多的時候，信賴區間會隨之縮小，

---

[89] How to measure anything by Douglas W. Hubbard。

但是縮小的幅度會愈來愈慢。如果取得資訊的方式是抽樣調查，那在不確定性極高，幾乎一無所知時，抽樣五次就足以得到相當有價值的資訊，因為已經有第一組可用的信賴區間了。

在實務上，取得資訊的方式也許有抽樣調查以外的方式，但是，仍然符合這個規律：「邊際效益遞減、邊際成本遞增」。基於這個資訊經濟學規律，在決策時幾乎不會抵達有「完全資訊」的理想狀態，絕大多數的時候，我們都必須自問：「我們已經知道了什麼資訊了？」「現在的資訊足已做決定了嗎？」「要取得進一步的資訊，需要花費的成本為何？進一步資訊有可能降低的風險價值為何？」

關於第二點，讀者可能會想，既然有「沒有價值的資訊」，那不是更好嗎？忽略即可，把心力用來設法取得「有價值的資訊」。然而，低價值的資訊往往是具體的量、容易取得明確的數值；高價值的資訊往往是**無形的事物、需要多繞一點彎**才能取得答案。正因如此，企業極度常見的病症就是過度關注低價值的資訊。

	關注	對決策的重要性	類別	例子
高價值的資訊	容易被忽略	高	成效、長期影響、風險降低	教育訓練的實質影響、專案的長期利益、意外的風險降低程度
低價值的資訊	積極關注	低	成本、可快速取得之資訊	受訓學員對講師評了幾個笑臉、專案的實施費用、安檢中發現的違規項目

▲ 表格 14-1 高價值的資訊、低價值的資訊

當資料團隊透徹地思考了「資訊價值」一事之後，不妨詢問以下幾個自我檢查的問題：

1. 目前資料團隊生成的報表，公司裡有哪些使用者，這些報表是否真的影響了使用者的決策？

2. 使用者不使用資料的原因為何？使用資料的原因為何？

3. 已經有在積極使用資料的使用者，他們還有什麼更進一步的資料需求，是有機會被進一步開發的？

4. 公司內目前有哪些重要的決策，還沒有利用資料來加以輔助？我們是否有辦法為此提供協助？

向上管理 vs 向上資訊管理

幾年之前，在我剛開始在台灣向企業提供現代資料棧的導入服務時、最初所設定的目標客戶是新創公司。我認為，資料應用這種概念相對新，傳統產業相對不容易接受新概念，很有可能還沒有理解應用資料的價值就已經先失去耐心了。結果卻出乎我的意料之外，反而是非常傳統的產業──連鎖補習班──成為了我的第一個客戶。該公司雖然是傳統產業，卻有應用資料的企業文化傳統。

而後來，我對我的客戶們做了歸納，尋找他們的共同點，最後，我找出的共同點是：「這些企業都有外商的背景。」

針對這個答案，我做了如下的解釋：「當一間企業有外商背景時，其企業的高層會有與本土企業高層不同的**資訊來源**，不同的資訊來源影響了思考方式，也因此而產生與本土企業不同的決策模式。」這個解釋，算是受到社會學的啟發。社會學者對於窮人容易做出糟糕決定的社會現象，所提出的解釋是：「經濟是弱勢的人，往往在資訊的取得方面，更是弱勢。」

基於這個發現，我重新思考了「向上管理」與「向上資訊管理」，兩者之間的微妙差異。不管是東方還是西方，都存在著向上管理的概念。向上管理通常被視為員工在組織中如何有效與上級溝通，進而影響決策的一種能力。而常見的向上管理策略可能包含：

- 了解上級的目標與優先事項

14 資料團隊

- 清晰地溝通

- 報告問題時，主動提供解決方案

- 關注主管的需求與挑戰

傳統向上管理的核心在於：「下屬主動與上級建立信任關係，並在此基礎上提升自身的可信度，從而讓上級更願意接受自己的建議或意見。」

另一方面，現代企業的領導者，經常處於多重資訊來源的影響下。一個人若長期暴露於特定的資訊環境，即便無法完全理解該資訊的核心概念，仍可能因為誤認為這些資訊代表了主流意見，進而做出迎合主流意見的決策。這種情況，不僅可能導致決策品質的下降，也可能擾亂組織創新的步調。換言之，專業人士有可能想透過默默地努力，設法建立信任，一步一腳印去說服上級往某個特定的技術方向前進；上級卻可能在一夕之間，因為大量曝露於資訊潮流，立刻決定往另一個方向做出投資。

常見的案例之一是：許多企業一直都只有營運資料庫，並沒有獨立的資料倉儲可以輔助報表的生成，企業內部在生成報表時，多半還是寫 ETL 去打撈資料。而當生成式 AI 的新聞幾乎出現在所有的報章媒體時，許多尚未建立資料倉儲的企業卻向他們的 IT 部門下達指示，請 IT 部門設法做出有效利用 AI 的專案。這就是典型的企業高層過度曝露於資訊潮流之後，迷失方向的現象。

向上資訊管理是指：「下屬主動管理或是創造上級的資訊來源，確保上級接收到的資訊更全面、更客觀，且更具決策參考價值。」與傳統向上管理專注於溝通與建立信任不同，向上資訊管理的核心是要協助上級在資訊過載或資訊偏誤的情境之下，依然可以做出更清晰且符合長期利益的判斷。

要有效實現向上資訊管理，資料團隊需要先深刻地體認到：「企業的高層並非專業人士，也因此很容易缺乏專業人士普遍持有的科技識讀能力。」這邊有幾個與向上資訊管理的問題，可以做為一切的起點：

1. 資料團隊是否已經有了第一版的科技發展藍圖？

2. 公司主要的資料應用資訊來源為何？有哪些管道？

3. 公司的高層有哪些人際關係有可能會帶來資料應用相關的知識？

⊃ 建立科技發展藍圖

提供高層一分科技發展藍圖，對於抒緩高層的科技焦慮會很有幫助。除了少數產業之外，絕大多數公司的資料團隊，都不會在技術上處於最尖端最前沿的狀態，落後是正常的現象。資料團隊可以參考不同產業的情報，特別是相對先進的廣告業、電商業，從而建立一個長期的科技發展藍圖，並透過該藍圖不斷地與上級溝通，一步一步地說服、引導上級投資。

⊃ 引入多元資訊來源

創造上級接觸不同的資訊管道的機會，例如科技白皮書、創投業者的科技趨勢報告等。以 Snowflake、Databricks、Neo4j 這類型的大廠來說，他們標準的行銷方式就有提供大量教育客戶的素材，例如內含產業洞見的白皮書，通常只需要填入 Email 即可下載。此外，像 a16z 這類型的科技創投公司，每年都會撰寫一些當年度的重要科技趨勢。適時地讓上級接觸到高品質的資訊管道，可避免上級的決策僅侷限於單一視角。

⊃ 安排主管層級的技術交流

人的學習方式除了看到的、聽到的資訊之外，最重要的就是來自於朋友。許多的公司都有人力資源的預算，在與人力資源部門打好關係之後，就可以用員工訓練的名義，定期地邀請外部專家來公司內部給予演講，為公司引入一些新概念、也讓公司的高層有機會與外部專家建立人際關係。另一種略為另類的作法則是，主動尋找在科技社群擔任講者的機會，推薦上級去擔任講者。許多的技術管理者，在擔任管理職位多年之後，與技術已經嚴重地脫節，當這些技術主管必須上台擔任講者時，反而很有助於他們快速地追上一些當代的技術發展。

14 資料團隊

逆向工作

　　逆向工作是一種從目標出發，倒推所需資源與步驟的策略性方法。逆向工作的核心思想是：**先明確化目標與成功的定義，然後再分配資源並設計步驟來達成這些目標。**在資料團隊的發展中，這種方法能夠讓資料團隊避免陷入「為技術而技術」的陷阱，而是策略性地投入資源與努力，確保投入都能轉換為產出。

　　要應用逆向工作來發展資料團隊，第一步自然是回答成功的定義。什麼是成功的資料團隊這種問題，彷彿是申論題，不會有正確的答案。換個問法，怎樣的資料團隊對企業最有利，這樣子就清楚多了。

　　考慮到資料團隊本質上有兩種相關但是不盡相同的功能與專業知識：「資料工程」與「資料分析」，如果我們要衡量資料團隊是否成功，自然也該為資料工程、資料分析訂定獨立的標準。

參考用的**資料工程**績效衡量標準：

- 資料報表的正確率為多少？
- 資料報表的更新頻率為何？
- 當資料有誤時，花費多久時間來修正？
- 新指標花費的寫程式時間約為多少？
- 新指標花費的會議時間與人次為何？
- 資料管道是否最佳化機器效能？
- 資料管道是否產生必要的日誌紀錄？

參考用的**資料分析**績效衡量標準：

- 決策依賴性：公司內重要決策有多少參考了分析結果？
- 應急分析完成率：能否快速回應與處理臨時的分析需求？

- 資訊價值:分析結果能否顯著降低決策風險。

- 可行性與解釋性:提供的建議是否實際可行且容易被理解?

需要特別注意的地方是:上述的參考標準只是範例,它的重點在於先讓資料團隊產生一種全局觀,概略地去了解成功資料團隊的各種面向。該績效衡量標準若要在實際執行中應用,則還有許多細節必須做詳細的討論,例如,「資料報表的正確率」,此處的正確率該如何衡量?以抽樣驗證的正確數字佔比作為正確率嗎?「當資料有誤時,花費多久時間來修正?」資料的錯誤通常有原始資料問題、人為問題、程式問題等不同的種類,修復的時間也應該要先分類再做統計。

當資料團隊有了對自身未來的具體想象之後,未來與現狀的差距,就構成了一個又一個具體的改進目標。分析這些目標,制定具體的工作計畫,再分配責任到團隊成員,自然可以一步又一步穩定地發展。

逆向工作是一種很有效的工作方式,然而這種工作方式並不自然,一般人往往需要刻意地練習才能習慣這種工作方式。這邊有幾個自我檢查問題,適合用來檢查團隊的工作是否採取「逆向工作」的原則:

1. 資料團隊是否先採取想清楚目標、設定衡量進展的標準之後,再來思考做事情的計畫?

2. 計畫的執行步驟裡,是否多半總是先處理最關鍵、最能決定計畫成敗的環節?

3. 在計畫過程中,是否定期檢視是否仍朝向最終目標前進,並根據實際情況調整計畫,而非僅僅遵循既定的工作流程?

4. 團隊是否能在資源有限或時間緊迫的情況下,集中資源解決對達成目標最有價值的問題,而不是平均分配資源?

5. 是否鼓勵團隊成員提出質疑,特別是針對計畫中那些看似理所當然但可能無助於目標的部分?

14 資料團隊

若以上問題的答案多半是否定的,那麼團隊可能需要進一步練習「逆向工作」的原則。採取逆向工作的方式,可以讓團隊更聚焦、更有效地運用資源,並提高工作的整體效率與成功率。

本章小結

回顧本章,我們以多種觀點探討了資料團隊的發展路徑和組織架構的設計原則。從單一分析工程師的資料基礎建設開始,延伸到分散式架構與資料產品團隊的成熟分工,每一種架構都對應不同的企業需求與發展階段。

無論是結果優先的事業部結構,還是流程優先的功能性結構,其成功的關鍵在於平衡結果與流程間的衝突,並透過適當的技術手段來降低組織的複雜性。我們看到,隨著現代資料棧的發展,許多曾經需要人工協調的工作已經轉移到工具與技術層面,進一步證明了技術賦能對於現代企業的重要性。

然而,資料團隊的成功發展需要的不僅僅只是組織架構設計。要一步又一步地發展,需要避免落入生成低資訊價值報表的陷阱、做好向上資訊管理、還有要設定清晰的績效標準,以聰明地逆向工作。

本章的討論希望能幫助讀者更好地理解資料團隊的特性與發展挑戰,並在實踐中找到適合自己組織的最佳解答。

15

變革管理

　　想像一下，你即將要與一位老朋友聚餐。是要選擇嘗試新的餐廳？因為也許有機會趁機體驗一下意想不到的菜色。還是要選擇吃過的餐廳？不會有新鮮感但是至少可以大概掌握服務與菜色。

　　再來一個常見的情況，你決定要換新工作。是要大膽地挑戰不同的產業或是不同職缺？因為可能有更高的收入但是也困難重重。還是要選擇穩紮穩打？選擇同個產業、同個職缺只是不同的公司，成功率高出許多，但是成長性也相對受限。

　　每當我們面臨選項的時候，究竟要選擇「未知但可能隱含更多成果」的選項，即**探索（Exploration）**選項，還是要選擇「已知且成果可預期」的選項，即**利用（Exploitation）選項**，被稱為「探索與利用的兩難」（Exploration and Exploitation Dilemma），這類的決策普遍出現在我們的生活與工作之中。

15 變革管理

近代學者的研究[90]顯示：成效卓越的管理者往往從探索選項中獲利豐碩，但是，他們並不是探索次數最多的一群管理者。獲利豐碩並非因為大量盲目地探索，而是源自於有效地分析評估選項並提高探索的成功率。

對於有志於在組織裡推動新技術（例如：現代資料棧）的讀者來講，新技術猶如探索的選項，馬上就會遇上兩個難題：

1. 如何評估新技術？

2. 如何向上溝通？

評估新技術

要評估一項新技術時，首先，對自己的提問應該是：「我是否對這個新技術有足夠的了解？不夠的話，還缺什麼？」

以對事物的知識來講，人們很容易對其有錯誤的評估。對於熟悉的事物常有過度自信的傾向，只要一件事物常出現在我們的視野之中，儘管我們只了解這個事物的某個面向，我們就已經以為大概掌握了該事物的知識。對於不熟悉的事物則有缺乏信心的傾向，只要是先前沒有見過的、很少人用的、比較少聽說的，就覺得戒慎恐懼，好像知識與分析永遠不足一樣。

要避免上述的過猶不及問題，不妨考慮對於新事物、新觀念、新技術，設法從四個不同的面向提問自己，是否已經有取得一定的知識了。

1. 應用場景：它有什麼用途？帶來什麼價值？

2. 類別品項：它叫什麼名字？或是它是屬於哪一類別的事物？

3. 內部實作：它的內部大概是如何運作的？

4. 舉例：有實際的例子嗎？或是其它相似的東西？

---

[90]《成為優秀的管理者——探索式決策背後的神經機制與動機因素》https://rcmbl.nccu.edu.tw/PageDoc/Detail?fid=11522&id=19047。

以馬桶為例子來說明上述提問的思考方式：

1. 它可以處理人類的糞便。

2. 衛生設施

3. 內部有兩個觀點：一種是只看水箱與糞管內部的運作。另一種要一併討論衛生下水道，或是化糞池與水肥車。

4. 免治馬桶（日本人常用）、乾式馬桶（適合缺乏衛生下水道的地方使用）

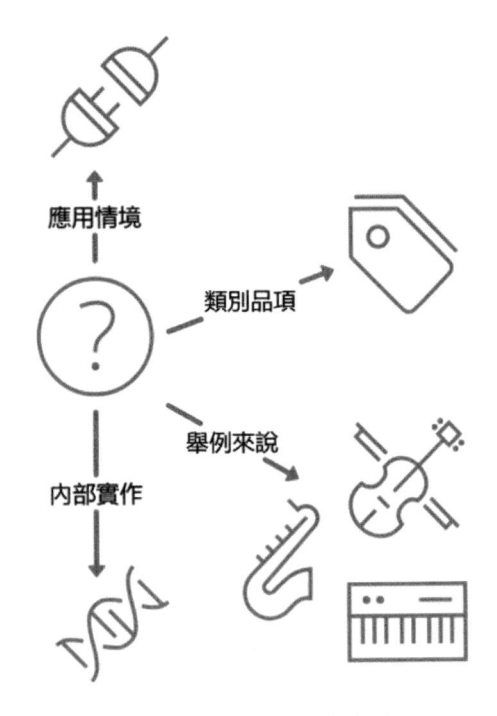

▲ 圖 15-1 四個分析角度

　　技術背景的人，通常喜歡從內部實作來切入，有時候還基於好奇心，花費大量時間去鑽研理論、閱讀源碼、把機器拆開來研究等等。當做足了這類的功課之後，有時候，技術背景的人只要大略了解內部的實作，就可以大概了解該技術的極限在哪。此外，當新技術在組織裡導入並且出現的種種疑難雜症時，對於內部實作有一定的了解的話，順利突破困難的機率也會大幅提高。

15 變革管理

然而，其它三個面向也非常重要。應用場景決定了該技術可以為組織創造何種價值。而類別品項與舉例這兩個方向的知識，則對於溝通有極大的助益。部分的人喜歡從抽象概念的層次來理解事物，向這類人解釋新技術，最好是先一句話，說明新技術的類別品項是什麼。也有一些人比較喜歡用依此類推的方式來理解事物，和這類人溝通的話，舉例子來說明的效果會好很多。

這四個面向的知識，往往是互相關連的，以現代資料棧為例子，在應用場景面向，它可以大幅提高產出，而它可以大幅提高產出的原因則跟它可以有效應用 SQL 這個內部實作面向的知識有關。

▍向上溝通：原理

> 世界上的每一個決定都是由有權力做出該決定的人做出的。請對此保持心平氣和。
>
> — 彼得・杜拉克

上頭這句話隱含的寓意是：「決策不一定是由最優秀的人、最聰明的人或最適合的人所做的。」在很多組織，知識工作者已經對新技術做完了審慎的評估，也做了小規模的實驗，驗證可行，偏偏就是有一位不懂技術的主管，遲遲不肯放行。

若不幸遇到上述的情況，除了抱怨之外，不妨朝「向上溝通」的角度思考看看。

⊃ 組織利益 vs 個人利益

對上級提案，有些上級比較乾脆，他們會反問：「這有什麼好處？」我建議讀者把這個問題要聽成是兩個問題：

1. 這對公司有什麼好處？（這可以拿去對外說明、爭取資源。）

2. 這對我個人有什麼好處？（個人利益往往隱藏在組織利益之下，但是卻又扮演了決定的要素）

仔細思考了 2 之後，因應 2 而修改一下提案內容，有機會可以取得大幅的進展。比方說，有少數的主管其實對技術沒有興趣、也不太關心公司的利益，但是，他們每一兩年都會想要做一些專案，來刷一下存在感，確保他們不會落後於同位階的其它同事。遇上這一類型的主管，提案的內容提到「資料產品」、「精美的使用者介面」，往往非常有必要性。更極端一點的說法，也許我們應該考慮把溝通的重點放在強調「成功導入之後，主管你可以去 dbt 社群給一場演講」而非「主管你的下屬可以早一點下班」。

⮕ 循序漸進的推進

有的時候，我們對上級提案，上級會回答：「讓我考慮一下。等我有空。」得到這種介於同意與不同意之間的答案，讓人覺得使不上力。仔細思考的話，對於一個提案的同意，可以至少拆成兩個不同的層次：對問題定義的共識、對解決方案的共識。

大家都在同一間企業裡工作，還會對問題的定義沒有共識嗎？會，而且這個現象非常普遍。

圖 15-2 引用 1989 年 Sidney Yoshida 的研究：「無知的冰山」，該圖指出高階管理層與組織其他人員之間的重大認知差距。Yoshida 的結論是：「高階管理層只知道 4% 的第一線問題，中階管理層只知道 9%，小主管知道 74%，員工知道 100%。」

15 變革管理

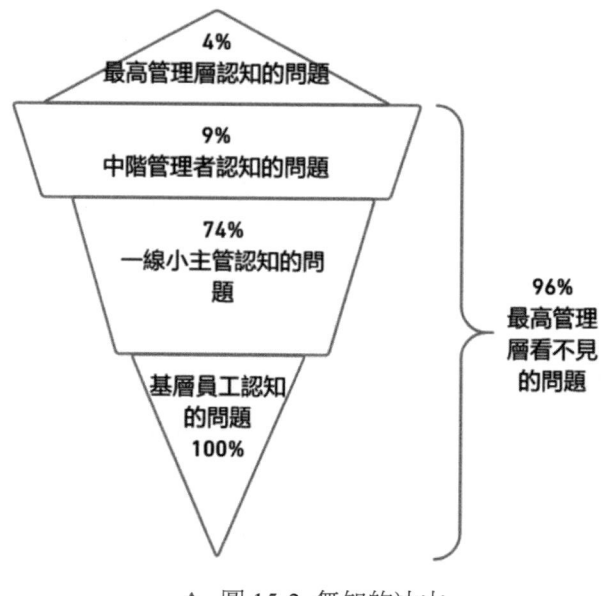

```
        4%
   最高管理層認知的問題
        9%
  中階管理者認知的問題
        74%
  一線小主管認知的問題
                        96%
                       最高管理
                       層看不見
                        的問題
    基層員工認知
      的問題
       100%
```

▲ 圖 15-2 無知的冰山

　　主管與下屬對於問題的定義，看法常常會不同。比方說，在資料處理來講，每天寫 ETL 的人會認為，「ETL 難寫、難維護」、「生產力低落」是問題，主管很可能不這麼認為，主管也許覺得這只是下屬的抱怨。另一方面，當外在的一些條件改變，比方說，當公司因為股票即將上市，需要在短時間之內，產出上千個正確的營運數字時，主管就會立刻同意「生產力太低」是一個大問題，因為不提高的話，主管不可能完成任務。

　　對問題的定義取得了共識之後，之後要設法取得共識的才會是解決方案。然而，知識工作者很容易犯的錯誤是，還沒有在問題的定義取得共識，就冒然地往解決方案推進。

▍向上溝通：從現在到未來

　　如果已經是中高階主管的讀者，在設法推動組織前進時，可能會需與高層討論，科技發展的趨勢，以利取得高層的支持。這邊，我們從更宏觀的角度來切入。

⊃ 現代資料棧出現的意義

本書的第一部分介紹了現代資料棧。現代資料棧並不是單一的一項科技，也不是單一一家公司主導而誕生的，可以說是有無數家公司都面臨了處理資料的種種挑戰之後，在一代又一代的實驗與知識交流、碰撞之後，才產生這樣子的解決方案。

這個解決方案的出現，帶來的重大意義是：**資料應用的普及化**。

過去許多小規模的公司可以講，因為公司小、沒有能力建立資料團隊、沒有辦法利用雲端資料倉儲、沒有能力處理大量的資料，所以只能用試算表（Spreadsheet）、只能用套裝軟體、所以只能使用最粗淺的報表這些理由，在現代資料棧出現之後，這些理由都不再成立。在成功使用現代資料棧的前提之下，就算是一人資料工程團隊，也有可能處理完巨量的資料、做出自動化的複雜報表。也因此，要做資料分析，變成是幾乎任何規模的公司都有辦法做了。

Blog 的出現，帶來了發表文字的普及化，因為人人都可以寫 Blog；YouTube 之類的平台出現，帶來了發表影音的普及化，因為人人都可以當 YouTuber；現代資料棧的出現，讓所有的企業都可以做資料分析，而且可以是極大規模的資料。

⊃ 軟體的下一個典範轉移

曾經有一個時代，絕大多數的軟體都是透過包膜的 CD 來銷售。消費者買了軟體的安裝 CD 之後，再安裝在自己的個人電腦上。當網路時代一到來，上述的軟體銷售方式就過時了。很快地，再也沒有軟體透過 CD 來銷售，取而代之的是，絕大多數的軟體都變成了雲端軟體服務、又或是透過網路來安裝。

高速的網際網路讓軟體的安裝、部署方式，發生了巨大的轉變，這是已經發生過的典範轉移。

現在有什麼軟體的典範轉移正在發生嗎？其中一個，就是**所有的軟體都在逐步變成資料應用（Data Application）**。現代資料棧的出現、資料分析師職

15 變革管理

缺的增加、各產業都對於資料應用有愈來愈多的成功案例，以上種種都在讓資料應用變得更加普遍，更何況是本來就處於數位化中心的軟體產業？

⊃ 資料應用改善經營績效、再催生更多的資料需求

資料應用在台灣的企業來講，有 M 型化的現象。少部分的企業，已經找到了資料應用的場景，並且在技術上隨時準備接軌世界上的最新技術。與之相對的是，又有大量的企業，還停留在只有喊口號的狀態。

有找到應用場景的企業，可能是透過資料來做更精細的管理，比方說，做銷售漏斗的管理、銷售預測等；又或是將資料套用在自家的軟體產品上，比方說，在自家的產品中，去蒐集使用者行為，以設法變得更加用戶導向等；更有一些資料應用是結合製造業的知識，比方說，透過量測振動來做預測性維護。應用資料的方式五花八門，共同點是，有成功應用的往往比沒有應用的，在經營的績效上勝出幾個百分點。

在資料應用上取得成功的企業，提昇了經營績效，於是資料部門的重要性上昇、開始擴編，形成了**正向的循環**。

⊃ 這就是最好的投資標的之一

考慮向高層爭取資源的中高階主管讀者，不妨問問高層：

- 你知道資料應用普及化的關鍵科技已經出現了嗎？
- 你有發現許多的軟體都變成資料應用了嗎？
- 你有聽說其它公司的資料部門正在擴編嗎？

▍從想法到行動

在了解了探索與利用的兩難、評估新技術的方法以及可能的向上溝通策略後，最後談談如何將這些知識轉化為實際行動。

⊃ 行動計劃

首先，為了避免一次又一次地向上級報告而無果，應該提供給上級一個詳細的行動計劃。這個計劃應該包括以下幾個方面：

1. 明確的目標和里程碑：設定清晰可衡量的目標，並將其分解為小的、可實現的里程碑。

2. 降低決策的不確定性：設定成效的衡量方式，即使成效是無形（Intangible）的事物。

3. 資源分配和時間表：確保有足夠的資源支撐每個階段的工作，並制定合理的時間表。

4. 風險管理：設想潛在的風險，並對其設計預防或是因應措拖。

在上述的行動計畫裡，成效的衡量最有挑戰性，也有很多管理階層因為想迴避課責性、或是覺得衡量成效很難，傾向逃避這一項。然而，衡量無形的事物來輔助決策，恰好就是應用資料的重要理由之一，身為要推動資料應用的讀者，總有一天必須要面對這個挑戰。

⊃ 支持網絡

其次，建立一個強大的支持網絡也很重要。這包括：

1. 內部盟友：找出組織內部的潛在支持者和可能受益者，共同推動變革。

2. 外部專家：主動與外部專家建立人際關係，從而獲得建議和支援。

⊃ 等待機會

少數的組織可以引領潮流，但是多數的組織，他們的變革多半是由外部的壓力帶來的。換言之，很有可能無論讀者做了多少的技術研究、提交了多少個版本的行動計畫、在公司內辦了無數次的技術研討會，上級卻始終沒有允諾變

革。然而,某一天,當組織的同業一個接一個開始做技術變革時,上級又立刻下達六個月內完成變革的不可能指令。

一般人的不可能,對準備好的人來說,叫做機會。

本章小結

變革管理是一項複雜但至關重要的任務,正確地認知變革管理的難點與實務,將可以更有策略地推動變革。

也許讀者認為自己只是一位知識工作者而非主管職,變革管理不像是自己的職級所對應的任務。然而,在我從事顧問工作、協助企業改善資料處理的經驗裡,往往是非主管的知識工作者,在組織變革的過程中,扮演了領導的角色。他們以深厚的技術知識、對新技術的熱情和對組織利益的深刻理解,逐步推動變革,最終獲得了成功。

結語
寫給想要更懶惰的人

身為書籍的作者，每當要出版新書的時候，總是會被出版社問一句：「目標讀者是誰？」我嘴上回答：「資料工程師、資料分析師、資料部門主管⋯。」心裡的答案則是：「我寫給想要更懶惰的人。」

如果你讀完了這本書，想起了你也曾經在業務週報前一天晚上抓著 Excel 表格瘋狂對齊日期欄位；或是曾經把用來撈資料的 SQL 改到自己都記不清楚到底哪個版本才是正確的，等等各式各樣不合理的操作。那我要跟你說：「別懷疑自己，真正該被質疑的是這個荒謬的系統。」

你可能會發現自己也開始思考：「欸，如果我把 ETL 拆成 ELT，然後轉換交給分析工程師來做，是不是這整條流程就變簡單了？」、「欸，如果我用 dbt 建一個資料建模層，是不是很多報表根本不需要我幫忙了？」、「如果總是堅持要三次成功才加碼投資，是不是就可以迴避多數不成熟的機會？」這些念頭一開始聽起來可能會有點危險，彷彿你在組織裡的工作就要被取代。但事實上，這些都是走向「更懶惰、但更有產出」的第一步。

觀點的轉變

這本書所講的不是某個單一的工具、框架或技術，而是一種系統思維的轉向：從「拼裝報表」轉向「建立資料基礎設施」；從「憑感覺與經驗做決策」轉向「結構化思考並且用資料分析驗證」；從「技術是專家的事」轉向「組織要能理解並且積極投資」。

結語　寫給想要更懶惰的人

　　如果你在這條路上，也開始卸載一些工作給自動化、給同事、給團隊制度，那麼，也許你會開始變得「更懶惰」——但這種懶惰，正是讓整個團隊變得更有產出的起點。

　　這不是不合群或是標新立異，而是你終於願意面對真正的問題。懶惰，是專業人士對現狀的不妥協，是系統思考者的美德；是後輩給那位讓大家都能準時下班的前輩，最真誠的敬意。

MEMO

MEMO

深智數位
股份有限公司

深智數位
股份有限公司